"十二五"国家计算机技能型紧缺人才培养培训教材

教育部职业教育与成人教育司
全国职业教育与成人教育教学用书行业规划教材

中文版
Flash CC
实例教程

黎文锋 / 编著

68个基础实例 + 21个综合项目 + 12个课后训练 + 113个视频文件

- **专家编写**
  本书由多位资深三维动画制作专家结合多年工作经验和设计技巧精心编写而成
- **灵活实用**
  范例经典、项目实用、步骤清晰、内容丰富、循序渐进、实用性和指导性强
- **光盘教学**
  随书光盘包括113个范例的语音视频教学文件、素材文件和范例源文件

海洋出版社
2014年·北京

内 容 简 介

本书是以基础案例讲解和综合项目训练相结合的教学方式介绍动画设计软件 Flash CC 的使用方法和技巧的教程。本书语言平实,内容丰富、专业,并采用了由浅入深、图文并茂的叙述方式,从最基本的技能和知识点开始,辅以大量的上机实例作为导引,帮助读者在较短时间内轻松掌握中文版 Flash CC 的基本知识与操作技能,并做到活学活用。

本书内容: 全书共分为 12 章,着重介绍了 Flash CC 入门与逐帧动画制作、绘制与修改动画插图、创建与编辑补间动画、应用传统补间创建动画、应用补间形状创建动画、在动画中应用文本和元件、在动画中应用声音和视频、应用滤镜与 ActionScript 等。最后通过卡哇伊风格插画设计、网上商城广告动画设计、卡通风格圣诞贺卡动画和基于网络的电子相册 4 个综合项目制作,全面系统地介绍了使用 Flash CC 制作动画的技巧。

本书特点: 1. 基础案例讲解与综合项目训练紧密结合贯穿全书,边讲解边操练,学习轻松,上手容易。2. 注重学生动手能力和实际应用能力培养的同时,书中还配有大量基础知识介绍和操作技巧说明,加强学生的知识积累。3. 实例典型、任务明确、由浅入深、循序渐进、系统全面,为职业院校和培训班量身打造。4. 每章后都配有练习题,利于巩固所学知识和创新。5. 书中实例收录于光盘中,采用视频讲解的方式,一目了然,学习更轻松!

适用范围: 适用于全国职业院校 Flash 动画设计专业课教材,社会 Flash 动画设计培训班教材,也可作为广大初、中级读者实用的自学指导书。

图书在版编目(CIP)数据

中文版 Flash CC 实例教程/黎文锋编著. —北京:海洋出版社,2014.5
ISBN 978-7-5027-8846-9

Ⅰ.①中… Ⅱ.①黎… Ⅲ.①动画制作软件—教材 Ⅳ.①TP391.41

中国版本图书馆 CIP 数据核字(2014)第 057459 号

总 策 划:刘 斌	发 行 部:(010)62174379(传真)(010)62132549
责任编辑:刘 斌	(010)68038093(邮购)(010)62100077
责任校对:肖新民	网 址:www.oceanpress.com.cn
责任印制:赵麟苏	承 印:北京旺都印务有限公司
排 版:海洋计算机图书输出中心 晓阳	版 次:2014 年 5 月第 1 版
	2014 年 5 月第 1 次印刷
出版发行:海洋出版社	开 本:787mm×1092mm 1/16
地 址:北京市海淀区大慧寺路 8 号(716 房间)	印 张:17.25
100081	字 数:411 千字
经 销:新华书店	印 数:1~4000 册
技术支持:(010)62100055	定 价:38.00 元(含 1DVD)

本书如有印、装质量问题可与发行部调换

前　　言

　　Adobe Flash Professional CC 是用于动画制作和多媒体创作以及交互式设计网站的顶级创作平台。该软件包含强大的工具集，具有排版精确、版面保真和丰富的动画编辑功能，能帮助用户清晰地传达创作思想。另外，它增加了 64Bit 系统的支持、高质量视频导出、增强的 HTML 发布、简化的用户界面、USB 调试、无限制剪贴板大小等功能，使 Flash 的设计人员和开发人员可以创建演示文稿、应用程序和其他允许用户交互的内容，还可以通过添加图片、声音、视频和特殊效果，构建包含丰富媒体的 Flash 应用程序。

　　本书通过由浅入深、由基础到应用、由实例到项目的方式，系统地介绍了 Flash 的实用功能和用法。书中以大量的实例为引导，循序渐进地讲解了在 Flash 中创建基本动画元素、创建不同类型的补间动画、创建和编辑元件、导入与应用各种素材以及绘制动画造型、动画场景、添加影音效和使用 ActionScript 3.0 脚本语言设计动画效果等。最后通过插画设计、广告动画设计、节日贺卡设计和网络相册设计 4 个项目案例，综合介绍了 Flash 动画从形状绘制、元件应用、创建动画、使用素材与组件和编写 ActionScript 3.0 脚本代码的实际知识，强调 Flash 的应用技巧和创作理念的巧妙结合，使读者掌握创作 Flash 电脑动画的各项技能及完整流程。

　　本书共分为 12 章，全书的内容始终以"设计导向、学以致用"为主要思想，为读者列举了大量的应用实例和设计项目作参考，使读者能更好地学习和应用 Flash CC 程序。具体内容简介如下。

　　第 1 章从 Flash 的文件管理等入门技能讲起，并逐步深入讲解时间轴的使用、发布文件和创建逐帧动画等。

　　第 2 章先从绘画基础技能讲起，介绍调整笔触颜色和填充颜色、修改渐变颜色、使用位图填充、绘制线条和基本图形、使用绘图模式、修改形状等。

　　第 3 章主要介绍在 Flash CC 中创建、编辑和应用补间动画的相关知识，包括创建直线运动补间动画、创建多段线运动补间动画、编辑补间动画的运动路径、应用动画预设效果等。

　　第 4 章主要介绍在 Flash 中应用传统补间制作动画的方法，包括创建不同元件属性变化的传统补间动画、在传统补间中应用缓动属性、复制与粘贴传统补间、为传统补间应用运动引导层等。

　　第 5 章主要介绍在 Flash 中应用补间形状制作动画的方法，包括创建不同形状属性变化的补间形状动画、在补间形状中添加形状提示、使用形状提示控制形状变化、创建与应用遮罩层等。

　　第 6 章主要介绍在 Flash 中输入和应用文本以及使用元件设计动画的方法，包括输入各种文本、修改文本的属性、应用动态文本和输入文本、创建和应用元件来设计动画等。

　　第 7 章主要介绍在 Flash 中导入和应用声音与视频的方法，包括导入与设置声音、应用声音与定义声音效果、转换视频格式、导入使用与设置视频回放组件等。

　　第 8 章主要介绍使用 ActionScript 3.0 脚本语言制作滤镜效果和加载与控制声音、视频的方法。

　　第 9 章以一个带有背景、主体动物、装饰和标题的插画为例，介绍在 Flash CC 中使用绘图工具和颜色功能绘制卡通插画的方法。

第 10 章以一个服装商品促销的广告动画为例，介绍在 Flash CC 中通过创建元件、应用元件、添加 ActionScript 3.0 脚本语言和制作遮罩效果的方法设计广告类动画作品的各种技巧。

第 11 章以一个以卡通风格设计并且带有音乐的圣诞节贺卡动画为例，介绍在 Flash CC 中通过绘制形状、编辑元件、创建补间动画、应用动画预设和声音的方法设计电子贺卡动画作品的各种技巧。

第 12 章以一个具有自动播放图片和交互控制浏览图片的相册动画为例，介绍使用 Flash CC 应用程序设计应用 ActionScript 3.0 脚本语言且基于网络使用的电子相册的方法。

本书内容丰富、全面，讲解深入浅出，结构条理清晰，通过书中的应用实例和项目设计，让初学者和平面设计师都拥有实质性的知识与技能。另外，本书提供包含全书练习素材和实例演示影片的光盘，方便读者使用素材与本书同步学习，提高学习效率，事半功倍。本书是一本专为职业院校、社会电脑培训班、广大动画设计初、中级读者量身订制的培训教程和自学指导书。

本书由黎文锋主编，参与本书编写及设计工作的还有黄活瑜、黄俊杰、梁颖思、吴颂志、梁锦明、林业星、李敏虹、黎敏、周志苹、李剑明等，在此一并谢过。在本书的编写过程中，我们力求精益求精，但仍难免存在一些不足之处，敬请广大读者批评指正。

编　者

目　录

第1章　Flash 入门与逐帧动画 1
1.1　入门基础技能训练 1
- 1.1.1　案例1：Flash 文件的管理 1
- 1.1.2　案例2：将文件另存为模板 3
- 1.1.3　案例3：使用时间轴中的图层 4
- 1.1.4　案例4：应用与设置图层轮廓 6
- 1.1.5　案例5：使用时间轴的各类帧 7
- 1.1.6　案例6：使用绘图纸检视动画 ... 10
- 1.1.7　案例7：设置与发布 Flash 文件 ... 11

1.2　综合项目训练 12
- 1.2.1　项目1：在跑步的人 12
- 1.2.2　项目2：精美倒计时动画 14

1.3　本章小结 17
1.4　课后训练 17

第2章　绘制与修改动画插图 18
2.1　绘画基础技能训练 18
- 2.1.1　案例1：调整笔触颜色和填充颜色 18
- 2.1.2　案例2：创建与编辑渐变颜色 ... 20
- 2.1.3　案例3：修改图形对象的渐变填充 22
- 2.1.4　案例4：使用位图进行填充 23
- 2.1.5　案例5：绘制简单线条和形状 ... 24
- 2.1.6　案例6：绘制矩形与椭圆图元 ... 26
- 2.1.7　案例7：绘制多边形和星形 28
- 2.1.8　案例8：使用钢笔工具绘制线条 28
- 2.1.9　案例9：使用绘图模式 29
- 2.1.10　案例10：使用选择工具修改形状 31
- 2.1.11　案例11：使用部分选取工具修改形状 32

2.2　综合项目训练 34
- 2.2.1　项目1：绘制可爱的小猪插图 ... 34
- 2.2.2　项目2：绘制公司 Logo 图形 39

2.3　本章小结 41
2.4　课后训练 42

第3章　创建与编辑补间动画 43
3.1　创作动画技能训练 43
- 3.1.1　案例1：创建直线运动的补间动画 43
- 3.1.2　案例2：创建多段线运动的补间动画 45
- 3.1.3　案例3：修改运动路径的形状 ... 46
- 3.1.4　案例4：编辑补间动画的运动路径 47
- 3.1.5　案例5：设置补间动画的属性效果 48
- 3.1.6　案例6：在动画中应用浮动属性关键帧 50
- 3.1.7　案例7：编辑时间轴的补间动画范围 51
- 3.1.8　案例8：交换补间动画的元件实例 53
- 3.1.9　案例9：应用动画预设创建补间动画 54

3.2　综合项目训练 55
- 3.2.1　项目1：制作飞机起飞的动画 ... 55
- 3.2.2　项目2：制作自行车运动的动画 57
- 3.2.3　项目3：制作节日贺卡动画 59

3.3　本章小结 61
3.4　课后训练 61

第4章　应用传统补间创建动画 63
4.1　创作动画技能训练 63
- 4.1.1　案例1：创建移动的传统补间动画 63
- 4.1.2　案例2：创建缩放的传统补间动画 65

4.1.3 案例3：创建变色的传统补间动画 67
4.1.4 案例4：创建旋转的传统补间动画 69
4.1.5 案例5：在传统补间中应用缓动 70
4.1.6 案例6：复制与粘贴传统补间动画 72
4.1.7 案例7：为传统补间添加引导层 75
4.1.8 案例8：设置引导层传统补间的属性 77
4.2 综合项目训练 78
4.2.1 项目1：制作商品促销横幅动画 78
4.2.2 项目2：制作简易的卡通动画效果 82
4.3 本章小结 86
4.4 课后训练 86

第5章 应用补间形状创建动画 88
5.1 创作动画技能训练 88
5.1.1 案例1：创建改变位置的补间形状动画 88
5.1.2 案例2：创建改变大小的补间形状动画 90
5.1.3 案例3：创建改变颜色的补间形状动画 92
5.1.4 案例4：创建改变形状的补间形状动画 93
5.1.5 案例5：添加、删除与隐藏形状提示 95
5.1.6 案例6：利用形状提示控制形状变化 97
5.1.7 案例7：创建遮罩层并设置被遮罩层 101
5.1.8 案例8：使用遮罩层制作动画的开幕 103
5.2 综合项目训练 105
5.2.1 项目1：制作网上花店横幅动画 105

5.2.2 项目2：制作蛋糕烛光晃动动画 109
5.3 本章小结 112
5.4 课后训练 113

第6章 在动画中应用文本和元件 114
6.1 基础应用技能训练 114
6.1.1 案例1：在文件中输入水平文本 114
6.1.2 案例2：在文件中输入垂直文本 116
6.1.3 案例3：更细致地修改文本的属性 117
6.1.4 案例4：为文本设置指定目标的链接 119
6.1.5 案例5：应用动态文本字段读取数值 120
6.1.6 案例6：在动画界面应用输入文本字段 122
6.1.7 案例7：制作文本变化的影片剪辑元件 124
6.1.8 案例8：制作文本变色的按钮元件 126
6.2 综合项目训练 129
6.2.1 项目1：设计可滚动的卡通公告栏 129
6.2.2 项目2：设计可控制滚动的公告栏 131
6.3 本章小结 136
6.4 课后训练 136

第7章 在动画中应用声音和视频 138
7.1 基础应用技能训练 138
7.1.1 案例1：导入与设置声音素材 138
7.1.2 案例2：将声音应用到图层 140
7.1.3 案例：自定义声音的效果 141
7.1.4 案例4：向按钮元件添加声音 144
7.1.5 案例5：使用 Adobe Media Encoder 转换视频格式 145

7.1.6 案例6：导入供渐进式下载的视频 148
7.1.7 案例7：在Flash文件内嵌入视频 149
7.2 综合项目训练 151
7.2.1 项目1：设计有音乐的广告动画 151
7.2.2 项目2：制作可控制播放的广告视频 154
7.3 本章小结 157
7.4 课后训练 158

第8章 应用滤镜与ActionScript 159
8.1 入门应用技能训练 159
8.1.1 案例1：添加与设置滤镜效果 159
8.1.2 案例2：禁止、启用与删除滤镜 161
8.1.3 案例3：为影片剪辑设置混合模式 162
8.1.4 案例4：使用ActionScript 3.0 163
8.1.5 案例5：加载并播放外部声音 165
8.1.6 案例6：为ActionScript导出库声音 167
8.1.7 案例7：通过按钮控制声音播放与停止 169
8.1.8 案例8：将外部视频加载到Flash 171
8.1.9 案例9：使用ActionScript为位图应用滤镜 173
8.1.10 案例10：使用【代码片断】面板添加代码 176
8.2 综合项目训练 177
8.2.1 项目1：设计可控制的广告影片 177
8.2.2 项目2：设计可切换的广告影片 181
8.3 本章小结 184
8.4 课后训练 184

第9章 卡哇伊风格插画设计 185
9.1 插画的分类 185
9.2 插画设计的应用 186
9.3 案例展示与设计 187
9.3.1 案例1：绘制插画的背景 187
9.3.2 案例2：绘制卡通动物形象 191
9.3.3 案例3：制作装饰元素与标题 196
9.4 本章小结 200
9.5 课后训练 200

第10章 网上商城广告动画设计 201
10.1 关于网络广告动画 201
10.2 网络广告动画的分类 202
10.3 Flash广告动画的应用 203
10.4 案例展示与设计 204
10.4.1 案例1：制作广告图影片剪辑 204
10.4.2 案例2：制作广告动画按钮元件 208
10.4.3 案例3：制作广告图切换的效果 210
10.4.4 案例4：制作广告动画遮罩效果 215
10.5 本章小结 217
10.6 课后训练 217

第11章 卡通风格圣诞贺卡动画 218
11.1 电子贺卡的发展 218
11.2 Flash动画贺卡的优势 219
11.3 案例展示与设计 220
11.3.1 案例1：制作贺卡动画的背景 220
11.3.2 案例2：制作月亮与背景动画效果 223
11.3.3 制作雪人圣诞祝福动画效果 228
11.3.4 制作小鹿、女孩和标题动画效果 234
11.4 本章小结 240

11.5 课后训练.................................241		12.3.2 案例 2：制作相册缩图和载入组件...........................249
第 12 章 基于网络的电子相册...............242		12.3.3 案例 3：制作相册播放与交互效果...........................254
12.1 关于电子相册 242		12.3.4 添加背景音乐并制成相册网页...............................262
12.2 Flash 电子相册的优势.........................243		
12.3 案例展示与设计.........................244		12.4 本章小结.................................265
12.3.1 案例 1：制作相册的交互按钮...........................244		12.5 课后训练.................................266

第 1 章 Flash 入门与逐帧动画

教学提要

Adobe Flash Professional CC 是一个全面更新的应用程序，它具有模块化 64 位架构和流畅的用户界面并新增了强大的功能。本章将介绍 Flash 的入门基础技能和制作逐帧动画的方法。

教学重点

➢ 掌握 Flash 文件的管理操作
➢ 掌握使用时间轴的图层和帧的方法
➢ 掌握使用绘图纸检视动画的方法
➢ 掌握设置与发布 Flash 文件的操作
➢ 掌握制作逐帧动画的方法

1.1 入门基础技能训练

本节将由浅入深地了解 Flash 的动画原理和入门操作，以便后续章节的学习和操作。

1.1.1 案例 1：Flash 文件的管理

Flash CC 支持多种文件格式，良好的格式兼容性使得用 Flash 设计的动画可以满足不同软硬件环境和场合的要求。

- FLA 格式：是指 Flash 的源文件，也就是可以在 Flash 中打开和编辑的文件。
- SWF 格式：是指 FLA 文件发布后的格式，可以直接使用 Flash 播放器播放。
- AS 格式：是指 Flash 的 ActionScript 脚本文件，这种文件的最大优点就是可以重复使用。
- FLV 格式：FLV 是 FLASHVIDEO 的简称，FLV 流媒体格式是一种新的视频格式。
- JSFL 格式：是指 Flash CC 的 Flash JavaScript 文件，该脚本文件可以保存利用 Flash JavaScript API 编写的 Flash JavaScript 脚本。
- ASC 格式：是指 Flash CC 的外部 ActionScript 通讯文件，该文件用于开发高效、灵活的客户端-服务器 Adobe Flash Media Server 应用程序。
- XFL 格式：是指 Flash CC 新增的开放式项目文件。它是一个所有素材及项目文件，包括 XML 元数据信息为一体的压缩包。
- FLP 格式：是指 Flash CC 的项目文件。
- EXE 格式：是指 Windows 的可执行文件，可以直接在 Windows 中运行的程序。

要使用 Flash CC 设计动画，就必然会接触到 Flash 文件管理的工作。下面将通过实际操作，介绍 Flash 文件的管理。

上机实战　Flash 文件的管理

1 启动 Flash CC 应用程序，如果想要通过欢迎屏幕创建 Flash 文件，可以单击欢迎屏幕的【ActionScript 3.0】按钮，即可新建 Flash 文件，如图 1-1 所示。

2 如果想要通过菜单新建文件，则可以选择【文件】|【新建】命令（或者按 Ctrl+N 键），打开【新建文档】对话框后选择【常规】选项卡，然后选择文件类型，再设置文件的基本属性，接着单击【确定】按钮即可，如图 1-2 所示。

图 1-1　通过欢迎屏幕新建 Flash 文件

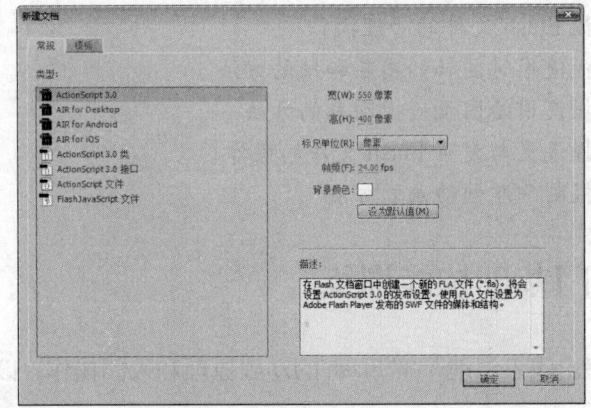

图 1-2　通过菜单命令新建文件

3 当新建文件或者编辑文件后，可以选择【文件】|【保存】命令保存文件。如果是新建的文件，执行上述命令后弹出【另存为】对话框，允许用户通过对话框设置保存位置、文件名、保存类型等信息，如图 1-3 所示。如果是打开的旧文件，执行上述命令时将直接执行保存。

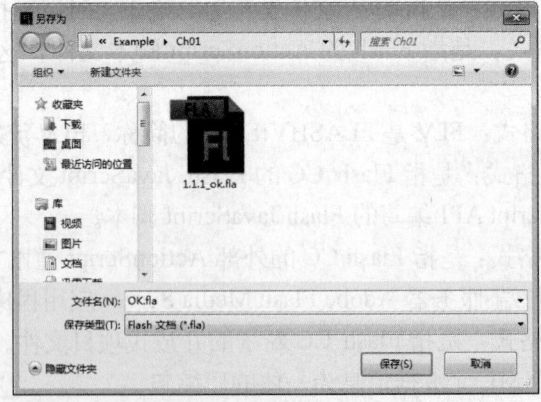

图 1-3　保存新建的文件

4 当需要打开旧文件进行编辑时，可以选择【文件】|【打开】命令，然后通过【打开】对话框选择要编辑的文件，再单击【打开】按钮即可，如图 1-4 所示。

图1-4 打开旧文件

5 如果想要打开最近曾编辑过的 Flash 文件，则可以选择【文件】|【打开最近的文件】命令，然后在菜单中选择文件即可，如图 1-5 所示。

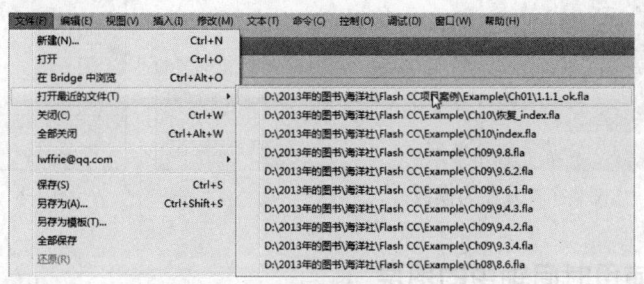

图1-5 打开最近编辑过的文件

6 编辑 Flash 文件后，如果不想覆盖原来的文件，可以选择【文件】|【另存为】命令（或按 Ctrl+Shift+S 键）将文件保存成一个新文件，如图 1-6 所示。保存文件时，可以选择"Flash 文档"和"Flash 未压缩文档"两种 Flash 版本的文件保存类型。

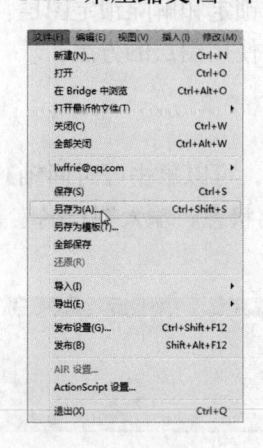

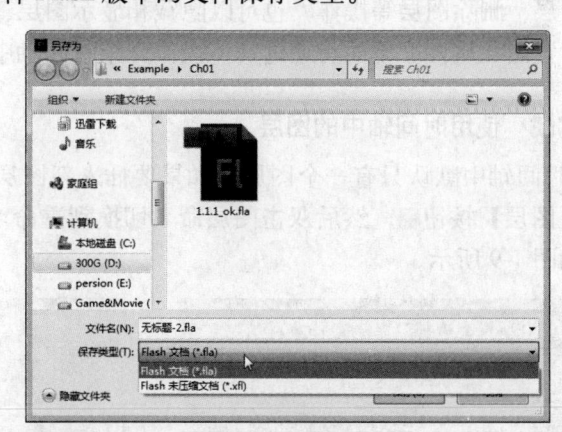

图1-6 另存成新文件

1.1.2 案例2：将文件另存为模板

使用模板可以快速地创建特定应用需要的 Flash 文件，但 Flash 自带的模板毕竟有限，这些模板有时未必能够满足用户的需要。为了解决这一问题，Flash 允许用户将创建的 Flash 文件另存为模板使用。

上机实战　将文件另存为模板

1　打开光盘中的"..\Example\Ch01\1.1.2.fla"练习文件，在菜单栏中选择【文件】|【另存为模板】命令。

2　此时程序将打开警告对话框，提示保存为模板文件将会清除SWF历史信息。只需单击【另存为模板】按钮即可，如图1-7所示。

3　打开【另存为模板】对话框后，在【名称】文本框输入模板名称，然后在【类别】列表框输入类别名称或直接选择预设类别，在【描述】文本框输入合适的模板描述，最后单击【保存】按钮即可，如图1-8所示。

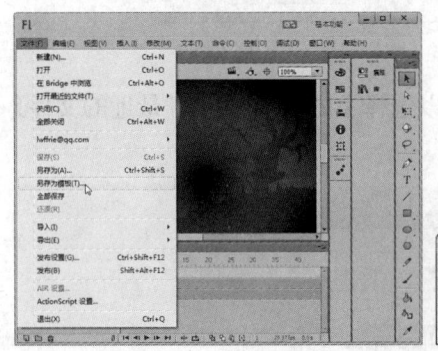

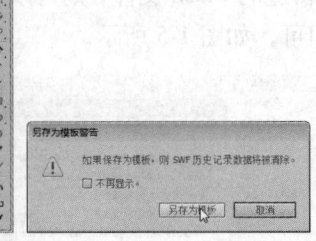

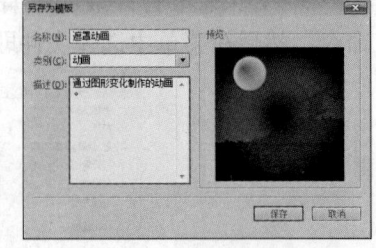

图1-7　另存为模板　　　　　图1-8　设置并保存模板

1.1.3　案例3：使用时间轴中的图层

时间轴是Flash中组织和控制动画的主要工具，掌握时间轴的基础操作，有利于今后进一步学习Flash动画设计。

图层位于【时间轴】面板的左侧，可以在时间轴中执行插入图层、插入图层文件夹、添加运动引导层、删除图层等操作，也可以隐藏和显示图层、锁定和解除锁定图层、显示图层轮廓以及设置图层属性。下面将通过具体操作介绍时间轴中使用图层的方法。

上机实战　使用时间轴中的图层

1　在时间轴中默认只有一个图层，如果要插入新图层，可以单击【时间轴】面板左下角的【插入图层】按钮，然后双击图层命名切换到重命名状态，输入图层名字并按Enter键即可，如图1-9所示。

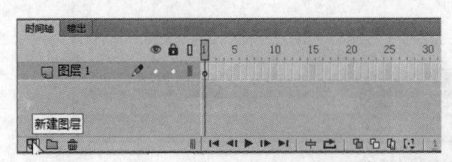

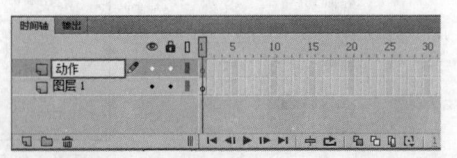

图1-9　新增图层并命名图层

> **技巧**
>
> 在菜单栏中选择【插入】|【时间轴】|【图层】命令，也可以插入新图层。

2　如果想要插入图层文件夹，只需单击【时间轴】面板左下角【插入图层文件夹】按

钮 🗀，新文件夹将出现在活动图层的上方，如图 1-10 所示。

3 如果想要修改图层文件夹的名称，可以双击图层命名切换到重命名状态，输入图层名字并按 Enter 键即可，如图 1-11 所示。

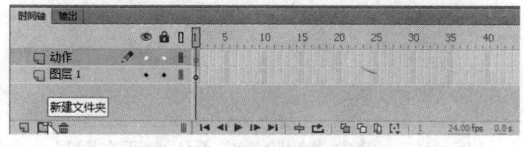

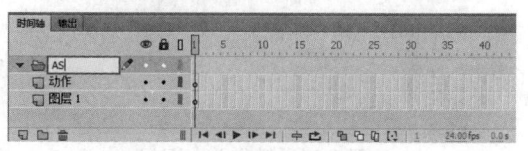

图 1-10　创建图层文件夹　　　　　图 1-11　重命名图层文件夹

4 如果想要将图层移动到文件夹中，只需在图层上方按住左键，然后将图层拖至图层文件夹上方，再松开左键即可，如图 1-12 所示。

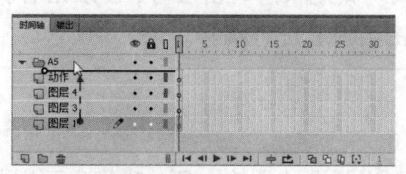

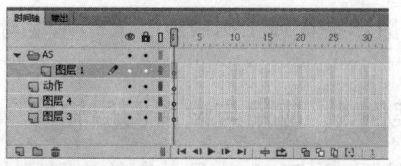

图 1-12　将图层拖到文件夹内

5 如果要将图层移出图层文件夹，只需将图层拖至图层文件夹之外的合适位置即可，如图 1-13 所示。

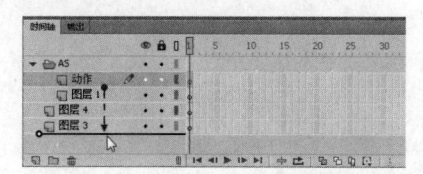

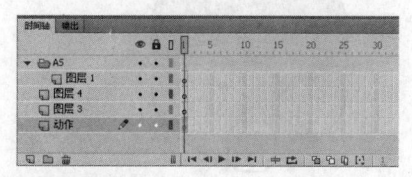

图 1-13　将文件夹内的图层移出

6 如果要隐藏图层，可以单击【隐藏或显示所有图层】👁 列中图层对应的黑色圆点即可，如图 1-14 所示。隐藏后图层的内容在 Flash 设计窗口中不可见，但播放影片时是可见的。如果要显示被隐藏的图层，只需在变成叉状的小圆点上再次单击即可，如图 1-15 所示。

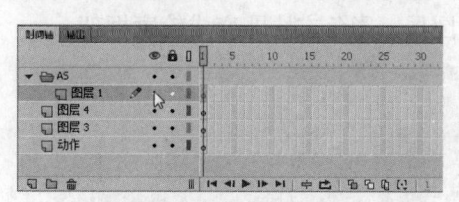

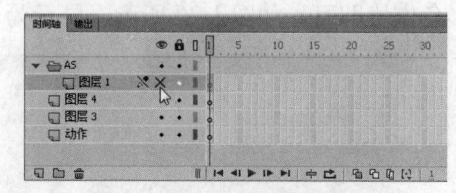

图 1-14　隐藏指定的图层　　　　　图 1-15　显示被隐藏的图层

> **技巧**
> 直接单击【隐藏/显示所有图层】按钮 👁 可以隐藏/显示面板中所有的图层。

7 为了防止对图层内容的误操作，可以锁定该图层，这样图层中的所有对象都无法编辑。如果要锁定图层，只需单击【锁定或解除锁定所有图层】🔒 列中图层对应的黑色圆点即可，如图 1-16 所示。

8 如果要解除被锁定的图层，只需在该图层的锁定图标 🔒 上再次单击即可。同样，如果直接单击【锁定或解除锁定所有图层】按钮，可以锁定或解除锁定面板中所有的图层，如图 1-17 所示。

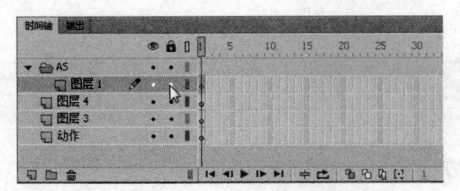

图 1-16　锁定单个图层 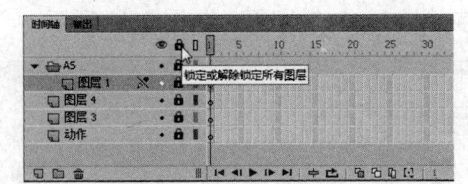　　　　　　　图 1-17　锁定或解除锁定面板中所有图层

> **技巧**
>
> 从上述操作可以发现，当选择处于隐藏或锁定状态的图层时，图层名称旁边的铅笔图标会被加上删除线，表示不能对该图层内容进行编辑。

1.1.4　案例 4：应用与设置图层轮廓

默认情况下，Flash 会显示完整的图层内容。为了设计上的方便，我们也可以将图层内容显示为轮廓，两种显示方式的对比如图 1-18 和图 1-19 所示。

图 1-18　将图层内容显示为轮廓 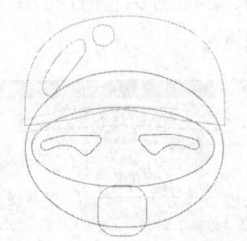　　　　　　图 1-19　显示完整的图层内容

上机实战　应用与设置图层轮廓

1 如果要将图层内容显示为轮廓，只需单击【将所有图层显示为轮廓】列中图层对应的彩色方块即可，如图 1-20 所示。显示为轮廓的图层，彩色方块即变成轮廓框架。

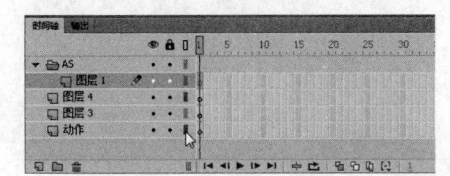

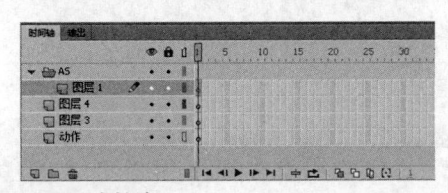

图 1-20　将单个图层显示为轮廓

2 如果直接单击【将所有图层显示为轮廓】按钮，可以将所有图层中的内容显示为轮廓，如图 1-21 所示。

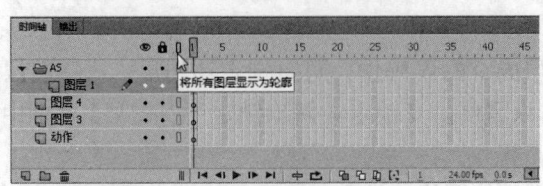

图 1-21　将所有图层显示为轮廓

> **技巧**
>
> 按住 Alt 键单击【将所有图层显示为轮廓】列中图层对应的彩色方块，可以将其他所有图层中的对象显示为轮廓。再次按住 Alt 键单击可以恢复显示完整内容。该操作也适合于隐藏和锁定图层。

3 每次新增的图层都带有默认的轮廓颜色，如果要更改这种轮廓颜色，可以在图层上单击右键并选择【属性】对话框，再单击【轮廓颜色】项右侧的色块打开调色板，选择其他轮廓颜色即可，如图 1-22 所示。

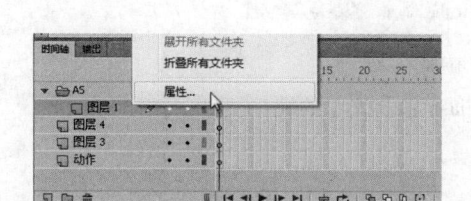

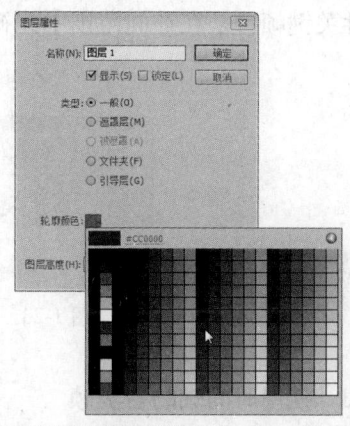

图 1-22 通过【图层属性】对话框更改轮廓颜色

> **技巧**
>
> 图层属性包括图层名称、类型、轮廓颜色和图层高度。可以通过【图层属性】对话框设置图层的属性。
> - 【图层属性】：对话框的各设置项分别介绍如下。
> - 【名称】：用于设置图层名称，在文本框中输入所需名称即可。
> - 【显示/锁定】：选择【显示】复选框，图层处于显示状态，反之图层被隐藏。选择【锁定】复选框，图层处于锁定状态，反之图层处于解除锁定状态。
> - 【类型】：用于设置图层的类型。选择类型前的单选按钮即可选择该类型。
> - 【轮廓颜色】：用于设置将图层内容显示为轮廓时使用的轮廓颜色。要更改颜色，单击■按钮，然后在打开的调色板中选择所需颜色即可。
> - 【将图层视为轮廓】：选择该复选框，图层内容将以轮廓方式显示。
> - 【图层高度】：用于设置图层在【时间轴】窗口中的高度，默认值为 100%。可以在下拉列表中选择其他高度。

1.1.5 案例 5：使用时间轴的各类帧

帧是 Flash 动画中的最小单位，类似于电影胶片中的小格画面。如果说图层是空间上的概念，图层中放置了组成 Flash 动画的所有元素，那么帧就是时间上的概念，不同内容的帧串联组成了运动的动画。如图 1-23 所示为 Flash 中的各种类型的帧。

下面是各种帧的作用：

- 关键帧：用于延续上一帧的内容。
- 空白关键帧：用于创建新的动画对象。
- 行为帧：用于指定某种行为，在帧上有一个小写字母 a。
- 一般帧：指该帧上没有创建补间动画。
- 空白帧：用于创建其他类型的帧，是时间轴的组成单位。
- 形状补间帧：创建形状补间动画时在两个关键帧之间自动生成的帧。
- 传统补间帧：创建传统补间动画时在两个关键帧之间自动生成的帧。
- 补间范围：是时间轴中的一组帧，它在舞台上对应的对象的一个或多个属性可以随着时间而改变。
- 属性关键帧：是在补间范围中为补间目标对象显示定义一个或多个属性值的帧。

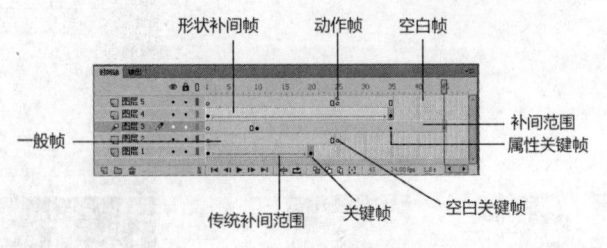

图 1-23　Flash 各种类型的帧

上机实战　使用时间轴的各类帧

1 新建的 Flash 文件的时间轴上通常只有一帧，所以在设计时往往需要插入帧，当不再使用某些帧时，也可以将其删除。如果要在时间轴中插入帧，先在目标位置上方单击右键，打开快捷菜单后，选择【插入帧】命令即可，如图 1-24 所示。

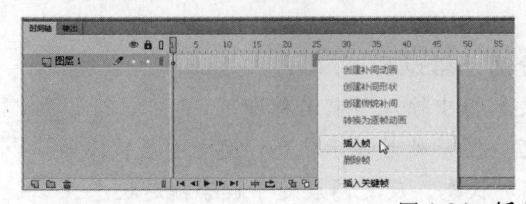

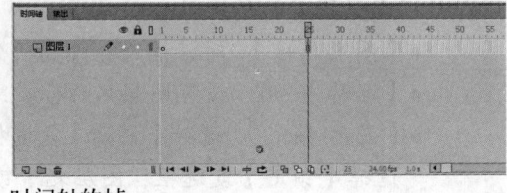

图 1-24　插入时间轴的帧

> **技巧**
>
> 在菜单栏中选择【插入】|【时间轴】|【帧】命令（或按 F5 键），也可以在时间轴中插入帧。

2 如果要删除时间轴中的帧，先选择需要删除的单个或多个帧，然后在帧上方单击右键，打开快捷菜单后选择【删除帧】命令即可，如图 1-25 所示。

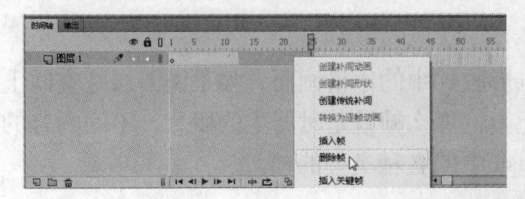

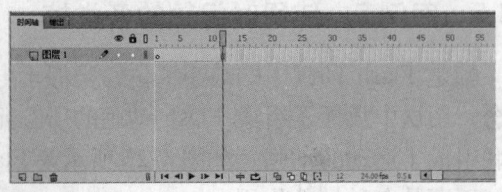

图 1-25　删除选中的帧

3 如果要在时间轴中插入关键帧，先在时间轴图层的目标位置上方单击右键，打开快捷菜单后，选择【插入关键帧】命令即可，如图1-26所示。同样，如果要清除时间轴中的关键帧，可以在需要清除的关键帧上方单击右键，打开快捷菜单后，选择【清除关键帧】命令，如图1-27所示。

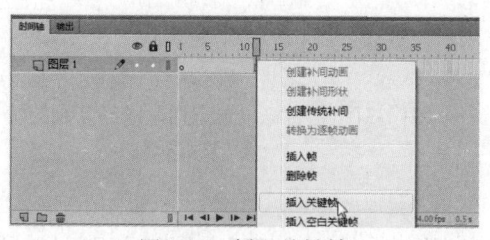

图1-26　插入关键帧

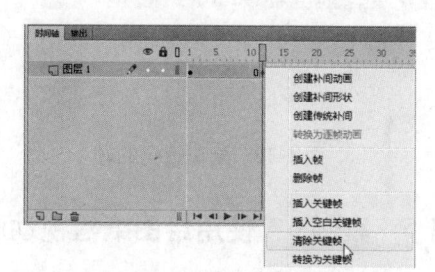

图1-27　清除关键帧

> **技巧**
> 在菜单栏中选择【插入】|【时间轴】|【关键帧】命令，也可以在时间轴中插入关键帧。另外，清除关键帧有别于删除帧，清除关键帧只是将关键帧转换为一般帧，而删除帧则是将当前帧格（可以是关键帧或一般帧）删除。

4 如果要在时间轴中插入空白关键帧，可以在目标位置上方单击右键，打开快捷菜单后，选择【插入空白关键帧】命令即可，如图1-28所示。

5 可以将当前一般帧转换成关键帧或空白关键帧。以转换为空白关键帧为例，可以先在要转换的帧上方单击右键，打开快捷菜单后，选择【转换为空白关键帧】命令即可，如图1-29所示。

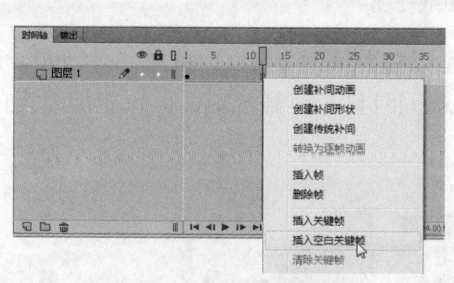

图1-28　插入空白关键帧

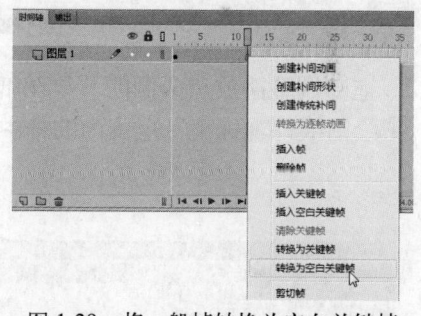

图1-29　将一般帧转换为空白关键帧

6 如果要复制或剪切帧，可以选择需要复制/剪切的帧，然后在上方单击右键，打开快捷菜单后选择【复制】或【剪切】命令，然后如图1-30所示。

7 复制或剪切帧后，在需要粘贴帧的位置单击右键，打开快捷菜单后，选择【粘贴帧】命令即可，如图1-31所示。

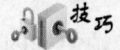

> **技巧**
> 可以同时对多个帧执行删除、清除、转换、复制和剪切等操作。如果要同时选中连续的多个帧，可以先选择起始的帧，然后按住Shift键单击最后一个帧。如果要选择不连续的多个帧，可以按住Ctrl键逐个单击。

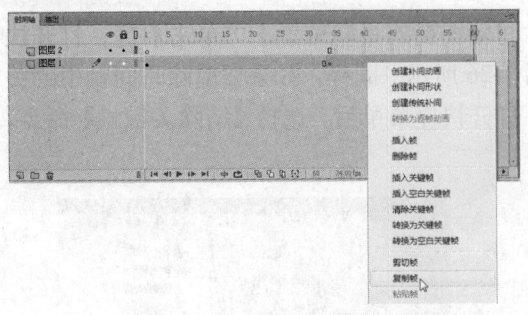

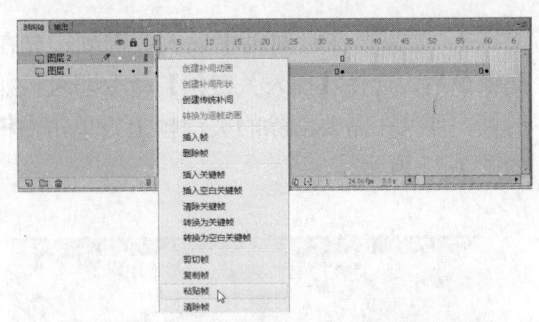

图 1-30 复制选定的帧　　　　　　　　　图 1-31 在目标位置上粘贴已经复制的帧

1.1.6 案例 6：使用绘图纸检视动画

通常情况下，在某个时间舞台上仅显示时间轴的一个帧。为便于定位和编辑逐帧动画，可以通过使用绘图纸外观，在舞台上一次查看两个或更多的帧。

使用绘图纸外观功能后，时间轴的播放头下面的帧用全彩色显示，但是其余的帧是暗淡的，看起来就好像每个帧是画在一张半透明的绘图纸上，而且这些绘图纸相互层叠在一起。

上机实战　使用绘图纸检视动画

1 打开光盘中的"..\Example\Ch01\1.1.6.fla"练习文件，当要显示多个帧时，可以按下【时间轴】面板的【绘图纸外观】按钮，此时播放头两侧会显示"绘图纸标记"，如图 1-32 所示。

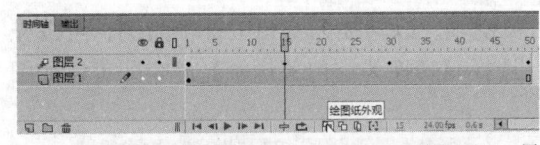

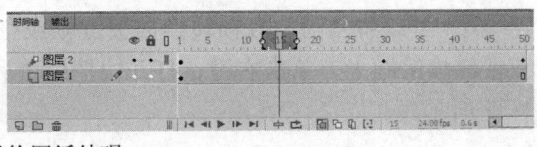

图 1-32 显示绘图纸外观

2 拖动调整播放头两侧的"绘图纸标记"，可以控制同时显示的帧的数量，如图 1-33 所示。"绘图纸外观标记"范围内的帧中的内容将被同时显示在舞台上，但只能编辑当前帧内容。

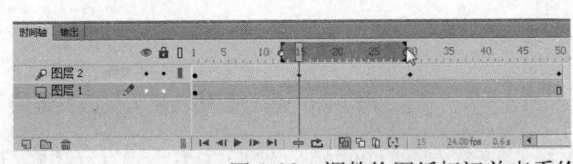

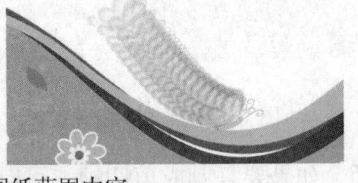

图 1-33 调整绘图纸标记并查看绘图纸范围内容

技巧

只需再次单击【绘图纸外观】按钮即可取消显示绘图纸外观。

3 如果要显示绘图纸外观轮廓，可以按下【绘图纸外观轮廓】按钮，帧中的内容将显示为轮廓，如图 1-34 所示。

4 除了同时显示多个帧外，Flash 也允许同时编辑多个帧，只需单击【编辑多个帧】按钮，如图 1-35 所示。

5 Flash 允许用户按个人需要修改绘图纸标记，单击【修改标记】按钮，打开快捷菜单后根据需要选择对应的命名即可，如图 1-36 所示。

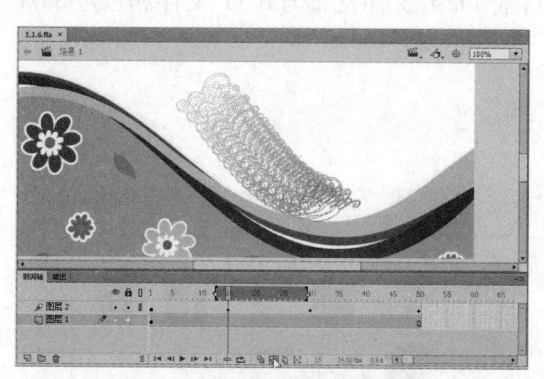

图 1-34 显示绘图纸外观轮廓

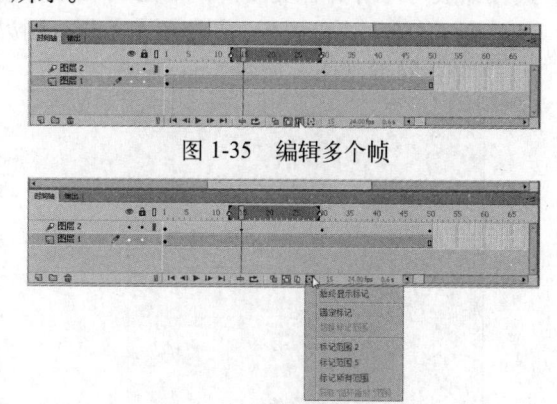

图 1-35 编辑多个帧

图 1-36 修改绘图纸标记

1.1.7 案例 7：设置与发布 Flash 文件

设计完成后的 Flash 作品可以发布为多种类型的文件，以满足不同应用场合的需要。为了获得最佳效果，在发布文件之前，可以通过【发布设置】对话框对发布选项进行设置。

上机实战 设置与发布 Flash 文件

1 打开光盘中的"..\Example\Ch01\1.1.7.fla"练习文件，在菜单栏中选择【文件】|【发布设置】命令，打开【发布设置】对话框，如图 1-37 所示。

2 通过【格式】选项卡选择要发布的文件类型、各类型文件发布时的文件名，以及文件发布后的保存位置，如图 1-38 所示。

3 选择【Flash（.SWF）】选项，然后在对话框右侧中设置 JPEG 品质、音频、高级等各类项目，如图 1-39 所示。

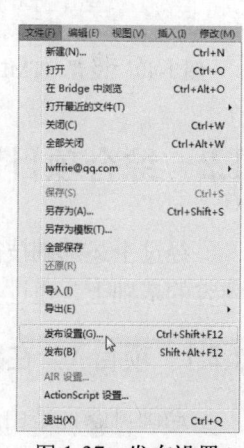

图 1-37 发布设置

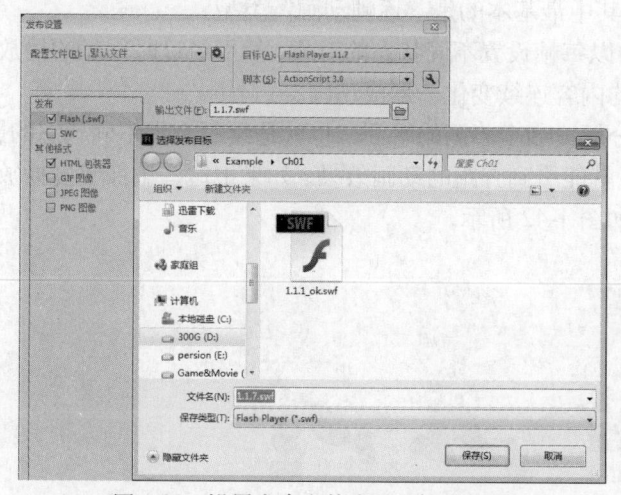

图 1-38 设置发布文件类型和输出位置

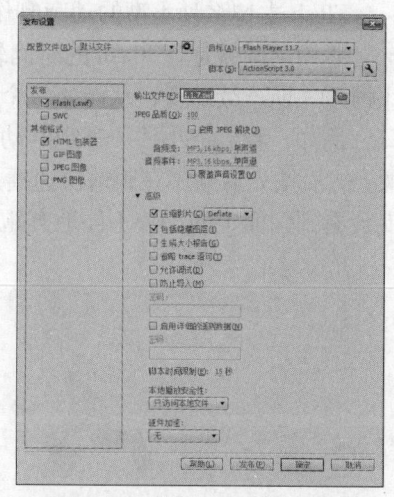

图 1-39 设置 SWF 发布选项

4 选择【HTML 包装器】选项，然后在对话框右侧中设置模板、大小、品质、窗口模式、缩放与对齐等各类项目，如图 1-40 所示。

5 完成上述设置后，直接单击【发布】按钮，将 Flash 文件发布为 SWF 文件和包含 SWF 的 HTML 网页文件，如图 1-41 所示。

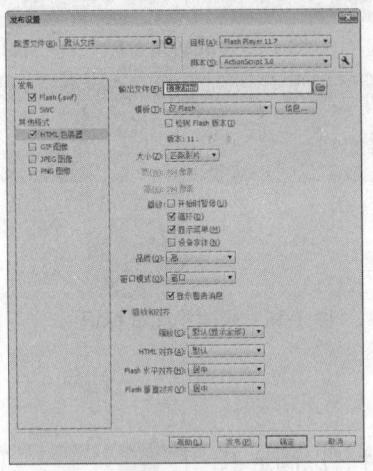

图 1-40　设置 HTML 包装器发布选项　　　　图 1-41　发布文件后的结果

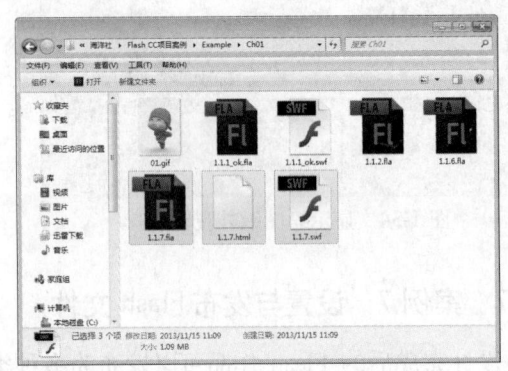

1.2　综合项目训练

经过上述基础技能的训练，相信读者已经掌握了 Flash 入门的基础方法，本节将在上述内容的基础上，通过多个教学综合项目训练，介绍 Flash 入门技能的应用。

1.2.1　项目 1：在跑步的人

动画可以说是由连续变化的画面所组成的，将动画分解后，每个状态都会变成一张静态的影像。因为一张影像构成不了一个动画，因此需要将多张影像按照一定的顺序逐一显示，这样就形成动画了。

Flash 支持多种类型的动画制作，其中最基本的是"逐帧动画"类型。

逐帧动画就是在 Flash 的时间轴中以每帧设置不同状态的对象，然后经过时间轴的播放，让帧逐一地连续出现，从而让每个帧的内容连续变化，形成动画。

例如，我们把小孩子奔跑的动作分解成多个不同的瞬间，也就是绘制多张不同状态的影像，然后按先后顺序在眼前快速播放，就能看到奔跑的动画效果。如果把这些影像重复播放，就会看到画面上的小孩不停地奔跑，如图 1-42 所示。

图 1-42　逐帧动画中小孩奔跑的过程

下面通过利用 Flash 制作一个卡通小人在跑步的动画介绍逐帧动画的制作。本例先找到一个 GIF 动画图片素材，将素材导入到 Flash 文件，然后通过时间轴设置不同图片即可。

上机实战　制作逐帧动画——在跑步的人

1　启动 Flash CC 应用程序，在欢迎屏幕中单击【ActionScript 3.0】按钮，新建 Flash 文件，如图 1-43 所示。

2　选择【文件】|【导入】|【导入到库】命令，然后在【导入到库】对话框中选择"01.gif"素材文件，接着单击【打开】按钮，如图 1-44 所示。

3　在打开的【库】面板中可以发现 GIF 动态图像的每个组成图像都独立显示在面板中。此时将【01.gif】位图拖入到当前舞台中，如图 1-45 所示。

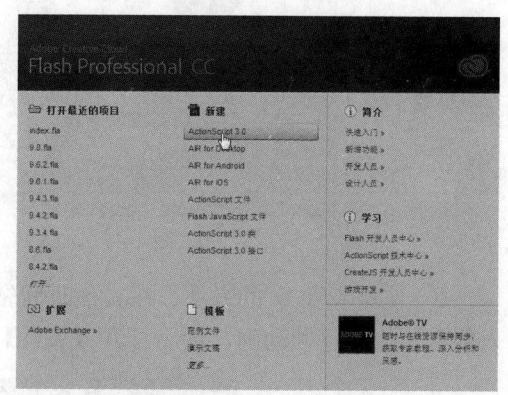

图 1-43　新建 Flash 文件

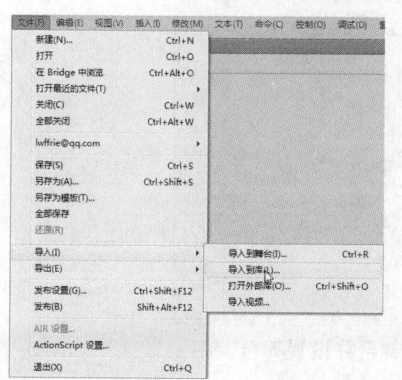

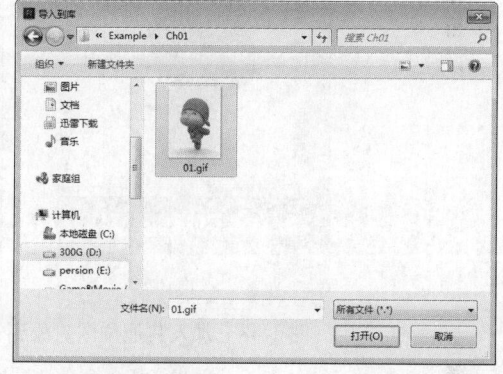

图 1-44　导入 GIF 图像素材到库

4　选择加入到舞台的位图对象，然后打开【属性】面板，设置 X 和 Y 的位置数值均为 0，如图 1-46 所示。

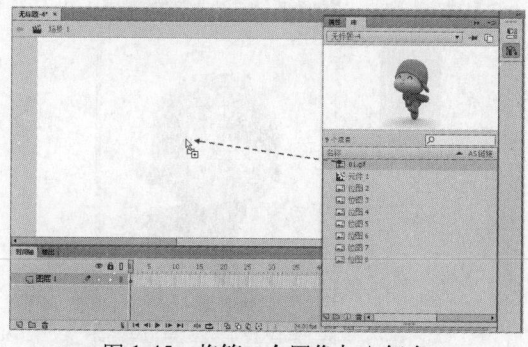

图 1-45　将第一个图像加入舞台

图 1-46　设置位图对象的位置

5　打开【时间轴】面板，选择图层 1 的第 2 帧，按 F7 键插入空白关键帧，然后将【库】面板的【位图 2】位图对象加入舞台，并通过【属性】面板设置对象的 X 和 Y 的位置数值均为 0，如图 1-47 所示。

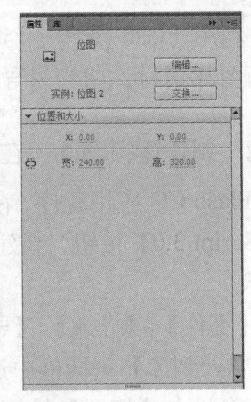

图 1-47　加入第二个位图并设置位图位置

6 使用步骤 5 的方法，在其他时间轴帧上插入空白关键帧，再将其他位图对象逐一加入舞台，构成逐帧动画，最后打开【属性】面板，设置舞台的大小，如图 1-48 所示。

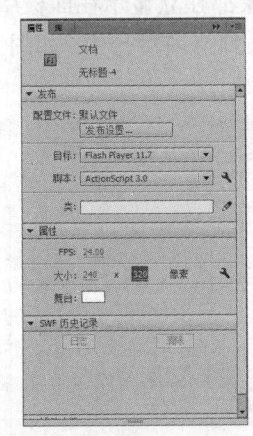

图 1-48　加入其他位图对象到舞台并设置舞台大小

7 选择【文件】|【保存】命令，将 Flash 文件保存起来，如图 1-49 所示。
8 选择【控制】 |【测试影片】命令，或按 Ctrl+Enter 键，通过播放器测试 Flash 的逐帧动画，如图 1-50 所示。

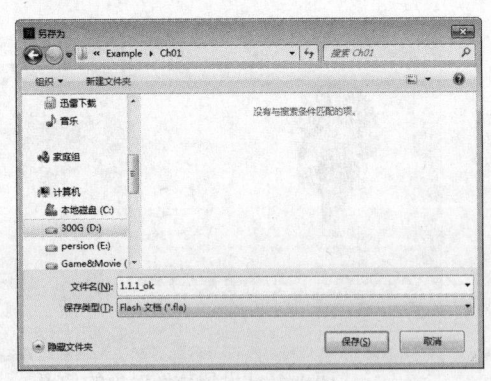

图 1-49　保存文件　　　　　　　图 1-50　通过播放器观看逐帧动画

1.2.2　项目 2：精美倒计时动画

本例通过在时间轴图层的不同帧中插入关键帧,然后为各个关键帧设置从 5 到 0 的数值，制作出以秒为单位的从 5 到 0 秒的倒计时动画，结果如图 1-51 所示。

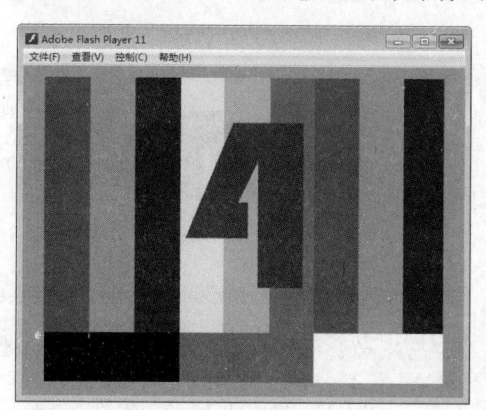

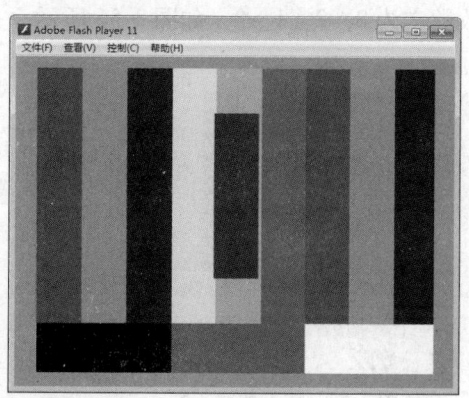

图 1-51　倒计时动画的效果

上机实战　制作精美倒计时动画

1 打开光盘中的"..\Example\Ch01\1.2.2.fla"练习文件，打开【属性】面板，设置 FPS（帧频）为 20，如图 1-52 所示。本步骤设置的目的是让时间轴播放 20 个帧的时间为 1 秒。

技巧

帧频是动画播放的速度，以每秒播放的帧数（fps）为度量单位。帧频太慢会使动画看起来一顿一顿的，帧频太快会使动画的细节变得模糊。24 fps 的帧速率是 Flash 文档的默认设置，通常可以在 Web 上提供最佳效果。因为只给整个 Flash 文件指定一个帧频，因此在开始创建动画之前，需要通过【属性】面板先设置帧频。

2 在【时间轴】面板中单击【新建图层】按钮，创建图层 2，然后在【工具】面板中选择【文本工具】，再通过【属性】面板设置文本的属性，如图 1-53 所示。

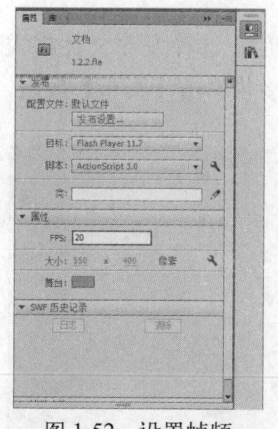

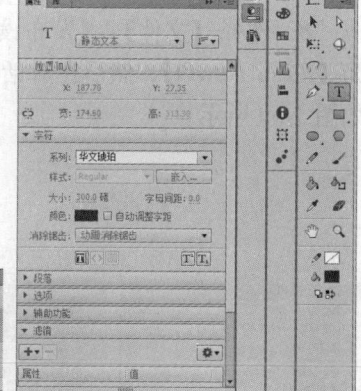

图 1-52　设置帧频　　　　图 1-53　新建图层并设置文本属性

3 选择图层 2 的第 1 帧，然后使用【文本工具】在舞台上输入数字"5"，如图 1-54 所示。

4 在图层 2 的第 20 帧上按 F6 键插入关键帧，然后使用【文本工具】将数字"5"修改成数字"4"，如图 1-55 所示。

5 使用步骤4的方法，分别在第40帧、60帧、80帧和100帧中插入关键帧，然后依次修改数字为3、2、1、0，如图1-56所示。

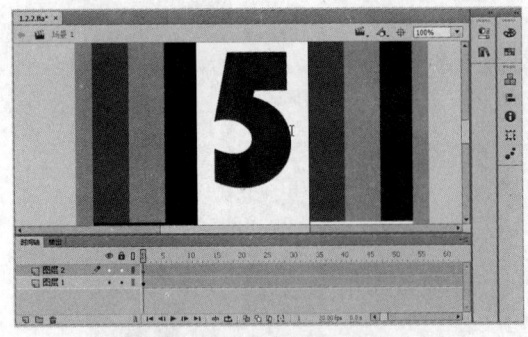

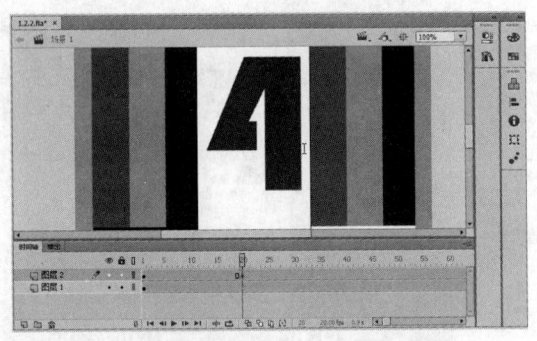

图1-54 输入数字"5"　　　　　　　　图1-55 修改数字"5"为数字"4"

6 选择【文件】|【另存为】命令，打开【另存为】对话框后，更改文件的名称，再单击【保存】按钮，将练习文件保存为成果文件，如图1-57所示。

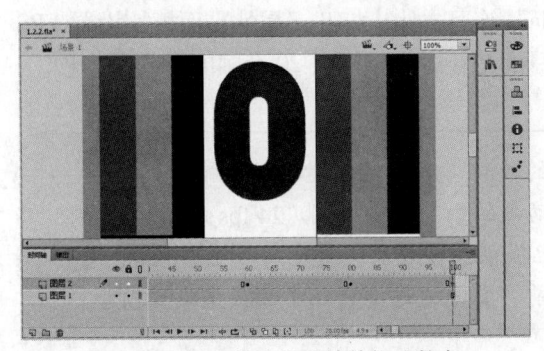

图1-56 插入其他关键帧并修改数字　　　　图1-57 另存为新文件

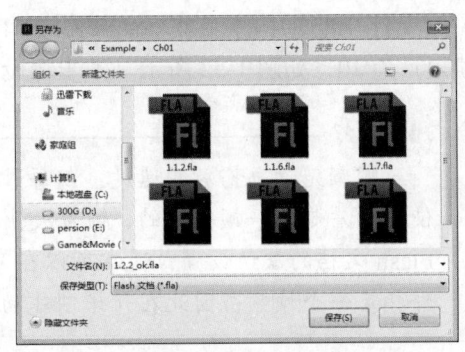

7 打开【控制】菜单，再选择【测试】命令，打开Flash播放器测试当前动画效果，如图1-58所示。

8 选择【文件】|【发布设置】命令，打开【发布设置】对话框后，选择发布文件格式为【Flash（.swf）】，然后在对话框右侧选项卡中设置相关发布选项，接着单击【发布】按钮，如图1-59所示。

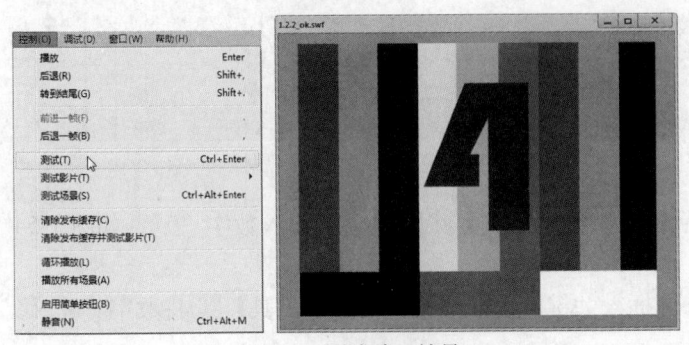

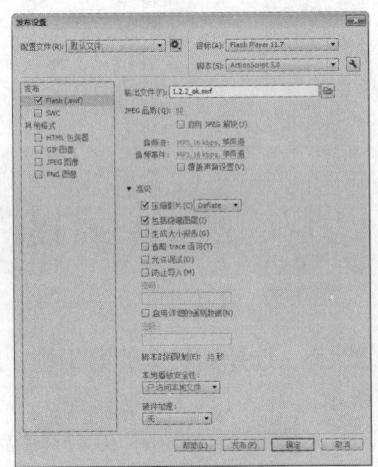

图1-58 测试动画效果　　　　　　　　图1-59 设置发布选项并执行发布

1.3 本章小结

本章作为 Flash CC 教学的入门章节，首先从 Flash 的文件管理等入门技能讲起，并逐步深入到时间轴的使用和发布文件等方面的介绍，最后通过两个实例，讲解了在 Flash 中制作逐帧动画的方法。

1.4 课后训练

将光盘中提供的"02.gif"图像文件导入到练习文件的库中，制作出小女孩在走路的逐帧动画，并发布为 SWF 文件。动画的效果如图 1-60 所示。

图 1-60 制作小女孩在走路的动画效果

提示

（1）打开光盘中的"..\Example\Ch01\14.fla"练习文件。

（2）选择【文件】|【导入】|【导入到库】命令，然后在【导入到库】对话框中选择"02.gif"素材文件，接着单击【打开】按钮。

（3）打开【库】面板，将【02.gif】位图拖入到当前舞台中。

（4）选择加入到舞台的位图对象，然后打开【属性】面板，并分别设置 X 和 Y 的位置数值均为 0。

（5）打开【时间轴】面板，选择图层 1 的第 4 帧，按 F7 键插入空白关键帧，然后将【库】面板的【位图 2】位图对象加入舞台，并通过【属性】面板设置对象的 X 和 Y 的位置数值均为 0。

（6）选择图层 1 的第 7 帧，按 F7 功能键插入空白关键帧，将【库】面板的【位图 3】位图对象加入舞台，并通过【属性】面板设置对象的 X 和 Y 的位置数值均为 0。

（7）选择【文件】|【保存】命令，将 Flash 文件保存起来。

（8）选择【文件】|【发布设置】命令，选择发布文件格式为【Flash（.swf）】，然后在对话框右侧选项卡中设置相关发布选项，单击【发布】按钮。

第2章 绘制与修改动画插图

教学提要

图形绘制是Flash CC应用的重要一环。目前很多Flash动画都少不了原创的绘图技术，通过绘图和动画的结合，可以制作出各种出色的Flash动画作品。本章将详细介绍Flash的颜色应用、绘图工具使用以及图形修改的方法。

教学重点

- 掌握设置笔触颜色和填充颜色的方法
- 掌握创建与编辑渐变颜色的方法
- 掌握使用位图进行填充的方法
- 掌握绘制各种形状和图元对象的方法
- 掌握使用钢笔工具绘制线条的方法
- 掌握使用选择工具和部分选取工具修改形状的方法

2.1 绘画基础技能训练

本节将以简单的案例讲起，带领读者由浅入深地了解在Flash中进行绘画和修改插图的各种操作，以便后续章节的学习和应用。

2.1.1 案例1：调整笔触颜色和填充颜色

在Flash中，通过使用【工具】面板或【属性】面板中的【笔触颜色】和【填充颜色】控件，可以指定图形对象和形状的笔触颜色和填充颜色。

【工具】面板的【笔触颜色】和【填充颜色】部分包含用于激活【笔触颜色】和【填充颜色】框的控件，而这些框又将确定选择对象的笔触或填充是否受到颜色选择的影响。另外，【颜色】部分也包含一些控件，可用于将颜色快速重置为默认值，将笔触颜色和填充颜色设置为【无】，以及交换填充颜色和笔触颜色。

上机实战　调整笔触颜色和填充颜色

1 打开光盘中的"..\Example\Ch02\2.1.1.fla"练习文件，在【工具】面板中选择【选择工具】，然后选择卡通插图的衣服形状，如图2-1所示。

2 如果要通过【工具】面板修改填充颜色，可以单击【工具】面板的【填充颜色】控件，在弹出的调色板上选择一种颜色，如图2-2所示。

3 如果要更全面地选择填充颜色，可以在弹出的调色板上单击【颜色选择器】按钮，打开【颜色选择器】对话框后自由选择合适的颜色，然后单击【确定】按钮，如图2-3所示。

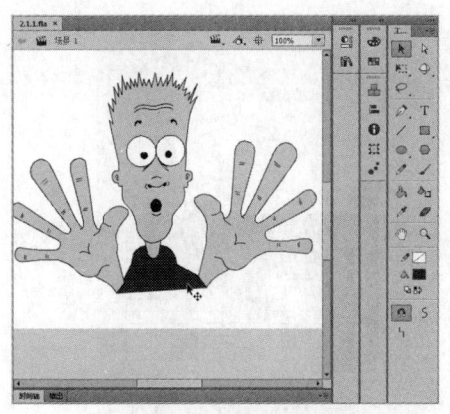

图 2-1 选择卡通插图的形状

图 2-2 设置形状的填充颜色

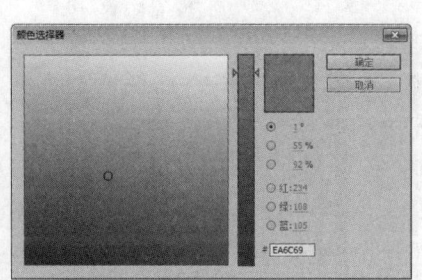

图 2-3 通过颜色选择器调整填充颜色

4 如果想要让填充颜色变成半透明，可以在弹出的调色板中设置 Alpha 的数值为 50%，如图 2-4 所示。

图 2-4 设置填充颜色的透明度

5 除了通过【工具】面板调整填充颜色或笔触颜色外，还可以通过【属性】面板来完成上述操作。例如，使用【选择工具】 在卡通插图的笔触上双击（黑色边缘线），选择插图的笔触，然后打开【属性】面板，调整笔触颜色为其他颜色，如图 2-5 所示。

6 除了直接通过调色板选择颜色外，还可以在调色板的颜色方块右侧文本框中输入颜色的 16 进制数值，以设置颜色，如图 2-6 所示。

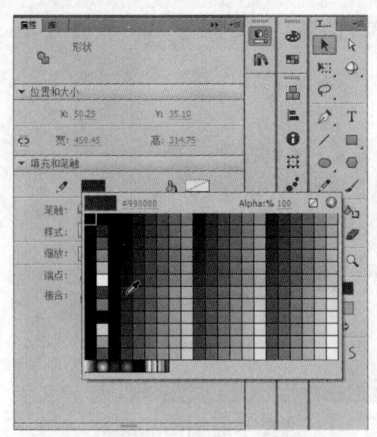

图 2-5　选择笔触并调整笔触颜色

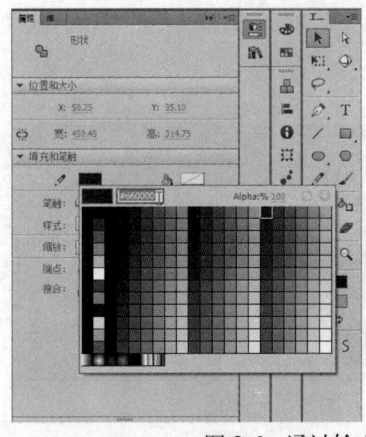

图 2-6　通过输入颜色值调整笔触颜色

技巧

在 Flash 中，一般使用 16 进制来定义颜色，也就是说每种颜色都使用唯一的 16 进制码来表示，我们称之为 16 进制颜色码。

以 RGB 颜色为例，16 进制定义颜色的方法是分别指定 R/G/B 颜色，也就是红/绿/蓝三种原色的强度。通常规定，每一种颜色强度最低为 0，最高为 255。那么以 16 进制数值表示，255 对应于 16 进制就是 FF，并把 R\G\B 三个数值依次并列起来，就有 6 位 16 进制数值。因此，RGB 颜色的可以用 000000 到 FFFFFF 等 16 进制数值表示，其中从左到右每两位分开分别代表红绿蓝，所以 FF0000 是纯红色，00FF00 是纯绿色，0000FF 是纯蓝色，000000 是黑色，FFFFFF 是白色。

另外需要注意，在 Flash 里使用 16 进制的颜色还需要在色彩值前加上"#"符号，例如白色就使用"#FFFFFF"或"#ffffff"色彩值来表示。

2.1.2　案例 2：创建与编辑渐变颜色

渐变是一种多色填充，即一种颜色逐渐转变为另一种颜色。使用 Flash，能够将多达 15 种的颜色转变应用于渐变。

创建渐变是在一个或多个对象间创建平滑颜色过渡的好方法。我们可以将渐变存储为色

板,从而便于将渐变应用于多个对象。Flash 可以创建两种渐变:
- 线性渐变:沿着一根轴线(水平或垂直)改变颜色。
- 径向渐变:从一个中心焦点向外改变颜色。可以调整渐变的方向、颜色、焦点位置以及渐变的其他很多属性。

上机实战 创建与编辑渐变颜色

1 打开光盘中的 "..\Example\Ch02\2.1.2.fla" 练习文件,在【工具】面板中选择【选择工具】 ,然后选择卡通插图的上衣形状,如图 2-7 所示。

2 选择【窗口】|【颜色】命令,打开【颜色】面板,更改颜色类型为【径向渐变】,如图 2-8 所示。

图 2-7 选择要更改颜色的形状 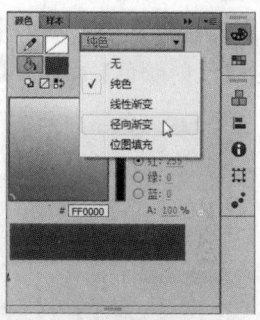　　　　图 2-8 设置颜色类型

3 更改颜色类型后,默认为黑白渐变颜色。如果要更改渐变中的颜色,在渐变定义栏下选择一个颜色指针(所选颜色指针顶部的三角形将变成黑色),然后在渐变栏上方显示的颜色空间窗格中单击选择颜色,再通过拖动【亮度】滑块来调整颜色的亮度,如图 2-9 所示。

4 如果要为渐变定义栏添加一个颜色指针,可以单击渐变定义栏或渐变定义栏下方。添加颜色指针后,通过上一步骤的方法设置颜色指针的颜色,如图 2-10 所示。

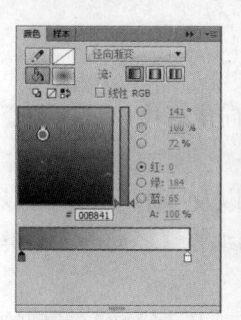

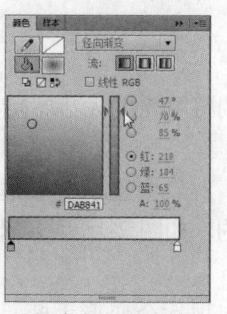

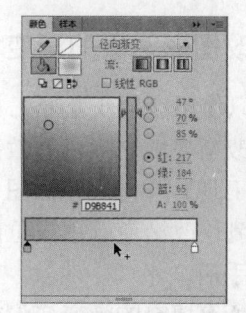

图 2-9 设置渐变中左端颜色指针的颜色　　　　图 2-10 添加颜色指针并设置颜色

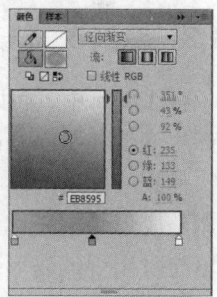

技巧

当需要删除颜色指针时,只需将颜色指针拖离渐变定义栏即可。

5 如果要调整颜色指针的位置,可以按住颜色指针,再向左、右方向拖动即可,如图 2-11 所示。

6 使用【选择工具】 选择插图中人物头发的形状,然后通过【颜色】面板更改填充类型为【线性渐变】,接着设置渐变定义栏中颜色指针的颜色,如图 2-12 所示。

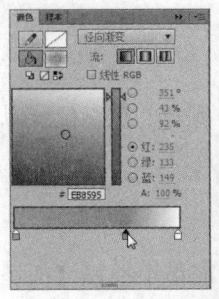

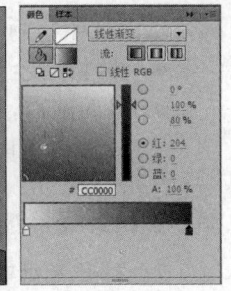

图 2-11 调整颜色指针的位置 　　　　　　　图 2-12 选择头发形状并设置线性渐变颜色

7　除了在颜色选择器上选择颜色外，可以双击颜色指针，然后在弹出的调色板上选择颜色，如图 2-13 所示。

8　在【线性渐变】类型中，可以选择扩展颜色、反射颜色、重复颜色等颜色流模式，例如单击【反射颜色】按钮，可以应用反射颜色这种流模式，如图 2-14 所示。

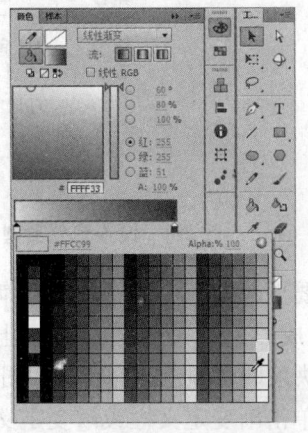

图 2-13 通过调色板选择颜色 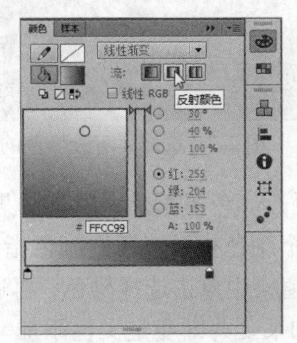　　　　　　　图 2-14 设置流模式

2.1.3 案例 3：修改图形对象的渐变填充

在 Flash 中，可以使用【渐变变形工具】调整填充的大小、方向或者中心，使渐变填充产生变形，从而修改渐变填充颜色的效果。

使用【渐变变形工具】作用在插图对象时，对象会显示变形框以及变形手柄，可以通过调整变形手柄来达到修改渐变颜色或位图的目的。如图 2-15 所示为编辑【径向渐变】类型的填充时出现的变形手柄。

需要注意，并非所有填充的渐变变形框都会出现 5 个变形手柄，对于【线性】类型的渐变填充和位图填充，默认只会出现中心点、大小和焦点三个手柄。

渐变变形工具手柄的功能说明如下：
- 中心点：中心点手柄的变换图标是一个四向箭头，用于调整渐变中心的位置。
- 焦点：焦点手柄的变换图标是一个倒三角形，用于调整渐变焦点的方向（仅在选择放射状渐变时才显示焦点手柄）。
- 大小：大小手柄的变换图标是内部有一个箭头的圆圈，用于调整渐变范围的大小。
- 旋转：旋转手柄的变换图标是组成一个圆形的四个箭头，用于调整渐变的旋转。
- 宽度：宽度手柄，用于调整渐变的宽度。

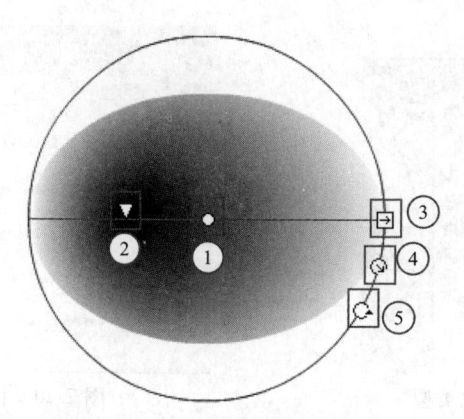

图 2-15 使用渐变变形工具

1-中心点；2-焦点；3-宽度；4-大小；5-旋转

上机实战　使用【渐变变形工具】修改渐变

1 打开光盘中的"..\Example\Ch02\2.1.3.fla"练习文件，然后在工具箱中长按【任意变形工具】按钮，弹出列表框后，选择【渐变变形工具】，如图 2-16 所示。

2 将鼠标指针移到卡通插图的房子墙壁形状上，单击选择形状，形状会显示渐变变形框。此时按住旋转手柄，然后向右下方旋转，使渐变颜色从水平渐变转换为垂直渐变，如图 2-17 所示。

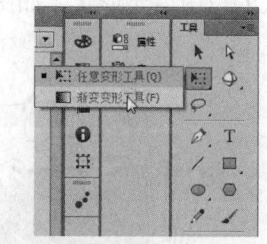

图 2-16　选择渐变变形工具

3 按住渐变变形框的宽度手柄，然后垂直向下移动，扩大渐变填充的垂直宽度，接着按住渐变变形框的中心手柄，然后向上移动，调整渐变填充的中心位置，如图 2-18 所示。

图 2-17　旋转渐变方向　　　　图 2-18　调整渐变宽度和中心点位置

2.1.4 案例 4：使用位图进行填充

通过【颜色】面板不仅可以给图形填充纯色和渐变色，还可以填充指定的位图图形，即以位图作为填充内容应用到形状上。

上机实战　使用位图进行填充

1 打开光盘中的"..\Example\Ch02\2.1.4.fla"练习文件，然后打开【颜色】面板，再更改填充颜色的类型为【位图填充】，如图 2-19 所示。

2 此时会打开【导入到库】对话框，在对话框中选择要作为填充的位图文件，然后单击【打开】按钮，如图 2-20 所示。

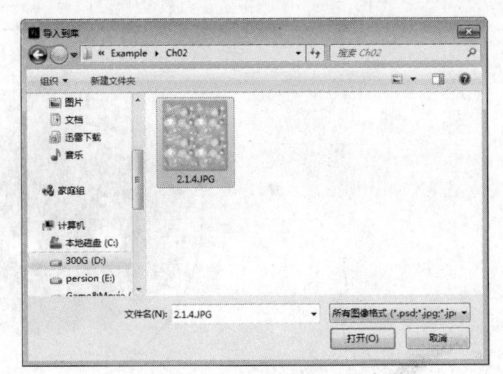

图 2-19　更改颜色类型　　　　　　　　　图 2-20　指定填充的位图

3 在【工具】面板中选择【选择工具】，然后选择卡通插图中文件夹包装面的形状，如图 2-21 所示。

4 打开【颜色】面板，再更改填充颜色的类型为【位图填充】，此时即可使用步骤 2 导入的位图填充形状，如图 2-22 所示。

图 2-21　指定需要填充的形状　　　　　　　图 2-22　为形状填充位图

2.1.5　案例 5：绘制简单线条和形状

Flash CC 提供了多种绘图工具，方便进行各种基础形状的绘制，例如绘制直线、矩形、圆形等形状。

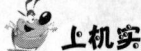

上机实战　绘制简单线条和形状

1 新建一个 Flash 文件。如果要一次绘制一条直线段，可以选择【线条工具】，然后打开【属性】面板，设置笔触颜色、笔触高度、笔触样式属性，如图 2-23 所示。

2 设置属性后，将指针定位在线条起始处，并将其拖动到线条结束处即可，如图 2-24 所示。如果要将线条的角度限制为 45°的倍数，可以在按住 Shift 键的同时拖动。

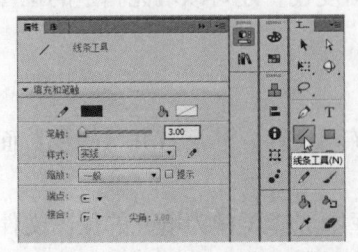

图 2-23　选择线条工具并设置属性　　　　　　　图 2-24　绘制线条

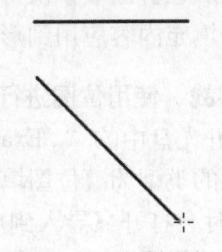

3　如果要创建矩形，可以选择【矩形工具】▣，然后通过【属性】面板设置笔触颜色、填充颜色、笔触高度、笔触样式等属性，如图 2-25 所示。

4　设置基本的属性后，即可在舞台上使用【矩形工具】▣拖动，绘制出一个矩形。如果要绘制正方向，则可以按住 Shift 键后拖动绘制即可，如图 2-26 所示。

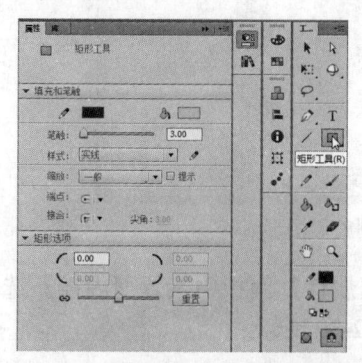

图 2-25　选择矩形工具并设置属性　　　　图 2-26　绘制矩形

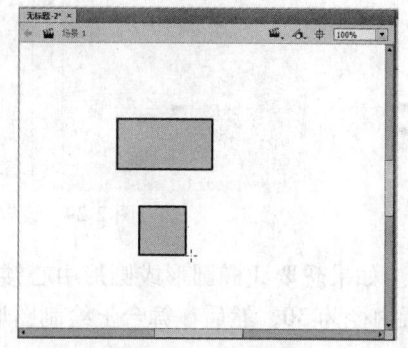

5　如果要绘制圆角矩形，可以选择【矩形工具】▣，然后在【属性】面板的【矩形选项】中设置矩形边角半径，接着在舞台上绘图即可，如图 2-27 所示。

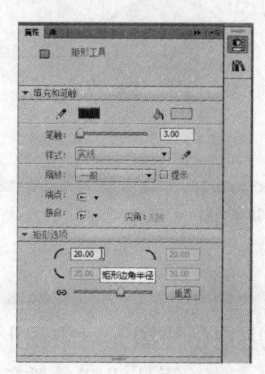

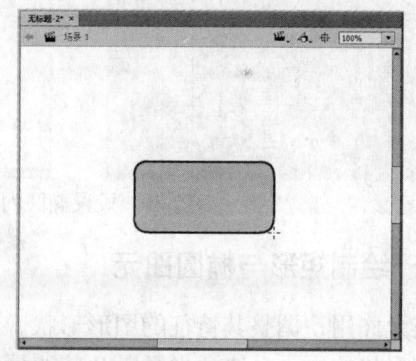

图 2-27　设置矩形边角半径并绘图

6　如果要绘制椭圆形或圆形，可以选择【椭圆工具】◯，然后通过【属性】面板设置笔触颜色、填充颜色、笔触高度、笔触样式等属性，接着在舞台拖动鼠标绘图。当按住 Shift 键并拖动鼠标时，可以绘制正圆形，如图 2-28 所示。

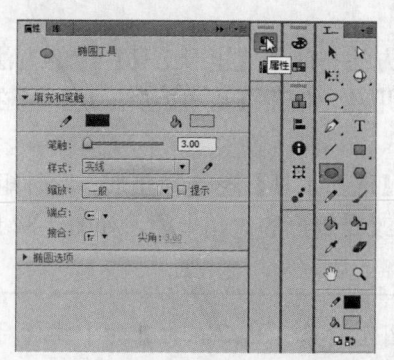

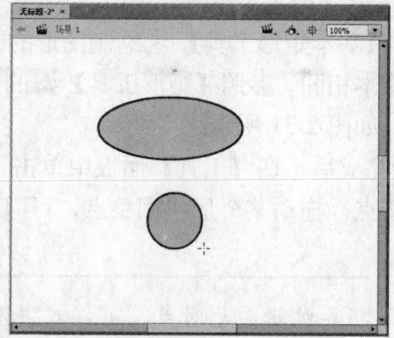

图 2-28　选择椭圆工具并设置属性后绘图

7　如果想要绘制扇形图形，可以在【属性】对话框的【椭圆选项】框中设置【开始角度】和【结束角度】选项，然后在舞台上拖动鼠标绘图即可，如图 2-29 所示。

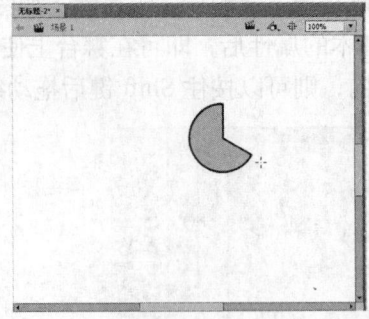

图 2-29　设置椭圆选项并绘制扇形图形

8　如果想要让椭圆形或圆形中心镂空，可以在【属性】面板中设置【内径】选项，例如设置内径为 30，然后在舞台上绘制图形，结果如图 2-30 所示。

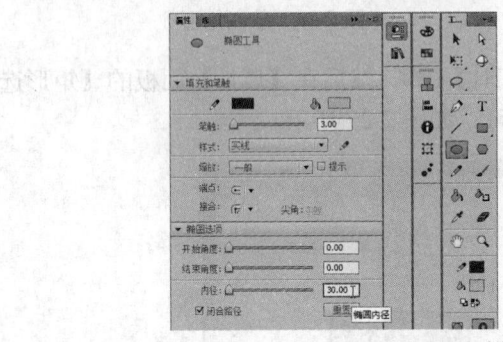

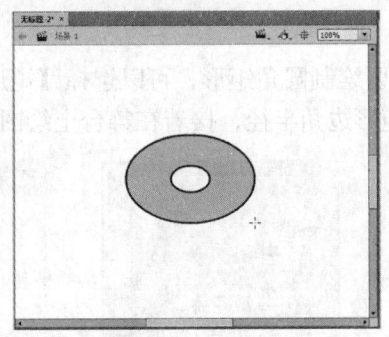

图 2-30　设置椭圆内径并绘图

2.1.6　案例 6：绘制矩形与椭圆图元

图元对象是允许用户调整其特征的图形形状。当用户创建图元对象图形后，任何时候都可以精确地控制形状的大小、边角半径以及其他属性，而无须从头开始重新绘制。

在 Flash CC 中，提供了矩形和椭圆两种基本的图元对象，这两种图元对象可以使用【基本矩形工具】和【基本椭圆工具】绘制。

上机实战　绘制矩形与椭圆图元

1　新建一个 Flash 文件。

2　使用【基本矩形工具】绘制图形的方法与使用【矩形工具】的方法相同，两者的属性项也基本相同。参照【矩形工具】的用法，使用【基本矩形工具】在舞台中绘制任意的矩形，如图 2-31 所示。

3　绘制完成后，在【工具】面板中单击【选择工具】选择矩形。此时矩形 4 角分别出现形状调整点，拖动某个形状调整点，可以改变矩形的边角半径，如图 2-32 所示。

技巧

如果想要编辑图元对象，可以双击图元对象，然后在打开的【编辑对象】对话框中单击【确定】按钮，将图元对象转换为绘制对象后，即可进行编辑操作，如图 2-33 所示。

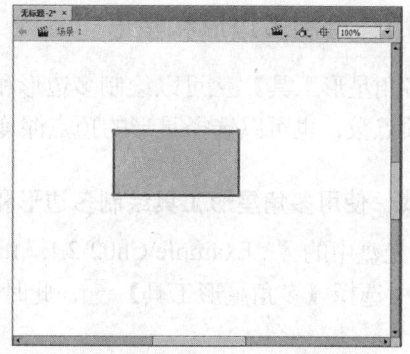

图 2-31 使用基本矩形工具绘制任意矩形

图 2-32 调整矩形图元的边角半径    图 2-33 编辑图元对象前先将图元对象转换为绘制对象

4 使用【基本椭圆工具】绘制图形的方法与使用【椭圆工具】的方法相同,两者的属性项也基本相同。参照【椭圆工具】的用法,使用【基本椭圆工具】在舞台中绘制任意的椭圆或圆形,如图 2-34 所示。

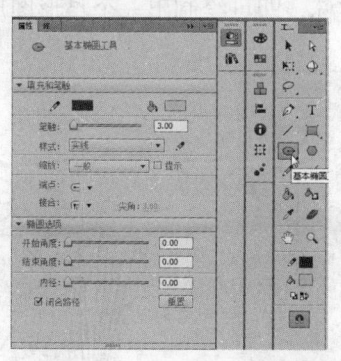

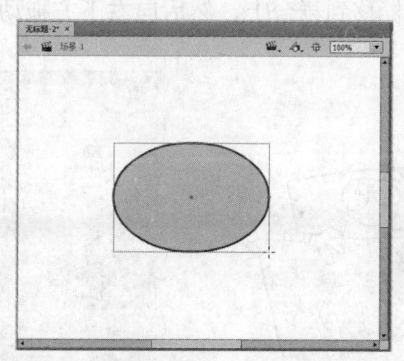

图 2-34 使用基本椭圆工具绘制椭圆

5 绘制完成后,在【工具】面板中选择【选择工具】,然后选择椭圆,此时椭圆的中心和边上分别出现形状调整点。拖动中心的形状调整点,可以将椭圆修改为圆环,如图 2-35 所示。
6 如果拖动椭圆形边缘上的形状调整点,可以将椭圆修改为扇形,如图 2-36 所示。

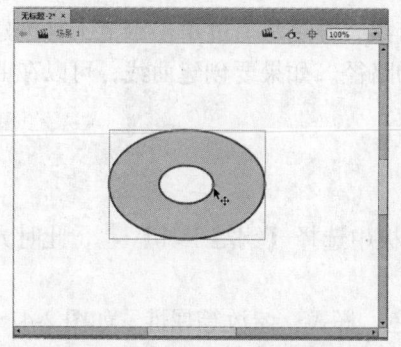

图 2-35 将椭圆形修改为圆环 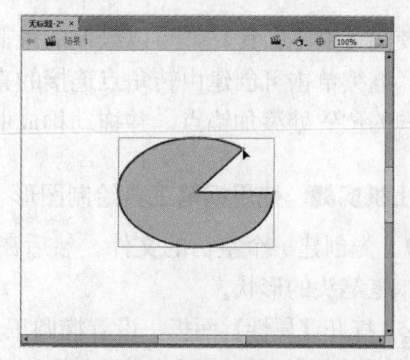   图 2-36 将椭圆形修改为扇形

2.1.7 案例 7：绘制多边形和星形

使用【多角星形工具】可以绘制多边形和星形。在绘制图形时，可以设置多边形的边数或星形的顶点数，也可以选择星形的顶点深度。

上机实战 使用多角星形工具绘制多边形和星形

1　打开光盘中的"..\Example\Ch02\2.1.7.fla"文件，然后在【工具】面板中选择【多角星形工具】，此时光标显示为【+】的形状。

2　打开【属性】面板，设置椭圆工具的填充和笔触颜色、样式、缩放以及对象绘制模式等属性，然后单击【选项】按钮，并从打开的【工具设置】对话框中选择样式为【多边形】，接着设置边数，最后单击【确定】按钮，如图 2-37 所示。

3　将鼠标移到舞台上，然后向右下方拖动鼠标，即可绘制出一个多边形图形，如图 2-38 所示。

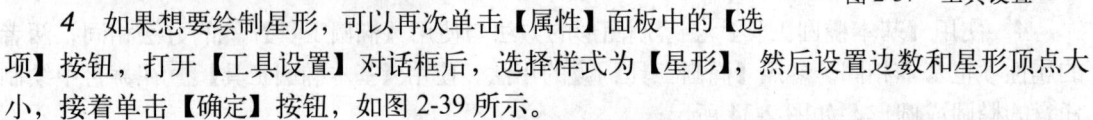

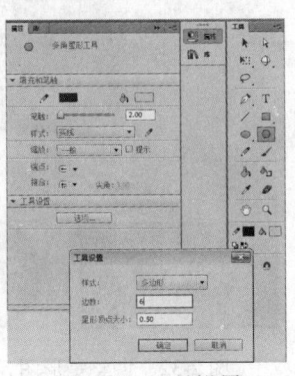

图 2-37　工具设置

4　如果想要绘制星形，可以再次单击【属性】面板中的【选项】按钮，打开【工具设置】对话框后，选择样式为【星形】，然后设置边数和星形顶点大小，接着单击【确定】按钮，如图 2-39 所示。

5　将鼠标移到舞台上，然后向右下方拖动鼠标，即可绘制出一个星形图形，如图 2-40 所示。

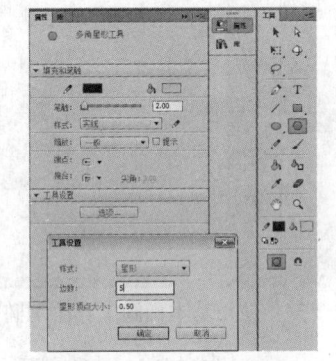

图 2-38　绘制多边形　　　图 2-39　设置星形选项　　　图 2-40　绘制星形图形

2.1.8 案例 8：使用钢笔工具绘制线条

使用【钢笔工具】可以绘制的最简单路径是直线，方法是通过单击钢笔工具创建两个锚点，继续单击可创建由转角点连接的直线段组成的路径。如果要创建曲线，可以在曲线改变方向的位置处添加锚点，并拖动构成曲线的方向线。

上机实战 使用钢笔工具绘制图形

1　先创建一个空白的文件，然后在【工具】面板中选择【钢笔工具】，此时光标显示为钢笔笔头的形状。

2　打开【属性】面板，设置椭圆工具的笔触颜色、样式、缩放等属性，如图 2-41 所示。

3　使用【钢笔工具】可以绘制的最简单路径是直线，方法是在舞台上单击确定线段的开始锚点，再次单击确定结束锚点即可创建直线段，如图2-42所示。

4 继续单击，可以在舞台上确定其他锚点，以构成各种形状。如图2-43所示，通过创建多个直线段构成五角星形。

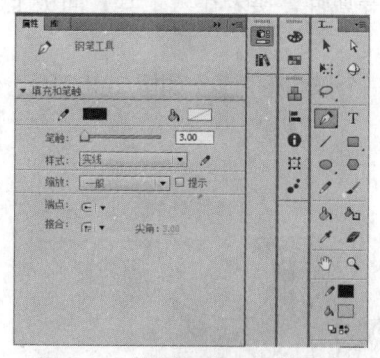

图2-41 设置钢笔工具的属性　　图2-42 创建直线段 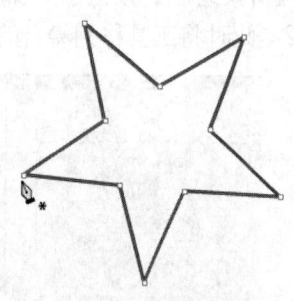　　图2-43 创建多个直线段构成五角星形

5 如果要创建曲线，可以在曲线改变方向的位置处添加锚点，并拖动构成曲线的方向线。如图2-44所示，首先定位钢笔工具，然后按住鼠标并开始拖动，接着拖动延长方向线。

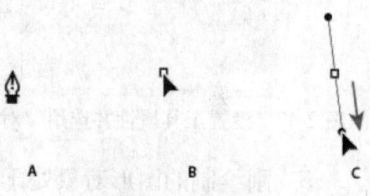

6 如果要创建C形曲线，可以在步骤4的基础上，以上一方向线相反方向拖动，然后松开鼠标按键，如图2-45所示。

图2-44 创建曲线

7 如果要创建S形曲线，可以在步骤4的基础上，以上一方向线相同方向拖动，然后松开鼠标按键，如图2-46所示。

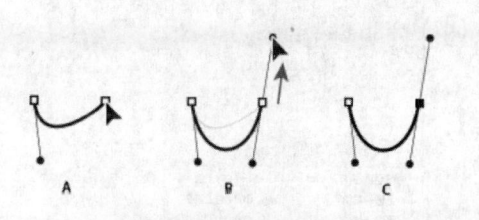

图2-45 创建C形曲线 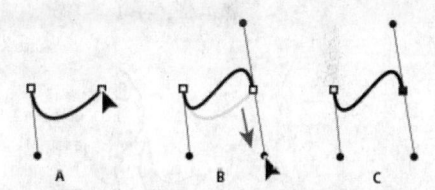　　　　　　　　图2-46 创建S形曲线

2.1.9 案例9：使用绘图模式

Flash CC有两种绘图模式，一种是"合并绘制"模式，另一种是"对象绘制"模式，两种绘图模式为绘制图形提供了极大的灵活性。使用不同的绘图模式，可以绘制不同外形、不同颜色的图形。两种绘图模式的作用说明如下。

（1）合并绘制模式：使用"合并绘制"模式绘图时，重叠的图形会自动进行合并，位于下方的图形将被上方的图形覆盖。例如，在圆形上绘制一个椭圆形，并将一部分重叠，当移开上方的椭圆形时，圆形中与椭圆形重叠的部分将被剪裁。

（2）对象绘制模式：使用"对象绘制"模式绘图时，产生的图形是一个独立的对象，它们互不影响，即两个图形在叠加时不会自动合并，而且在图形分离或重新重叠图形时，也不会改变它们的外形。

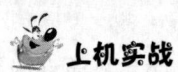

上机实战　使用绘图模式

1　打开光盘中的"..\Example\Ch02\2.1.9.fla"练习文件,在【工具】面板上选择【椭圆工具】 ◎,然后通过【属性】面板设置笔触颜色、填充颜色等属性,接着在【工具】面板上按下【对象绘制】按钮 ◎,如图2-47所示。

2　此时将工具移到舞台的插图下方,然后拖动鼠标绘制一个椭圆形对象,如图2-48所示。

图2-47　设置工具属性并选用"对象绘制"模式

图2-48　绘制一个椭圆形对象

3　刚绘制的图形对象处于原有插图对象的上方,因此可以在椭圆形对象上单击右键,然后选择【移至底层】命令,将椭圆形放置在最底层,如图2-49所示。

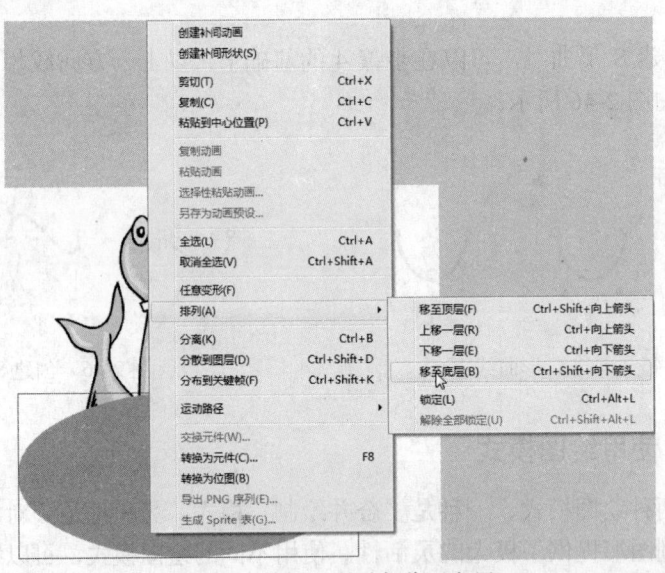

图2-49　将椭圆形对象移至底层

4　在【工具】面板上选择【椭圆工具】 ◎,然后通过【属性】面板设置笔触颜色、填充颜色等属性,并取消按下【对象绘制】按钮 ◎,在插图上方绘制一个较小的椭圆形,如图2-50所示。

5　选择【椭圆工具】 ◎,然后更改填充颜色为【红色】,接着在步骤4绘制的黑色椭圆形上绘制一个椭圆形,使它们部分重叠,最后将红色椭圆形移开并删除,以删除两个椭圆形重叠部分,达到制作插图中海豚眉毛形状的目的,如图2-51所示。

图 2-50 设置工具属性并绘制椭圆形形状

图 2-51 通过删除重叠形状制作海豚的眉毛形状

2.1.10 案例 10：使用选择工具修改形状

【选择工具】不仅可以选择绘图对象，还可以针对绘图对象的边缘和角点进行修改。

上机实战 使用选择工具修改形状

1 打开光盘中的 "..\Example\Ch02\2.1.10.fla" 文件，然后在【工具】面板中选择【选择工具】，接着将鼠标移到舞台插图人物头顶的矩形上边缘，当鼠标变成形状时向下拖动，修改矩形上边缘形状和笔触，如图 2-52 所示。

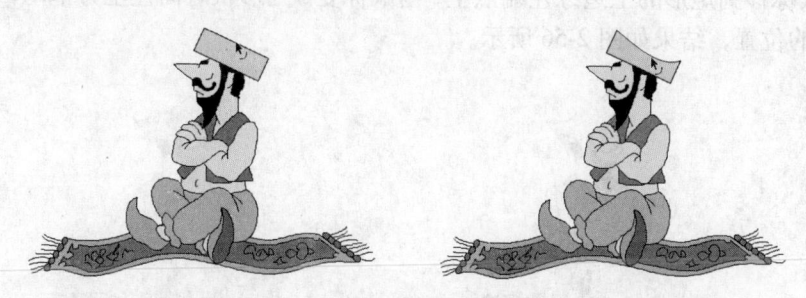

图 2-52 调整矩形上边缘形状

2 将鼠标移到矩形的下边缘上，当鼠标变成形状时向下拖动，修改矩形下边缘形状和笔触，如图 2-53 所示。

3 将鼠标移到矩形的左边缘上，当鼠标变成形状时向左拖动，修改矩形左边缘形状和笔触，如图 2-54 所示。

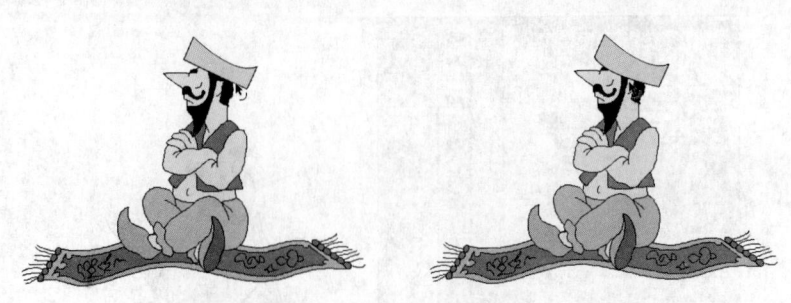

图 2-53 调整矩形下边缘形状

图 2-54 调整矩形左边缘形状

4 将鼠标移到矩形的下边缘右端点上,当鼠标变成形状时向左下方拖动,修改矩形下边缘右端点的位置,结果如图 2-55 所示。

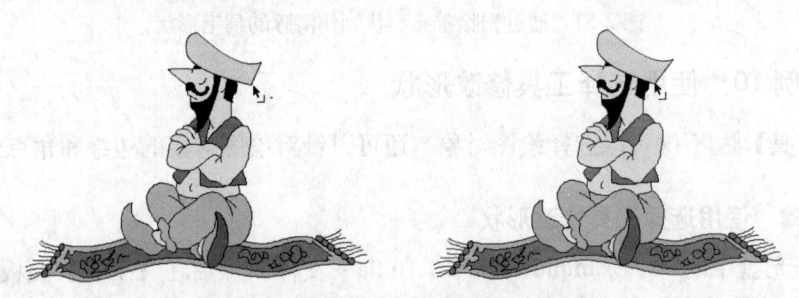

图 2-55 调整矩形下边缘的右端点位置

5 将鼠标移到矩形的上边缘左端点上,当鼠标变成形状时向左上方拖动,修改矩形上边缘左端点的位置,结果如图 2-56 所示。

图 2-56 调整矩形上边缘的左端点位置

2.1.11 案例 11:使用部分选取工具修改形状

【部分选取工具】是一种通过修改路径来改变形状和笔触的工具,当用户在工具面板中选用【部分选取工具】后，只需单击线条或图形的边缘，即可显示它们的路径，如图2-57所示。此时只需调整路径的位置，或通过路径上的手柄调整路径形状，即可改变线条和图形形状，如图2-58所示。

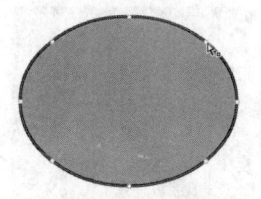

图2-57　显示路径　　　　　　　　　　　　图2-58　调整路径

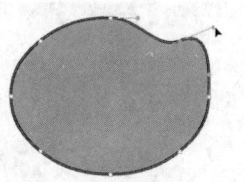

技巧

使用【部分选取工具】修改填充图形时，需要单击图形的边缘才可以显示该图形的路径，否则【部分选取工具】不会产生作用。

上机实战　使用部分选取工具修改形状

1 打开光盘中的"..\Example\Ch02\2.1.11.fla"文件，在【工具】面板中选择【添加锚点工具】，在插图人物上方的矩形边缘上单击添加多个锚点，如图2-59所示。

图2-59　为矩形上边缘的路径添加锚点

2 在【工具】面板中选择【部分选取工具】，接着将鼠标移到舞台矩形对象边缘并单击，显示形状的路径，然后将路径上的两个锚点向下移动，结果如图2-60所示。

图2-60　移动锚点的位置

3 选择【转换锚点工具】，然后按住矩形对象上边缘其中一个锚点并轻移，以显示出锚点的方向手柄，接着选择【部分选取工具】并按住手柄且移动鼠标调整路径的形状，结果如图 2-61 所示。

图 2-61　调整矩形上边缘其中一个锚点的路径形状

4 使用步骤 3 的方法，使用【转换锚点工具】拉出矩形对象上边缘另外一个锚点的方向手柄，然后通过使用【部分选取工具】调整锚点的方向手柄，修改该锚点路径的形状，最后在舞台空白处单击即可，如图 2-62 所示。

图 2-62　调整矩形上边缘另外一个锚点的路径形状

2.2　综合项目训练

经过上述基础技能的训练，相信大家已经掌握了在 Flash CC 中进行各种绘画和修改形状的方法。下面将通过两个综合实例项目，介绍 Flash 绘画在实际设计中的应用。

2.2.1　项目 1：绘制可爱的小猪插图

本例将使用【椭圆工具】绘制一个椭圆形，并为椭圆形添加多个锚点，使用【部分选取工具】编辑锚点，制作出小猪插图的两个耳朵形状，然后使用【椭圆工具】绘制小猪的眼镜和鼻子形状，并制作出嘴巴形状，接着使用【矩形工具】绘制一个矩形，通过添加锚点、删除锚点和编辑锚点的处理，制作出小猪身体的形状，最后绘制多个椭圆形，并删除部分形状，再绘制一条曲线作为小猪的尾巴，如图 2-63 所示。

图 2-63　绘制小猪插图的结果

上机实战 绘制可爱的小猪插图

1 启动 Flash CC 应用程序，然后在欢迎屏幕上单击【ActionScript 3.0】按钮，新建一个 Flash 文件，如图 2-64 所示。

2 在【工具】面板中选择【椭圆工具】，打开【属性】面板并设置笔触颜色为【红色】、填充颜色为【黄色】、笔触高度为 4，如图 2-65 所示。

3 设置属性后，在舞台上拖动鼠标，绘制一个接近于正圆形的椭圆形，如图 2-66 所示。

4 在【工具】面板中选择【部分选取工具】，在椭圆形边缘上单击显示形状的路径，如图 2-67 所示。

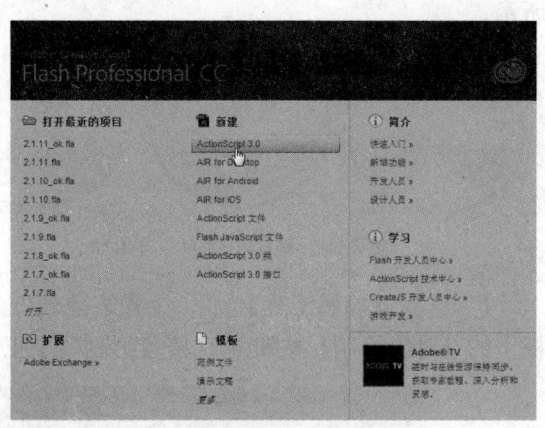

图 2-64 新建 Flash 文件

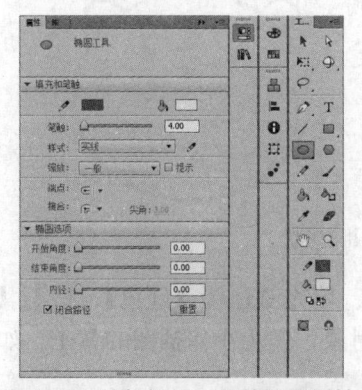

图 2-65 选择椭圆工具并设置属性

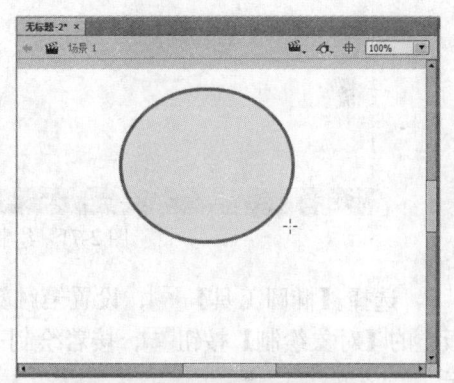

图 2-66 绘制一个椭圆形

5 选择【添加锚点工具】，然后在椭圆路径右上方的锚点两侧各添加一个锚点，如图 2-68 所示。

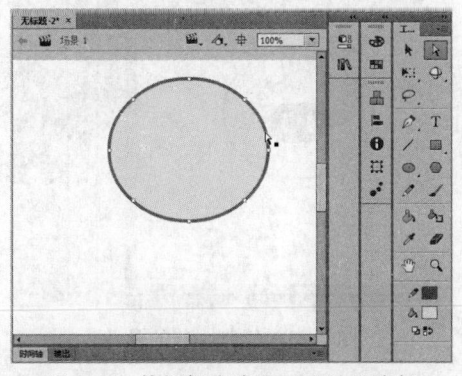

图 2-67 使用部分选取工具显示路径

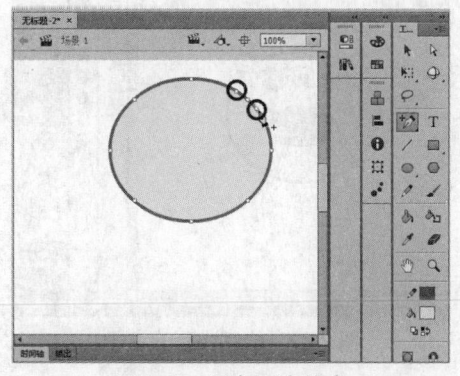

图 2-68 添加两个锚点

6 在【工具】面板中选择【部分选取工具】，然后按住椭圆路径的一个锚点并向上移动，接着通过调整该锚点的手柄修改形状，制作出小猪的左耳形状，如图 2-69 所示。

7 使用步骤 6 的方法，在椭圆形路径左上方的锚点两侧添加两个锚点，然后使用【部

分选取工具】移动锚点，并通过锚点手柄调整路径形状，制作出小猪的右耳形状，如图 2-70 所示。

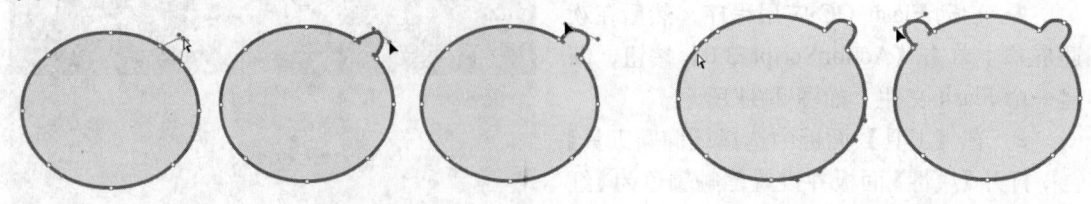

图 2-69　制作小猪的左耳形状　　　　　　图 2-70　制作小猪的右耳形状

8　选择【椭圆工具】，设置笔触颜色为【无】、填充颜色为【红色】，按【工具】面板上的【对象绘制】按钮，接着绘制两个正圆形，作为小猪插图的眼睛，如图 2-71 所示。

图 2-71　绘制小猪插图的眼睛形状

9　选择【椭圆工具】，设置笔触颜色为【无】、填充颜色为【红色】，按下【工具】面板上的【对象绘制】按钮，接着绘制一个椭圆形对象，作为小猪插图的鼻子，如图 2-72 所示。

10　更改【椭圆工具】的填充颜色为【白色】，在鼻子形状上绘制两个白色椭圆形，作为小猪的鼻孔，如图 2-73 所示。

图 2-72　绘制小猪的鼻子　　　　　　图 2-73　绘制小猪的鼻孔

11　选择【线条工具】，再设置笔触颜色为【红色】、笔触高度为 5，按下【对象绘制】按钮，然后在鼻子形状下方绘制一条水平线，如图 2-74 所示。

12　选择【选择工具】，然后将工具移动到直线上，当鼠标变成形状时向下拖动，将直线修改为弧线，作为小猪的嘴巴形状，如图 2-75 所示。

图 2-74　绘制一条水平直线 　　　　　　　图 2-75　修改直线的形状

13 选择【矩形工具】■，打开【属性】面板并设置笔触颜色为【红色】、填充颜色为【黄色】、笔触高度为 4，接着按【对象绘制】按钮 ■ 再绘制一个矩形，如图 2-76 所示。

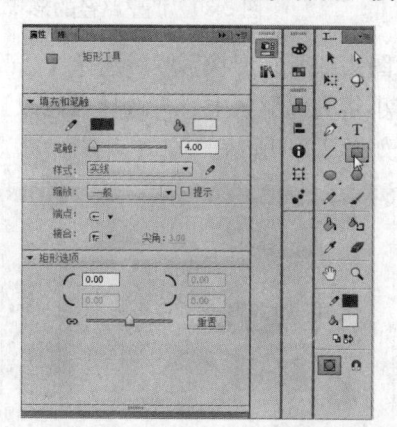

图 2-76　绘制一个矩形形状

14 选择【添加锚点工具】，然后在矩形路径的上边和左右两边添加锚点，如图 2-77 所示。

15 选择【删除锚点工具】，在矩形路径的左上角和右上角的锚点上单击，以删除左上角和右上角的锚点，如图 2-78 所示。

图 2-77　为矩形路径添加锚点 　　　　　　图 2-78　删除矩形路径两个角的锚点

16 选择【转换锚点工具】，然后按住矩形路径上新增的锚点并轻移，以显示出锚点的方向手柄，如图 2-79 所示。

17 选择【部分选取工具】，选择锚点上的方向手柄并拖动，调整路径的形状，结果如图 2-80 所示。

图 2-79　显示锚点的方向手柄 　　　　　　　图 2-80　调整路径的形状

18 选择【选择工具】，拖动选择小猪插图头部所有形状，然后选择【修改】|【组合】命令，接着将步骤 17 修改的路径形状对象移到小猪头部形状上，再选择【修改】|【排列】|【移至底层】命令，制作出小猪身体形状效果，如图 2-81 所示。

图 2-81　组合形状并调整位置制出小猪身体形状

19 选择【椭圆工具】，设置笔触颜色为【红色】、填充颜色为【白色】，按【工具】面板上的【对象绘制】按钮，然后在小猪身体下方绘制多个椭圆形对象，如图 2-82 所示。

20 选择【选择工具】，并按住 Shift 键单击选择步骤 19 绘制的形状对象和小猪身体形状对象，选择【修改】|【分离】命令，将对象分离成形状，如图 2-83 所示。

图 2-82　绘制多个椭圆形对象 　　　　　　　图 2-83　将选定的对象分离成形状

21 选择【选择工具】▶，在小猪身体形状下方拖出一个矩形框，以选择在小猪身体形状外的部分形状，然后按 Delete 键删除被选定的形状，使小猪身体形状下方产生小猪的脚的效果，如图 2-84 所示。

图 2-84 选择并删除多余的形状

22 选择【铅笔工具】✎，并设置笔触颜色为【红色】、铅笔模式为【平滑】，接着在小猪身体的左侧绘制一条平滑曲线，作为小猪的尾巴，如图 2-85 所示。

图 2-85 绘制小猪的尾巴

2.2.2 项目 2：绘制公司 Logo 图形

本例先新建一个 Flash 文件，再绘制一个圆形对象和两个矩形对象，并组合成一个图案，然后绘制一个 8 角星形，并调整星形的填充颜色，接着使用【文本工具】在图案下方输入公司名称，制作出公司的 Logo 图形，如图 2-86 所示。

上机实战 绘制公司 Logo 图形

1 启动 Flash CC 应用程序，然后在欢迎屏幕上单击【ActionScript 3.0】按钮，新建一个 Flash 文件，如图 2-87 所示。

2 在【工具】面板中选择【椭圆工具】◯，设置笔触颜色为【无】、填充颜色为【深蓝】，再按【对象绘制】按钮◯，按住 Shift 键在舞台上绘制一个正圆形对象，如图 2-88 所示。

图 2-86 绘制公司 Logo 图形的结果

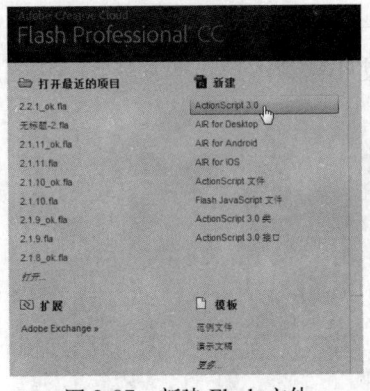

40　中文版 Flash CC 实例教程

图 2-87　新建 Flash 文件 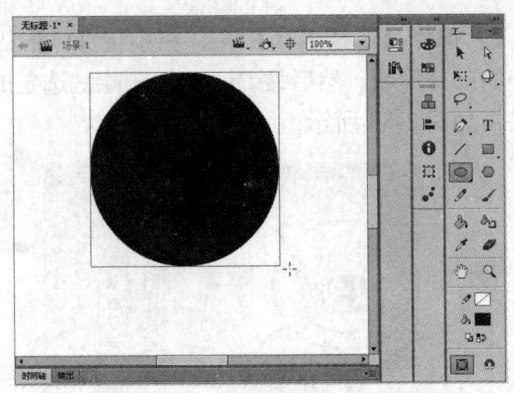　　　　　图 2-88　绘制一个正圆形对象

3 选择【矩形工具】■，设置笔触颜色为【无】、填充颜色为【白色】，再按【对象绘制】按钮■，然后绘制两个大小接近的矩形，并水平和垂直组合，如图 2-89 所示。

图 2-89　绘制两个白色矩形对象

4 选择所有对象，打开【对齐】面板，单击【水平中齐】按钮■以水平方向对齐对象，接着将下方的矩形对象往下移动，调整到合适的位置，如图 2-90 所示。

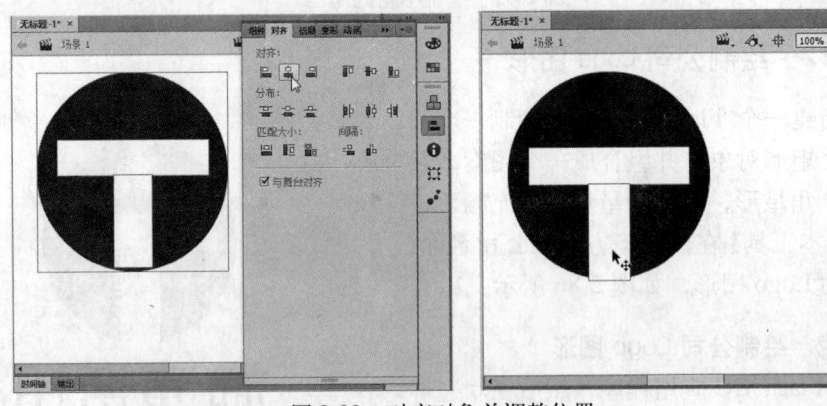

图 2-90　对齐对象并调整位置

5 选择【多边星形工具】■，通过【属性】面板单击【选项】按钮打开【工具设置】对话框，设置工具选项并单击【确定】按钮，如图 2-91 所示。

6 打开【颜色】面板，更改颜色类型为【径向渐变】，然后分别设置渐变颜色样本蓝两端颜色指针的颜色为【#FFFF99】和【#FF9900】，如图 2-92 所示。

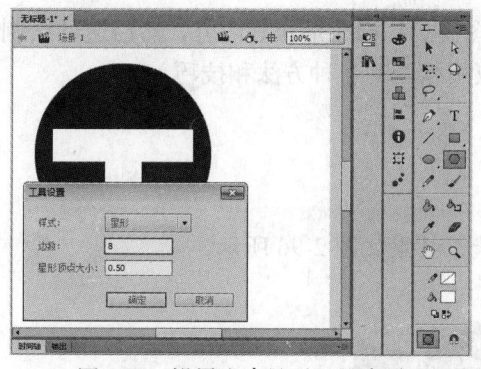

图 2-91　设置多边星形工具选项　　　　图 2-92　设置填充颜色

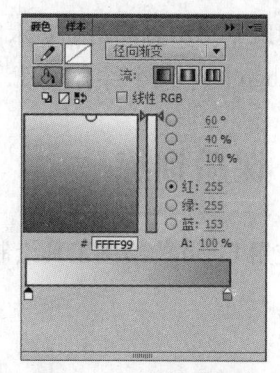

7 在圆形对象上方绘制一个星形，如图 2-93 所示。

8 选择【渐变变形工具】，使用此工具选择星形对象，然后向外拖动 图标，以扩大渐变颜色，如图 2-94 所示。

图 2-93　绘制星形对象　　　　图 2-94　扩大渐变颜色

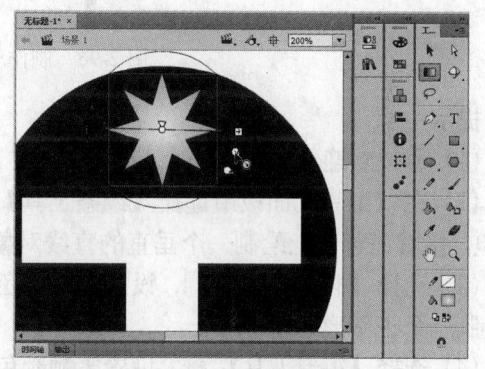

9 在【工具】面板中选择【文本工具】，打开【属性】面板并设置文本属性，然后在 Logo 图形下方输入公司名称，如图 2-95 所示。

图 2-95　设置文本属性并输入公司名称

2.3 本章小结

本章先从绘画基础技能开始讲解，介绍了调整笔触颜色和填充颜色、修改渐变颜色、使用位图填充、绘制线条和基本图形、使用绘图模式、修改形状等内容，然后通过绘制插图和公司 Logo 图形两个综合项目，介绍了综合应用绘画的各种方法和技巧。

2.4 课后训练

使用 Flash 的绘图工具绘制一个旗帜形状，结果如图 2-96 所示。

图 2-96　制作旗帜图形的效果

提示

（1）通过欢迎屏幕新建一个 Flash 文件。

（2）在【工具】面板中选择【线条工具】 ，然后设置笔触颜色为【黑色】、笔触高度为 10，接着在舞台上绘制一个垂直的直线对象。

（3）选择【椭圆工具】 ，设置笔触颜色为【无】、填充颜色为【黑色】，然后在直线上端绘制一个正圆形对象。

（4）选择【矩形工具】 ，设置笔触颜色为【无】、填充颜色为【红色】，在直线右侧绘制一个矩形对象。

（5）在【工具】面板中选择【添加锚点工具】 ，在矩形上下边路径中央各添加一个锚点，再使用【转换锚点工具】 让锚点显示出方向手柄。

（6）使用【部分选取工具】 拖动方向手柄，将矩形上下边缘修改成曲线，以制作出旗帜飘动时的效果。

第 3 章 创建与编辑补间动画

教学提要

使用补间动画可以设置对象的属性。当创建补间动画后，Flash 在中间内插帧的属性值。对于由对象的连续运动或变形构成的动画，补间动画很有用。本章将介绍在 Flash 中创建与编辑补间动画的方法。

教学重点

- 掌握创建直线运动和多线段运动补间动画的方法
- 掌握修改运动路径形状和编辑运动路径的方法
- 掌握设置补间动画属性和编辑补间动画的方法
- 掌握在动画中应用浮动属性关键帧的方法
- 掌握交换补间动画的元件实例和应用动画预设的方法

3.1 创作动画技能训练

本节通过简单的案例和操作介绍，带领读者由浅入深地了解 Flash 补间类型动画的原理，并掌握创建动画和编辑动画的基本操作方法。

3.1.1 案例 1：创建直线运动的补间动画

补间是通过为一个帧中的对象属性指定一个值，并为另一个帧中的相同属性指定另一个值创建的动画。Flash 会计算这两个帧之间该属性的值，从而在两个帧之间插入补间属性帧。

例如，可以在时间轴第 1 帧的舞台左侧放置一个图形元件，然后将该元件移到第 40 帧的舞台右侧。在创建补间时，Flash 将计算用户指定的左侧和右侧这两个位置之间的舞台上影片剪辑的所有位置，最后会得到"从第 1 帧到第 40 帧，图形元件从舞台左侧移到右侧"的动画，如图 3-1 所示。

制作直线路径的动画，其实就是改变目标对象的位置属性，这种补间动画是最常见的 Flash 动画效果之一。

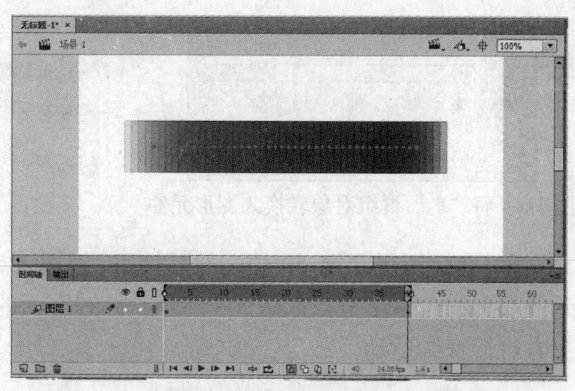

图 3-1 图形元件从舞台左侧移到右侧的补间动画

技巧

在 Flash CC 中，可补间的对象类型包括影片剪辑、图形和按钮元件以及文本字段。可补间的对象的属性包括以下项目：

- 平面空间的 X 和 Y 位置。
- 三维空间的 Z 位置（仅限影片剪辑）。
- 平面控制的旋转（绕 z 轴）。
- 三维空间的 X、Y 和 Z 旋转（仅限影片剪辑）。
- 三维空间的动画要求 Flash 文件在发布设置中面向 ActionScript 3.0 和 Flash Player 10 的属性。
- 倾斜的 X 和 Y。
- 缩放的 X 和 Y。
- 颜色效果。颜色效果包括 Alpha（透明度）、亮度、色调和高级颜色设置（只能在元件上补间颜色效果）。
- 滤镜属性（不包括应用于图形元件的滤镜）。

上机实战　创建直线运动补间动画

1 打开光盘中的"..\Example\Ch03\3.1.1.fla"练习文件，选择舞台上的"鸟"群组对象，在对象上单击右键，并从打开的菜单中选择【转换为元件】命令，在打开的对话框中设置元件名称和类型，单击【确定】按钮，如图 3-2 所示。

2 选择图层 1 和图层 2 的第 50 帧，然后按 F5 键插入帧，接着选择图层 2 第 1 帧并单击右键，从打开的菜单中选择【创建补间动画】命令，创建补间动画，如图 3-3 所示。

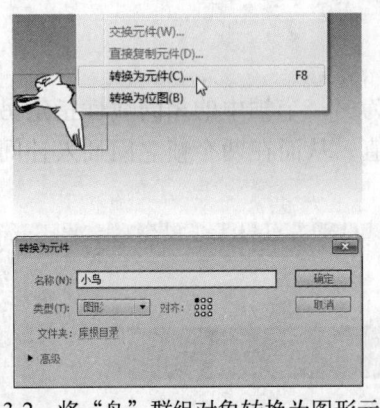

图 3-2　将"鸟"群组对象转换为图形元件 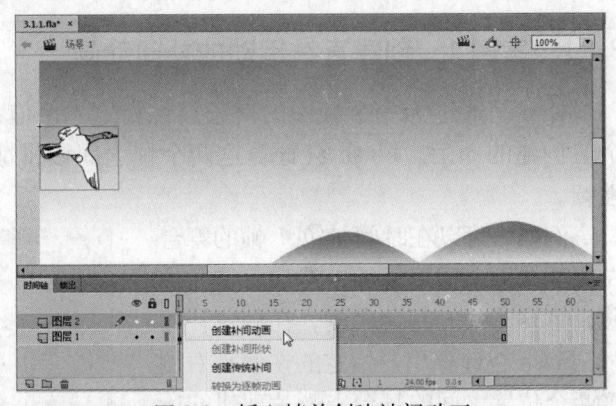　　　　图 3-3　插入帧并创建补间动画

3 选择图层 2 第 50 帧，然后按 F6 键插入属性关键帧，接着将舞台上的【小鸟】图形元件移到舞台右上方，如图 3-4 所示。经过上面的操作，【小鸟】元件从舞台左下方向舞台右上方进行直线运动。

技巧

按住 Shift 键拖动，可以限制对象沿水平或垂直方向移动。

4 创建补间动画后，按 Ctrl+Enter 键，或者选择【控制】|【测试】命令，测试动画播放效果，如图 3-5 所示。

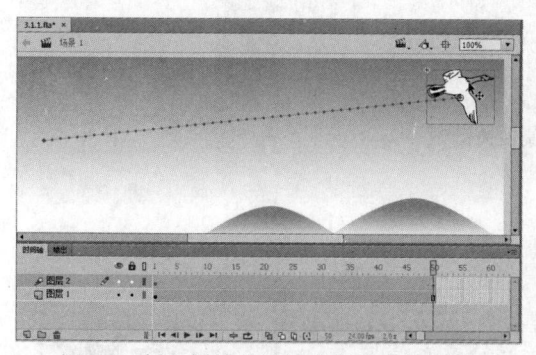

图 3-4 插入属性关键帧并调整对象位置　　　　　图 3-5 影片

> **技巧**
>
> 在时间轴中，帧是用来组织和控制文件的内容。在时间轴中放置帧的顺序将决定帧内对象在最终内容中的显示顺序。属性关键帧是指在补间范围中为补间目标对象显示定义一个或多个属性值的帧。

3.1.2 案例 2：创建多段线运动的补间动画

所谓多段线路径，就是一个运动路径中，目标对象沿着多个路径段进行运动。这类补间动画在制作上来说，其实就是在直线运动补间动画的基础上延伸，即添加其他不同方向的运动路径即可。

> **上机实战** 创建多段线运动的动画

1 打开光盘中的"..\Example\Ch03\3.1.2.fla"练习文件，在时间轴上选择图层 2 第 70 帧，然后按 F5 键插入帧。

2 选择图层 2 第 1 帧并单击右键，再从打开的菜单中选择【创建补间动画】命令，创建补间动画，如图 3-6 所示。

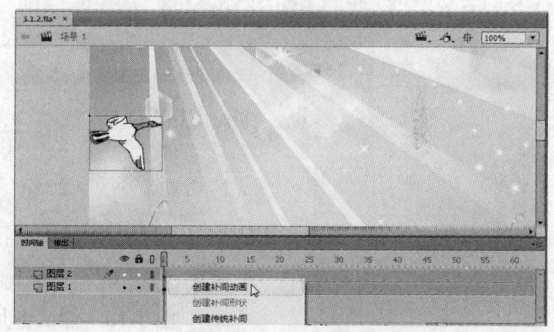

图 3-6 创建补间动画

> **技巧**
>
> 如果补间对象是图层上的唯一项，则 Flash 将包含该对象的图层转换为补间图层。如果图层上没有其他任何对象，则 Flash 插入图层以保存原始对象堆叠顺序，并将补间对象放在自己的图层上。

3 在图层 2 第 20 帧上按 F6 键插入属性关键帧，使用相同的方法，分别为第 40 帧、第 60 帧、第 70 帧插入属性关键帧，如图 3-7 所示。

4 将播放头移到第 20 帧上，然后将舞台上的【小鸟】图形元件向右下方移动，如图 3-8 所示。使用相同的方法，分别调整第 40 帧、第 60 帧、第 70 帧上【小鸟】图形元件的位置，形成一个多段线运动路径，结果如图 3-9 所示。

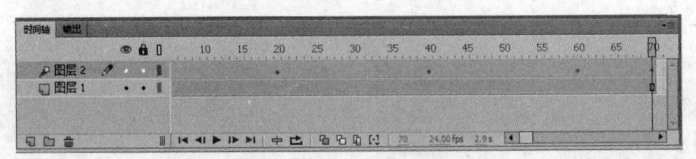

图 3-7　插入属性关键帧

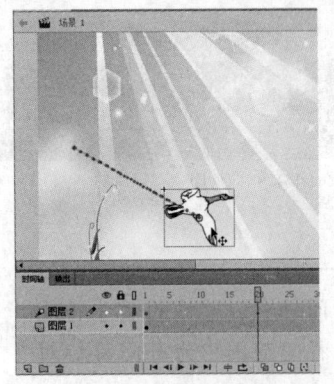

图 3-8　设置第 20 帧上对象的位置 　　　　图 3-9　设置其他属性关键帧上的对象位置

5 创建补间动画后，按 Ctrl+Enter 快捷键，或者选择【控制】│【测试】命令，测试动画播放效果。此时可以看到小鸟沿着 W 字形的路径运动，如图 3-10 所示。

图 3-10　测试影片播放的效果

3.1.3　案例 3：修改运动路径的形状

在 Flash CC 中，可以使用【选择工具】和【部分选取工具】来改变运动路径的形状。使用【选择工具】，可通过拖动方式改变运动路径的形状。另外，补间中的属性关键帧将显示为路径上的控制点，因此也可以使用【部分选取工具】显示路径上对应于每个位置属性关键帧的控制点和贝塞尔手柄，并可以使用这些手柄来改变属性关键帧点周围路径的形状。

上机实战　修改补间动画运动路径形状

1 打开光盘中的 "..\Example\Ch03\3.1.3.fla" 练习文件，在【工具】面板中选择【选择工具】，然后将鼠标移到第 1 段运动路径上，向上拖动路径，使之变成弧形，如图 3-11 所示。

图 3-11 调整第 1 段运动路径的形状

2 使用步骤 1 的方法，分别调整其他两段运动路径的形状，从而制作蝴蝶沿着曲线运动的补间动画效果，如图 3-12 所示。

图 3-12 调整其他运动路径的形状

3.1.4 案例 4：编辑补间动画的运动路径

在 Flash CC 中，可以使用多种方法编辑补间的运动路径。例如，移动运动路径的位置、旋转运动路径、缩放运动路径等。

上机实战 编辑补间动画的运动路径

1 打开光盘中的"..\Example\Ch03\3.1.4.fla"练习文件。如果要移动整个运动路径，可以在舞台上拖动整个运动路径，也可以在【属性】面板中设置其位置。如果通过【属性】面板移动运动路径，可以在【工具】面板中选择【选择工具】并选中运动路径，然后在【属性】面板中设置路径的 X 和 Y 值，如图 3-13 所示。

2 如果使用工具移动运动路径，首先在【工具】面板中选择【选择工具】，然后单击选中运动路径，将路径拖到舞台上所需的位置，如图 3-14 所示。

图 3-13 选中运动路径后设置 X 和 Y 的数值 　　图 3-14 使用选择工具移动运动路径

> **技巧**
>
> 除了使用【选择工具】移动运动路径外，还可以通过上下左右箭头键来调整路径的位置。

3 如果想要旋转运动路径，可以选择【任意变形工具】，然后选中运动路径，再按住旋转手柄旋转路径即可，如图 3-15 所示。

4 如果想要缩放运动路径，同样先选择【任意变形工具】，然后选中运动路径，再按住缩放手柄缩放路径即可，如图 3-16 所示。

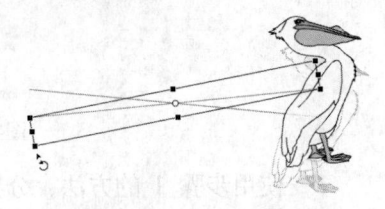

图 3-15　旋转运动路径

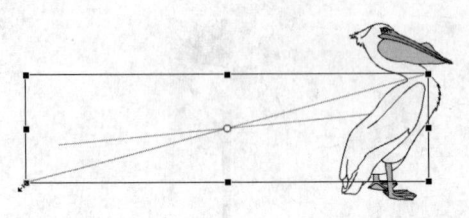

图 3-16　缩放运动路径

3.1.5 案例 5：设置补间动画的属性效果

创建补间动画后，可以通过【属性】面板编辑动画属性。例如，设置缓动、旋转、调整对象到路径等。

上机实战　设置补间动画属性效果

1 打开光盘中的 "..\Example\Ch03\3.1.5.fla" 练习文件，选择图层 1 的第 80 帧，然后按 F5 键插入帧。

2 选择图层 1 的第 1 帧，单击右键并选择【创建补间动画】命令，如图 3-17 所示。

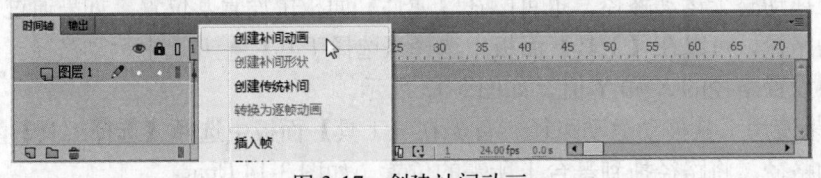

图 3-17　创建补间动画

3 分别在图层 1 的第 20 帧、第 40 帧、第 60 帧和第 80 帧上插入属性关键帧，然后分别调整各个属性关键帧上图形元件的位置，如图 3-18 所示。

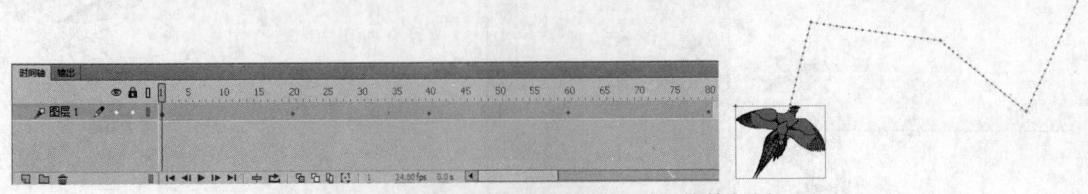

图 3-18　插入属性关键帧并设置元件的位置

4 在【工具】面板中选择【选择工具】 ，然后将鼠标移到运动路径上，拖动运动路径使之变成弧形路径，如图 3-19 所示。

5 选择补间图层上的任意帧，然后打开【属性】面板，在【缓动】选项中设置缓动值为-80，如图 3-20 所示。

6 在【属性】面板的【旋转】选项中选择【调整到路径】复选框，如图 3-21 所示。

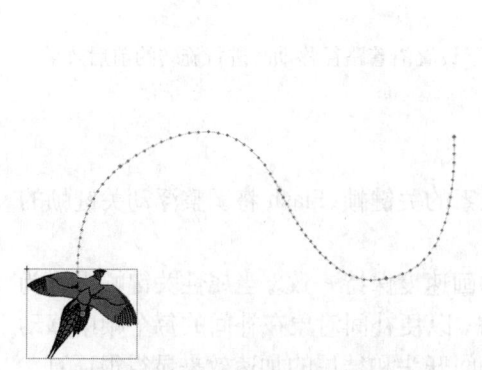

图 3-19　修改运动路径的形状 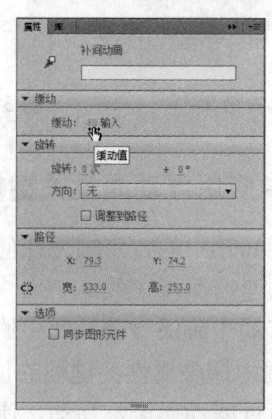　　图 3-20　设置缓动值 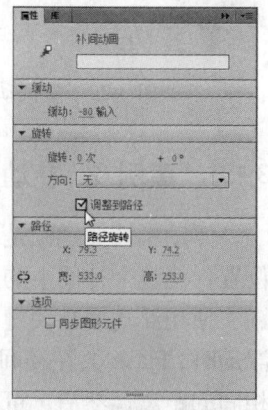　　图 3-21　调整运动到路径

7 在【工具】面板中选择【任意变形工具】 ，然后选择补间动画上的图形元件，并依照路径的方向适当旋转元件，如图 3-22 所示。

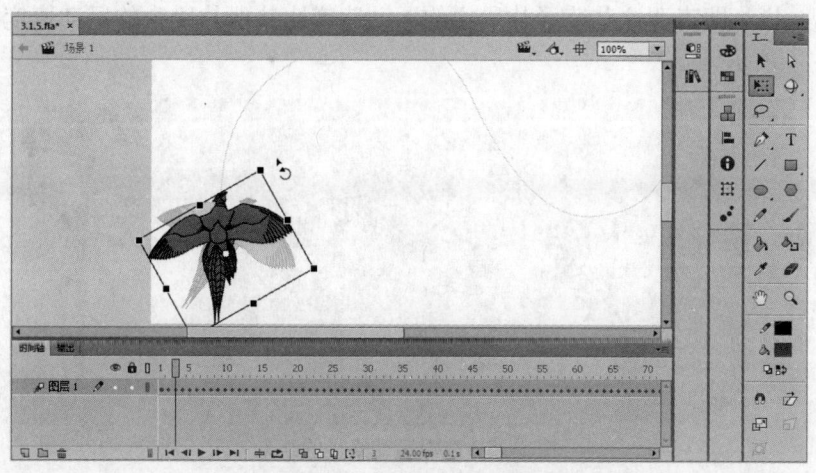

图 3-22　调整元件的角度

8 创建补间动画后，按 Ctrl+Enter 键，或者选择【控制】│【测试】命令，测试动画播放效果，如图 3-23 所示。在播放动画时，可以发现小鸟的运动从慢到快（因为设置了缓动），而且小鸟飞行的方向始终与路径方向一致（设置了调整到路径选项）。

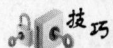

技巧

补间对象在沿着该路径移动时进行旋转，可以让对象相对于该路径的方向保持不变，即可以让补间对象在沿着该路径移动时进行旋转，就如同在一个固定的中心点上让对象旋转，如图 3-24 所示。

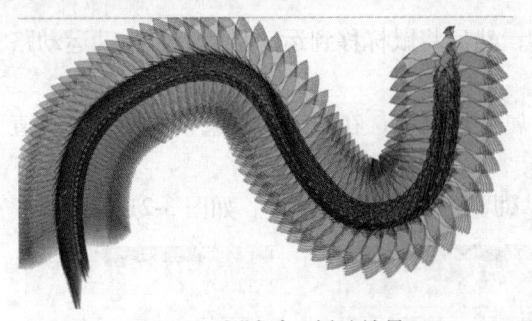

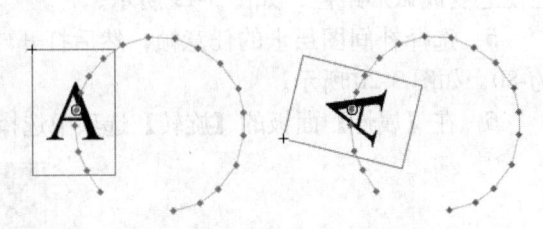

图 3-23　测试动画播放效果　　　　　图 3-24　设置沿着路径移动时进行旋转的前后效果

3.1.6　案例6：在动画中应用浮动属性关键帧

浮动属性关键帧是与时间轴中的特定帧无任何联系的关键帧。Flash 将调整浮动关键帧的位置，使整个补间中的运动速度保持一致。

使用浮动属性关键帧有助于确保整个补间中的动画速度保持一致。当属性关键帧设置为浮动时，Flash 会在补间范围中调整属性关键帧的位置，以便补间对象在补间的每个帧中移动相同的距离。然后，可以通过缓动来调整移动，使补间开头和结尾的加速效果显得很逼真。

上机实战　在动画中应用浮动属性关键帧

1　打开光盘中的 "..\Example\Ch03\3.1.6.fla" 练习文件，可以看到各段中的运动路径的点数密度不一样，即表明这些路径片段中的运动速度比其他片段中的运动速度要更快或更慢，如图 3-25 所示。

图 3-25　查看运动路径的结果

2　如果要为整个补间启用浮动关键帧，可以选择补间范围并单击右键，然后在打开的菜单中选择【运动路径】|【将关键帧切换为浮动】命令即可，如图 3-26 所示。

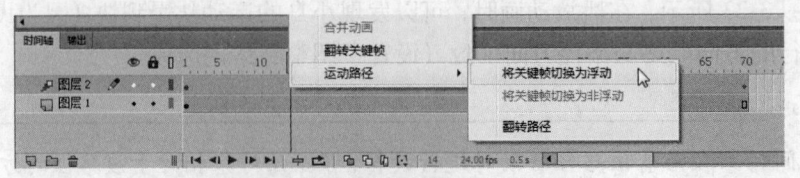

图 3-26　将关键帧切换为浮动关键帧

3　将补间动画的关键帧切换成浮动属性关键帧后，舞台上运动路径的点变得分布均匀，如图 3-27 所示。

图 3-27　已启用浮动关键帧的运动路径

3.1.7　案例 7：编辑时间轴的补间动画范围

在 Flash 中创建动画时，可以在时间轴中设置补间范围。通过在图层和帧中对各个对象进行初始排列，可以在【属性】面板中更改补间属性值，从而完成补间。

要在时间轴中选择补间范围和帧，可以执行下列任一操作。

- 如果要选择整个补间范围，可以双击补间动画范围任意帧，或者按住 Shift 键单击补间范围的任意帧。
- 如果要选择多个补间范围（包括非连续范围），可以在按住 Shift 键的同时双击每个范围。
- 如果要选择补间范围内的单个帧，在没有选中整个补间范围的基础上单击帧即可。
- 如果要选择一个范围内的多个连续帧，可以在没有选中整个补间范围的基础上拖动鼠标选择连续帧。
- 如果要在一个补间范围中选择属性关键帧，直接在属性关键帧上单击即可。

上机实战　编辑时间轴的补间动画范围

1　打开光盘中的 "..\Example\Ch03\3.1.7.fla" 练习文件。如果要将范围移到相同图层中的新位置，可以先选中该范围，然后拖动到目标位置，如图 3-28 所示。

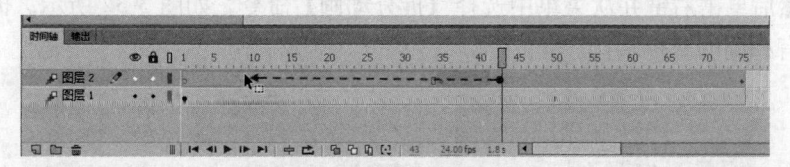

图 3-28　移动补间动画范围

技巧

锁定某个图层会阻止在舞台上编辑，但不会阻止在时间轴上编辑。将某个范围移到另一个范围之上会占用第二个范围的重叠帧。

2　如果要将补间范围移到其他图层，可以将范围拖到该图层，或复制范围并将其粘贴到新图层，如图 3-29 所示。

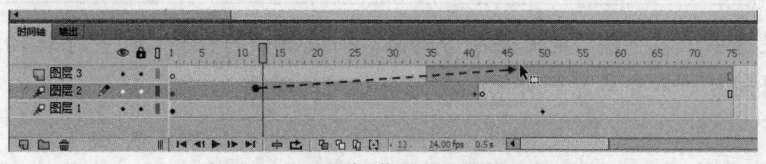

图 3-29　将补间范围移到其他图层

技巧

可以将补间范围拖到现有的常规图层、补间图层、引导图层、遮罩图层或被遮罩图层上。如果新图层是常规空图层，它将成为补间图层。

3 如果要直接复制某个范围，在按住 Alt 键的同时将该范围拖到时间轴中的新位置，或复制并粘贴该范围，如图 3-30 所示。

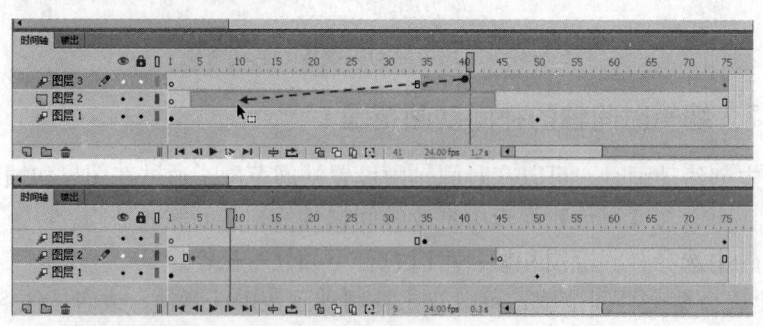

图 3-30 按住 Alt 键移动补间范围可复制该范围

4 如果要移动两个连续补间范围之间的属性关键帧，可以直接拖动该属性关键帧，如图 3-31 所示。移动属性关键帧后，将重新计算每个补间。

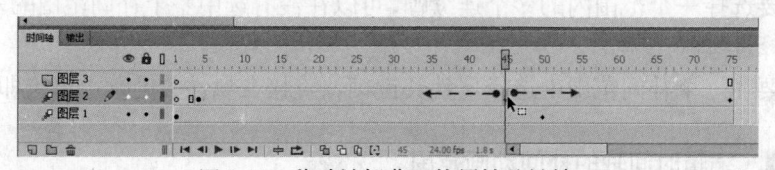

图 3-31 移动补间范围的属性关键帧

5 如果要将某个补间范围分为两个单独的范围，可以在按住 Ctrl 键的同时单击范围中的单个帧，然后单击右键并从菜单中选择【拆分动画】命令，如图 3-32 所示。拆分后的两个补间范围具有相同的目标实例。

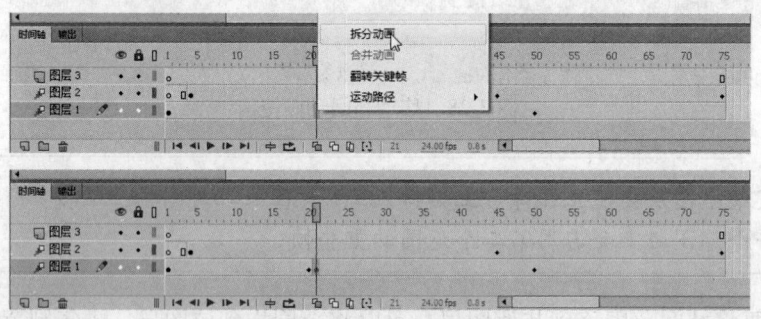

图 3-32 拆分动画及其结果

技巧

如果选中了多个帧，则无法拆分动画。如果拆分的补间已应用了缓动，这两个较小的补间可能不会与原始补间具有完全相同的动画。

6 如果要合并两个连续的补间范围，则可以选择这两个范围，然后单击右键并从菜单中选择【合并动画】命令，如图 3-33 所示。

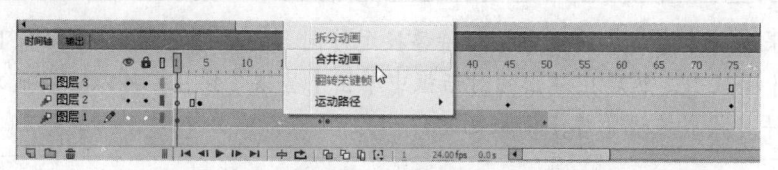

图 3-33 合并动画

3.1.8 案例 8：交换补间动画的元件实例

Flash CC 的【交换元件】功能允许交换多个元件实例。在处理舞台上的大量元件实例时，使用此功能可以实现元件的快速更换。

上机实战 交换多个元件实例

1 打开光盘中的"..\Example\Ch03\3.1.8.fla"练习文件，在【时间轴】面板中选择第 50 帧，然后在舞台上同时选择【袋鼠 1】和【袋鼠 2】元件实例，如图 3-34 所示。

2 在元件实例上单击右键，再选择【交换元件】命令，如图 3-35 所示。

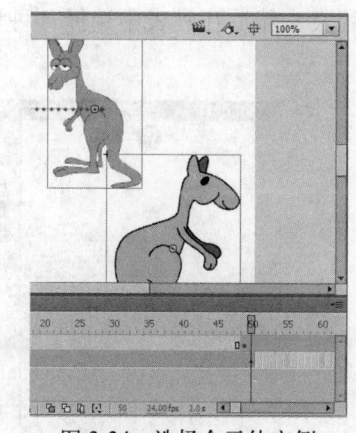

图 3-34 选择个元件实例

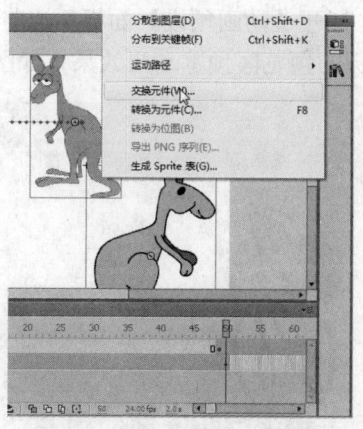

图 3-35 选择【交换元件】命令

3 打开【交换元件】对话框后，在列表框中选择【老虎】图形元件，并单击【确定】按钮，如图 3-36 所示。

4 返回场景中，可以看到舞台上的【袋鼠 1】和【袋鼠 2】图形元件被更换成【老虎】图形元件，如图 3-37 所示。

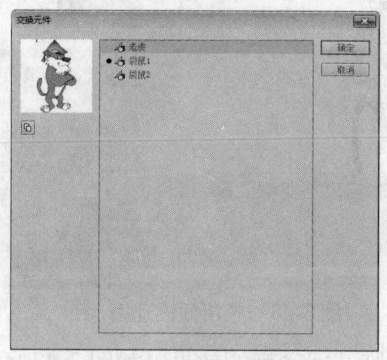

图 3-36 选择要交换的元件

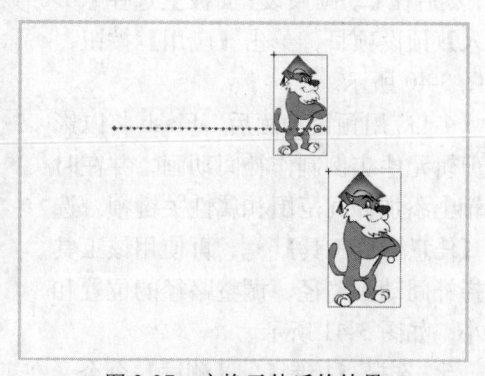

图 3-37 交换元件后的结果

技巧

如果从一个【库】面板中将与待替换元件同名的元件拖到正编辑的 Flash 文件的【库】面板中，然后在弹出的对话框中单击【替换】按钮，可以将当前文件中同名的元件替换成拖进【库】面板的元件。

3.1.9 案例 9：应用动画预设创建补间动画

动画预设是预先配置的补间动画，可以将它们应用于舞台上的对象。在应用动画预设时，只需选择对象并单击【动画预设】面板中的【应用】按钮即可。

使用动画预设是学习在 Flash 中添加动画的基础知识的快捷方法。了解了预设的工作方式后，自己制作动画就非常容易了。

上机实战 应用动画预设创建补间动画

1 打开光盘中的"..\Example\Ch03\3.1.9.fla"练习文件，然后选择【窗口】|【动画预设】命令，打开【动画预设】面板，如图 3-38 所示。

2 打开【动画预设】面板后，打开【默认预设】列表，然后在列表中选择一种预设，通过面板的预览区预览动画效果，如图 3-39 所示。

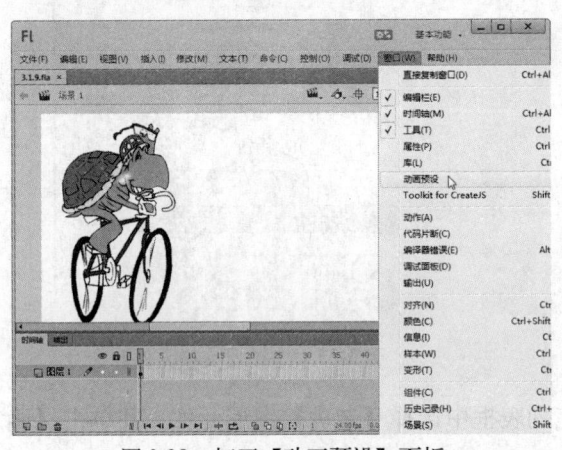

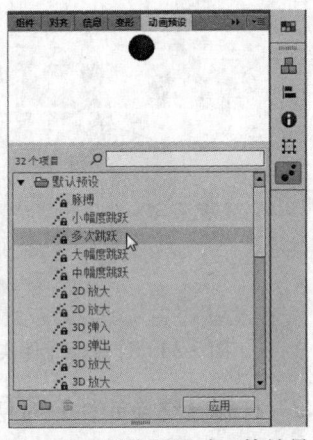

图 3-38　打开【动画预设】面板　　　　图 3-39　预览预设动画的效果

3 选择舞台上的影片剪辑元件实例，然后在【动画预设】面板上选择【3D弹入】预设项目，单击【应用】按钮，如图 3-40 所示。

4 应用预设动画后，Flash 将以影片剪辑元件实例制作补间动画，并在时间轴上添加补间范围和属性关键帧。选择【任意变形工具】，再使用该工具选择补间动画路径，调整路径的位置和大小，如图 3-41 所示。

图 3-40　应用预设动画

5 选择【控制】|【测试】命令，在工作区上预览补间动画的效果，如图 3-42 所示。

图 3-41　调整补间动画路径大小　　　　图 3-42　预览弹跳动画效果

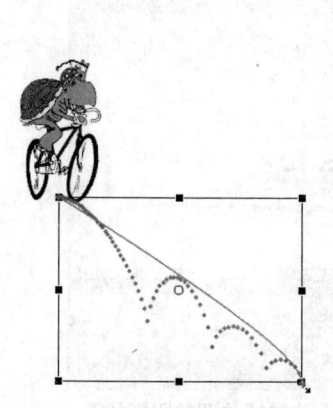

3.2　综合项目训练

下面将通过个 3 项目训练，介绍 Flash 在补间动画中的各种应用。

3.2.1　项目 1：制作飞机起飞的动画

本例将制作一个飞机从滑行到起飞整个过程的补间动画。在本例中，首先制作飞机和阴影滑行的动画，然后制作飞机飞起和阴影逐渐变淡的动画。在制作飞机起飞动画后，设置让飞机元件调整到路径，以便让飞机可以沿着向上的路径运动。

上机实战　制作飞机起飞的动画

1　打开光盘中的 "..\Example\Ch03\3.2.1.fla" 练习文件，选择图层 1 和图层 2 的第 60 帧，然后按 F5 键插入帧，分别为图层 1 和图层 2 创建补间动画，如图 3-43 所示。

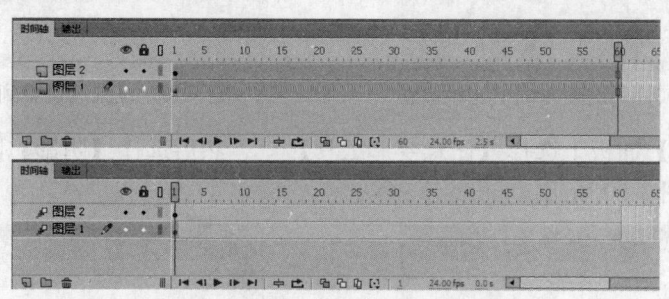

图 3-43　插入帧并创建补间动画

2　选择图层 1 第 60 帧，按 F6 键插入属性关键帧，选择舞台上的【飞机】图形元件，然后沿水平方向向左移动，如图 3-44 所示。

3　选择图层 2 第 60 帧，按 F6 键插入属性关键帧，选择舞台上的【阴影】图形元件，然后沿水平方向向左移动到与飞机的位置一样，如图 3-45 所示。

4　选择图层 1 和图层 2 的第 100 帧，然后按 F5 键插入帧，如图 3-46 所示。

5　选择图层 2 的第 100 帧，然后按 F6 键插入属性关键帧，在舞台上选择【飞机】图形元件，并将该元件移动到舞台左上角，如图 3-47 所示。

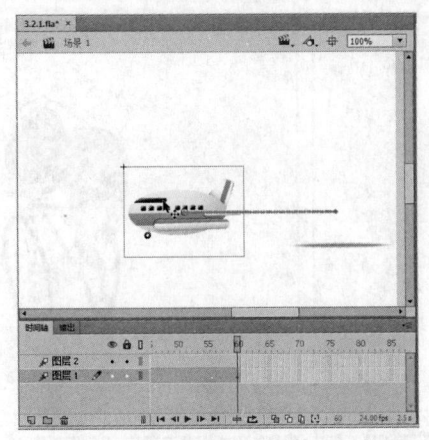

图 3-44 插入关键帧并调整飞机位置 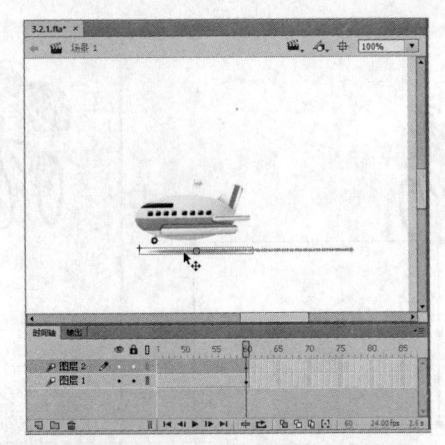　　　　图 3-45 插入关键帧并调整阴影位置

6 选择图层 1 的任意帧，打开【属性】面板，再选择【调整到路径】复选框，如图 3-48 所示。

7 选择图层 2 第 100 帧，按 F6 键插入属性关键帧，将【阴影】图形元件拖到舞台的左方，如图 3-49 所示。

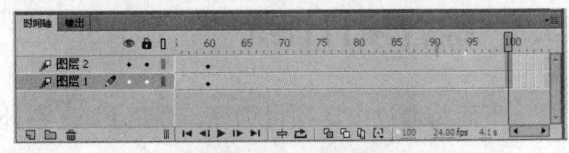

图 3-46 插入帧

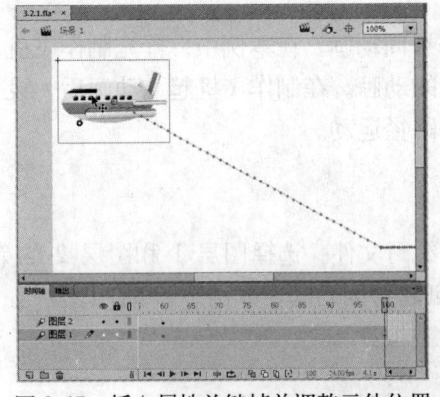

图 3-47 插入属性关键帧并调整元件位置 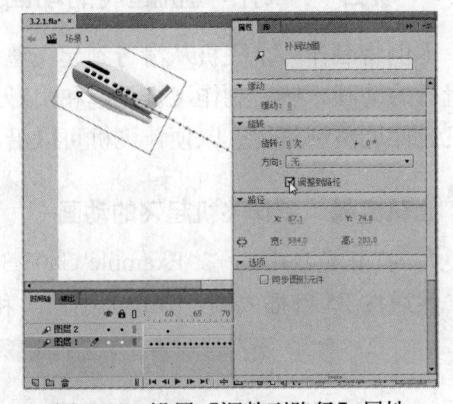　　　　图 3-48 设置【调整到路径】属性

8 在【工具】面板上选择【任意变形工具】，然后选择【阴影】图形元件，并放大该图形元件，如图 3-50 所示。

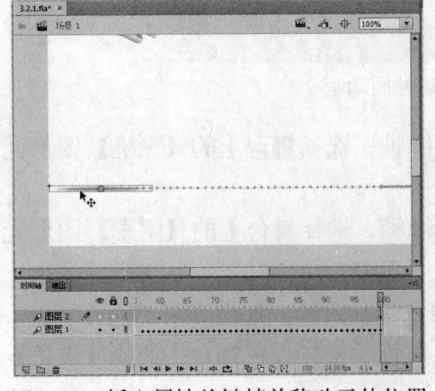

图 3-49 插入属性关键帧并移动元件位置 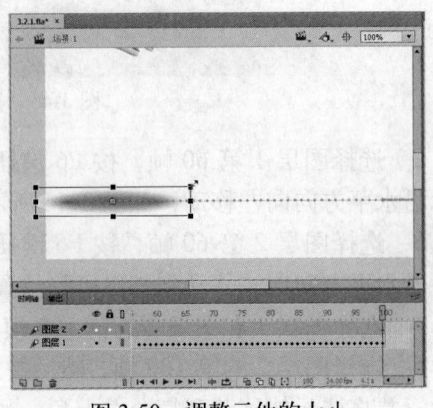　　　　图 3-50 调整元件的大小

9 选择图层 2 上的第 100 帧，选择舞台上的【阴影】图形元件，打开【属性】面板并选择【Alpha】样式选项，接着设置 Alpha 为 20%，如图 3-51 所示。

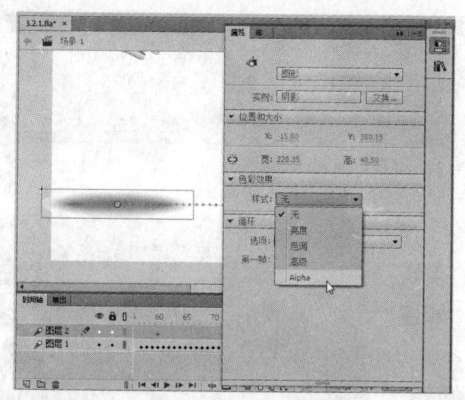

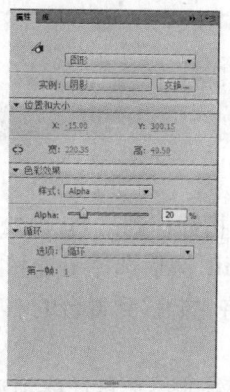

图 3-51　设置图形元件的透明度

10 创建补间动画后，按 Ctrl+Enter 快捷键，或者选择【控制】｜【测试】命令，测试动画播放效果。此时可以看到飞机水平滑行一段距离后即可起飞，如图 3-52 所示。

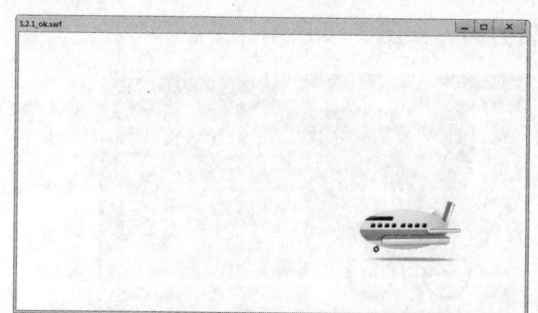

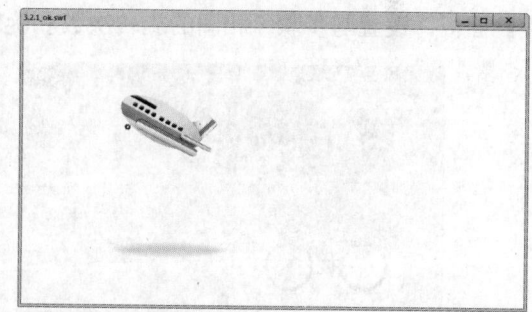

图 3-52　查看飞机起飞的动画效果

3.2.2　项目 2：制作自行车运动的动画

本例将制作一个自行车向前运动的补间动画。在本例中，首先制作车身和车轮向前运动的补间动画，然后通过【属性】面板设置两个车轮的旋转属性，使自行车在运动过程中，两个车轮产生滚动的效果。

上机实战　制作自行车运动的动画

1 打开光盘中的"..\Example\Ch03\3.2.2.fla"练习文件，选择所有图层的第 80 帧，再按 F5 键插入帧，接着分别为图层 2、图层 3、图层 4 创建补间动画，如图 3-53 所示。

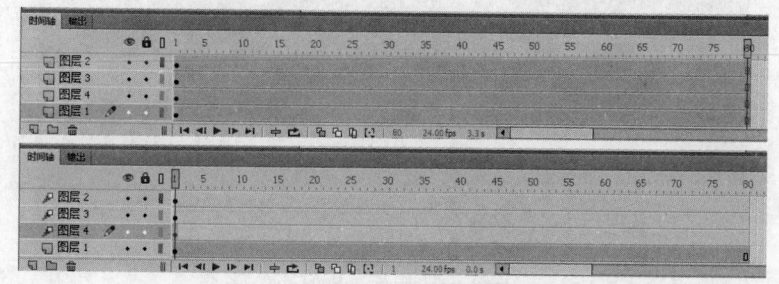

图 3-53　插入帧并创建补间动画

2 选择图层 2 的第 80 帧，按 F6 键插入属性关键帧，再使用相同的方法，为图层 3 和图层 4 的第 80 帧插入属性关键帧，如图 3-54 所示。

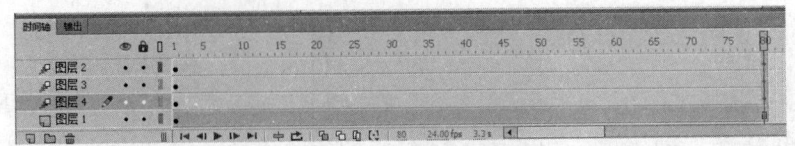

图 3-54 插入属性关键帧

3 将播放指针移到第 80 帧处，然后在舞台上按住 Shift 键后选择车身和两个车轮元件实例，再将它们移到舞台的右侧，如图 3-55 所示。

4 将时间轴的播放指针移到第 1 帧处，选择图层 4 的第 1 帧，打开【属性】面板，设置旋转次数和旋转方向，如图 3-56 所示。

图 3-55 移动属性关键帧下的元件位置

5 选择图层 3 的第 1 帧，再打开【属性】面板，设置与步骤 4 相同的旋转次数和旋转方向，如图 3-56 所示。

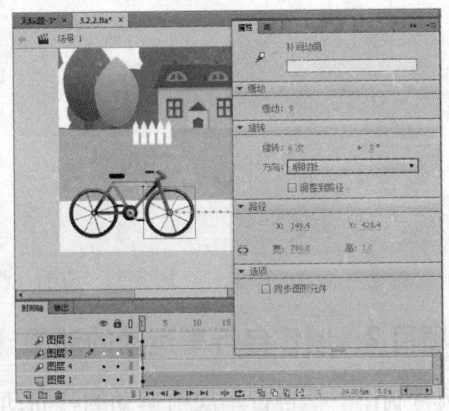

图 3-56 设置图层 4 和图层 3 补间动画的旋转次数和方向

6 设置补间动画属性后，按 Ctrl+Enter 键，或者选择【控制】|【测试】命令，测试动画播放效果。此时可以看到自行车向右方移动且两个车轮同时在旋转，如图 3-57 所示。

图 3-57 观看动画效果

3.2.3 项目3：制作节日贺卡动画

本例将利用预设动画为节日贺卡上的文本制作波形弹动的补间动画效果。在本例中，首先将文本对象转换为影片剪辑元件，然后为元件应用【波形】预设动画，再调整动画路径的位置并增加补间帧。

上机实战　制作节日贺卡动画

1 打开光盘中的"..\Example\Ch03\3.2.3.fla"练习文件，在舞台上选择文本对象，再选择【修改】|【转换为元件】命令，弹出【转换为元件】对话框后设置名称和元件类型，单击【确定】按钮，如图3-58所示。

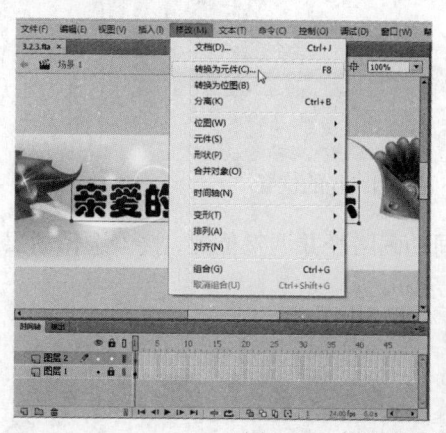

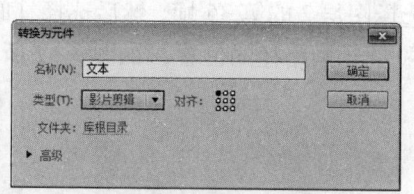

图3-58　将文本转换为影片剪辑元件

2 分别选择图层1和图层2的第80帧，然后按F5键插入帧，如图3-59所示。

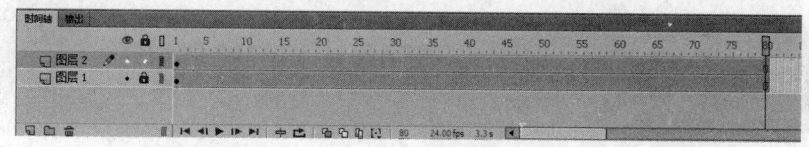

图3-59　插入帧

3 选择舞台上的影片剪辑元件实例，打开【动画预设】面板，再选择【波形】动画预设，然后单击【应用】按钮，如图3-60所示。

图3-60　为元件实例应用动画预设

4 选择图层 2 的第 1 帧，再选择【任意变形工具】，使用工具选择动画路径，然后将路径移到舞台左侧，如图 3-61 所示。

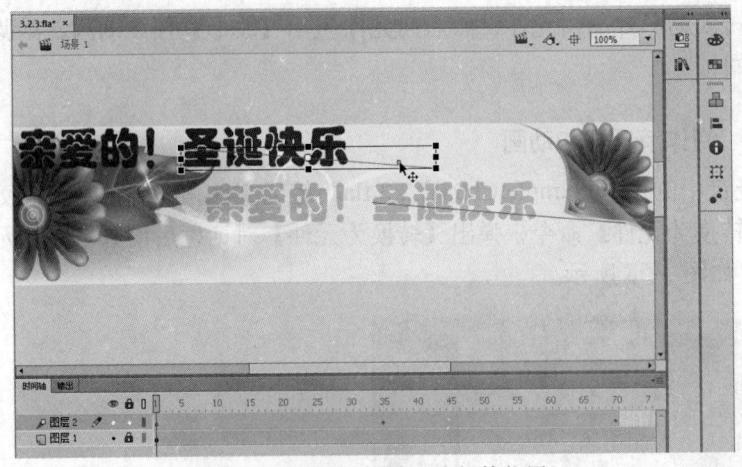

图 3-61 调整补间动画路径的位置

5 选择图层 2 的第 35 帧，然后选择补间动画路径并调整位置，接着选择图层 2 的第 70 帧，调整补间动画路径的位置，如图 3-62 所示。

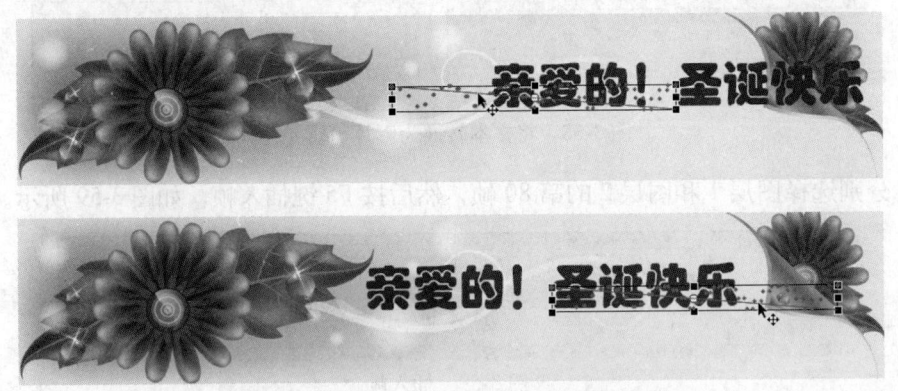

图 3-62 调整其他关键帧中动画路径的位置

6 使用鼠标按住图层 2 第 70 帧后的分隔线，当出现双向箭头后向右侧移动到第 80 帧处，以增加动画帧数量，如图 3-63 所示。

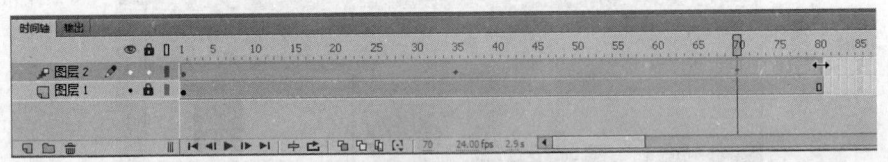

图 3-63 调整动画帧的数量

7 选择图层 2 的第 40 帧，然后选择该属性关键帧下舞台的元件，接着调整元件实例在舞台上的位置，如图 3-64 所示。

8 设置补间动画属性后，按 Ctrl+Enter 键，或者选择【控制】|【测试】命令，测试动画播放效果。此时可以看到文本在舞台上以波形左右弹动的效果，如图 3-65 所示。

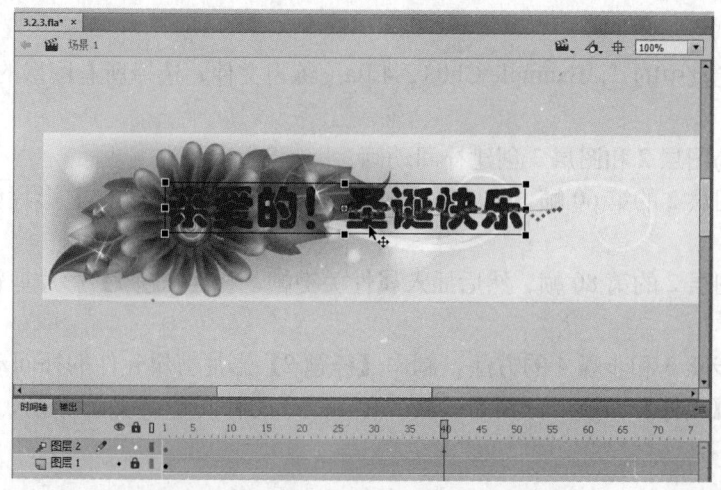

图 3-64　调整属性关键帧中元件实例的位置

图 3-65　测试动画的效果

3.3　本章小结

本章主要介绍了在 Flash CC 中创建、编辑和应用补间动画的相关知识，包括创建直线运动补间动画、创建多段线运动补间动画、编辑补间动画的运动路径、应用动画预设效果等。

3.4　课后训练

为练习文件上的两个标题元件制作移入舞台的补间动画，以制作出横幅动画的标题动态效果，结果如图 3-66 所示。

图 3-66　制作横幅标题动画的效果

提示

（1）打开光盘中的"..\Example\Ch03\3.4.fla"练习文件，选择所有图层的第 80 帧，并插入一般帧。

（2）分别为图层 2 和图层 3 创建补间动画。

（3）选择图层 2 的第 60 帧，然后插入属性关键帧，并将【标题 1】影片剪辑元件移到横幅中央位置处。

（4）选择图层 2 的第 80 帧，然后插入属性关键帧，将【标题 1】影片剪辑元件移到横幅左侧位置处。

（5）使用步骤 3 和步骤 4 的方法，制作【标题 2】影片剪辑元件的补间动画效果。

（6）打开【属性】面板，分别为图层 2 和图层 3 的补间动画设置缓动为 80。

第 4 章　应用传统补间创建动画

教学提要

传统补间与补间动画类似，但是创建起来更复杂。传统补间允许创建一些使用基于范围的补间不能实现的动画效果。本章将详细介绍各类属性变化类型传统补间动画的制作以及编辑和应用传统补间动画的方法。

教学重点

- 掌握创建不同属性变化的传统补间的方法
- 掌握在传统补间中应用缓动属性的方法
- 掌握复制与粘贴传统补间动画的方法
- 掌握添加传统运动引导层并设置传统补间属性的方法

4.1 创作动画技能训练

本节将以简单的案例和操作讲起，带领读者由浅入深地了解 Flash 的传统补间和传统运动引导层类型动画的原理，并掌握创建动画和编辑动画的基本操作。

4.1.1 案例 1：创建移动的传统补间动画

从原理上来说，传统补间是在一个特定时间定义一个实例、组、文本块、元件的位置、大小和旋转等属性，然后在另一个特定时间更改这些属性。当两个时间进行交换时，属性之间就会随着补间帧进行过渡，从而形成动画，如图 4-1 所示。

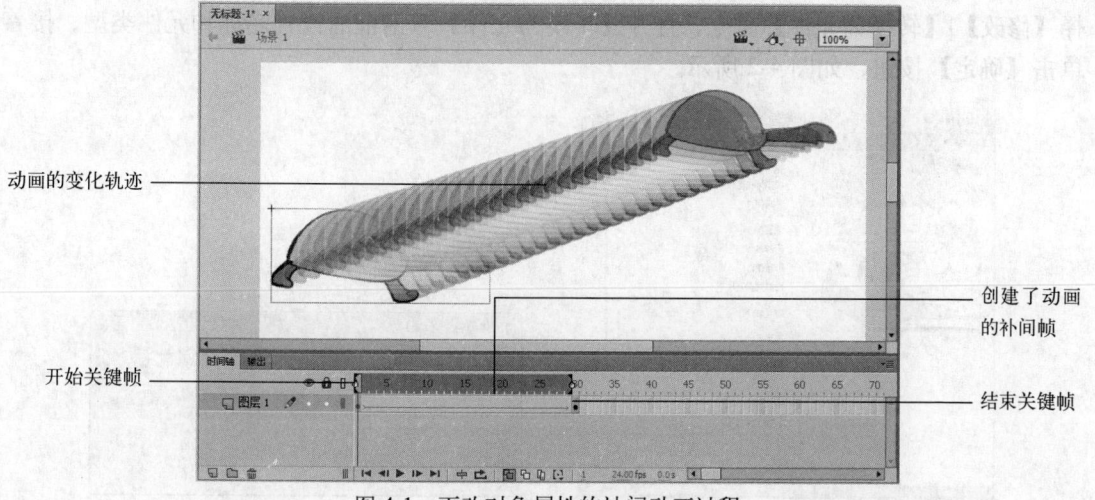

图 4-1　更改对象属性的补间动画过程

补间动画和传统补间之间的异同包括：
- 传统补间使用关键帧。关键帧是显示对象的新实例的帧。补间动画只能具有一个与之关联的对象实例，并使用属性关键帧而不是关键帧。
- 补间动画在整个补间范围上由一个目标对象组成。
- 补间动画和传统补间都只允许对特定类型的对象进行补间。如果应用补间动画，则在创建补间时会将所有不允许的对象类型转换为影片剪辑，而应用传统补间会将这些对象类型转换为图形元件。
- 补间动画会将文本视为可补间的类型，而不会将文本对象转换为影片剪辑。传统补间会将文本对象转换为图形元件。
- 在补间动画范围上不允许帧脚本。传统补间则允许帧脚本。
- 补间目标上的任何对象脚本都无法在补间动画范围的过程中更改。
- 可以在时间轴中对补间动画范围进行拉伸和调整大小，并将它们视为单个对象。

对于传统补间，缓动可应用于补间内关键帧之间的帧组。对于补间动画，缓动可应用于补间动画范围的整个长度。如果要仅对补间动画的特定帧应用缓动，则需要创建自定义缓动曲线。

- 利用传统补间，可以在两种不同的色彩效果（如色调和 Alpha 透明度）之间创建动画。而补间动画可以对每个补间应用一种色彩效果。
- 用户只可以使用补间动画来为 3D 对象创建动画效果，无法使用传统补间为 3D 对象创建动画效果。
- 只有补间动画才能保存为动画预设。
- 对于补间动画，无法交换元件或设置属性关键帧中显示的图形元件的帧数。应用了这些技术的动画要求是使用传统补间。

制作元件移动的动画，其实就是改变目标对象的位置属性，这种传统补间动画是最常见的 Flash 动画效果之一。

上机实战　创建移动的传统补间动画

1 打开光盘中的"..\Example\Ch04\4.1.1.fla"练习文件，选择舞台上的形状组合，再选择【修改】|【转换为元件】命令，打开【转换为元件】对话框后设置名称和元件类型，接着单击【确定】按钮，如图 4-2 所示。

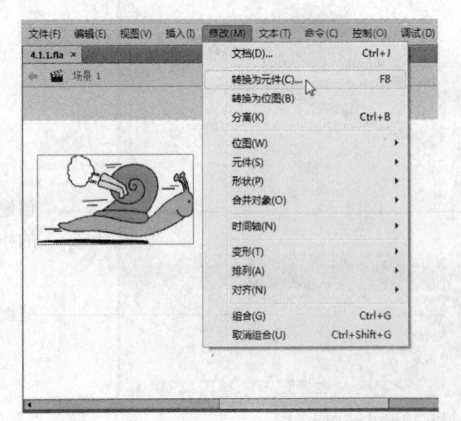

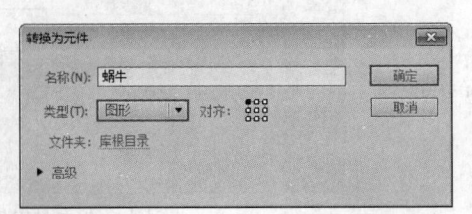

图 4-2　将形状组合旋转为图形元件

2 选择图层 1 的第 50 帧,按 F6 键插入关键帧,如图 4-3 所示。

3 选择图层 1 第 50 帧,然后选择舞台上的图形元件,并将元件拖到舞台的右下方,如图 4-4 所示。

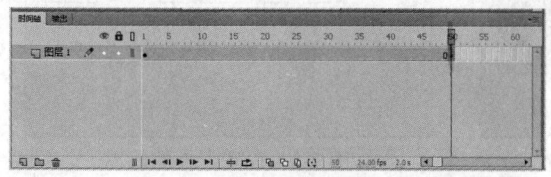

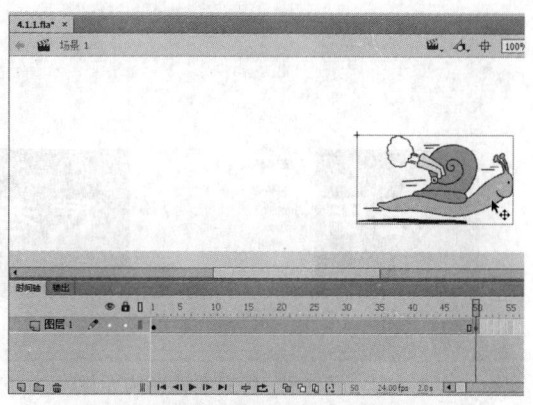

图 4-3 插入关键帧　　　　　图 4-4 调整结束关键帧中元件的位置

4 选择图层 1 的第 1 帧,再选择【插入】|【传统补间】命令,创建传统补间动画,如图 4-5 所示。

5 单击【绘图纸外观】按钮,通过绘图纸外观显示所有传统补间帧的动画效果,以查看补间动画中元件的变化,如图 4-6 所示。

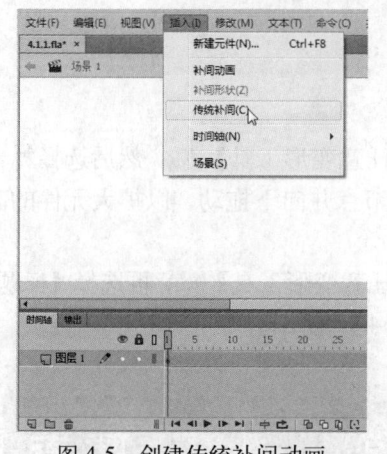

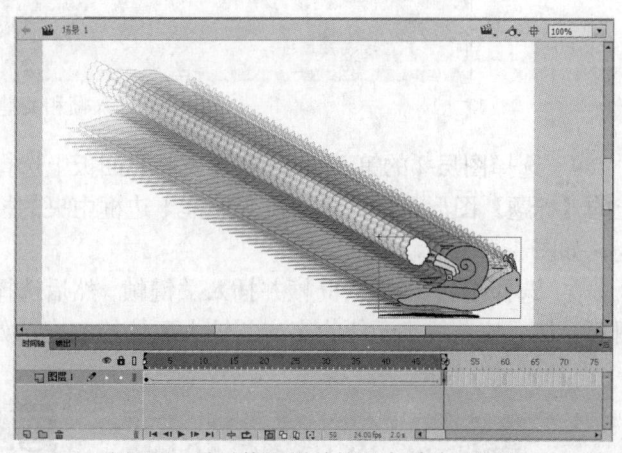

图 4-5 创建传统补间动画　　　　　图 4-6 显示绘图纸外挂以查看动画效果

4.1.2 案例 2:创建缩放的传统补间动画

缩放变化是传统补间中改变对象大小属性的动画。制作这种动画很简单,首先在时间轴中以关键帧设置对象的开始与结束状态,然后通过舞台调整开始关键帧与结束关键帧的对象的大小,当创建传统补间后,即可使对象产生大小变化的动画效果。

上机实战　创建缩放的传统补间动画

1 打开光盘中的"..\Example\Ch04\4.1.2.fla"练习文件,在按住 Shift 键的同时选择舞台上的两个文本对象,然后选择【修改】|【转换为元件】命令,如图 4-7 所示。

2 打开【转换为元件】对话框后,设置名称为【标题】、类型为【图形】,然后单击【确定】按钮,如图 4-8 所示。

3 同时选择到图层 1 和图层 2 的第 80 帧,然后按 F5 键插入帧,接着选择图层 2 的第 20 帧,并按 F6 键插入关键帧,如图 4-9 所示。

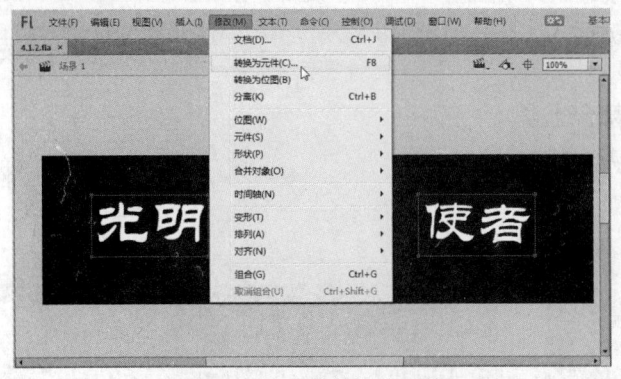

图 4-7　将文本转换为元件 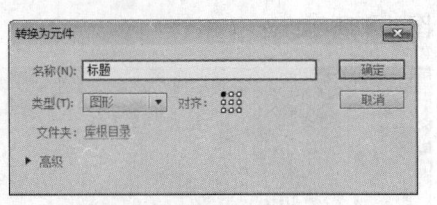　　　　　　　图 4-8　设置元件的属性

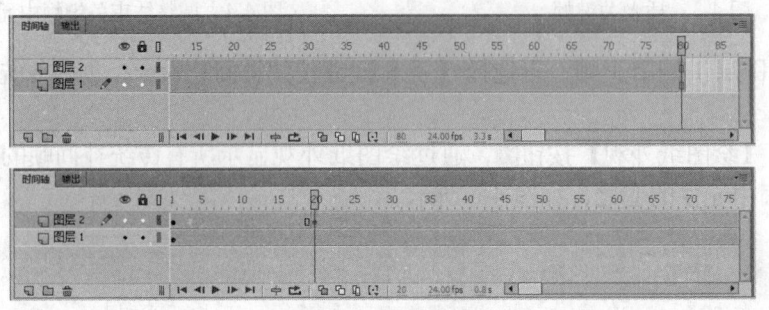

图 4-9　插入帧和关键帧

4 选择图层 2 的第 20 帧，在【工具】面板上选择【任意变形工具】，然后选择舞台上的【标题】图形元件，再按住变形框下边框中央的控制节点并向下拖动，以扩大元件的高度，如图 4-10 所示。

5 选择图层 2 的第 40 帧并插入关键帧，然后选择【任意变形工具】，再选择【标题】图形元件，接着缩小元件的高度并扩大元件的宽度，如图 4-11 所示。

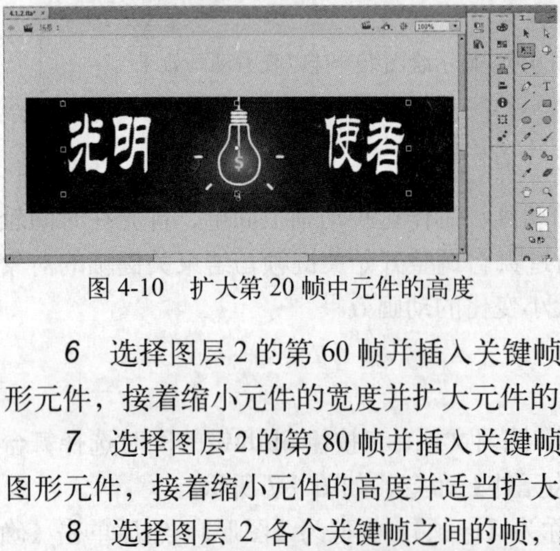

图 4-10　扩大第 20 帧中元件的高度 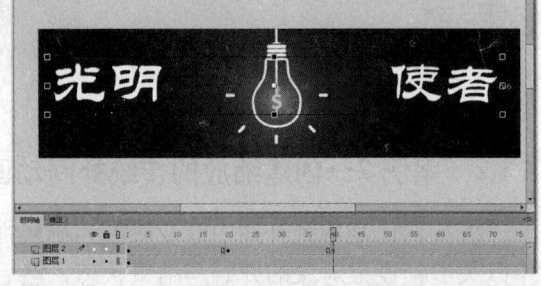　　　图 4-11　插入关键帧并缩小元件高度和扩大元件宽度

6 选择图层 2 的第 60 帧并插入关键帧，选择【任意变形工具】，再选择【标题】图形元件，接着缩小元件的宽度并扩大元件的高度，如图 4-12 所示。

7 选择图层 2 的第 80 帧并插入关键帧，然后选择【任意变形工具】，再选择【标题】图形元件，接着缩小元件的高度并适当扩大元件的宽度，如图 4-13 所示。

8 选择图层 2 各个关键帧之间的帧，然后单击右键并选择【创建传统补间】命令，为关键帧之间创建传统补间，如图 4-14 所示。

9 设置属性后，按 Ctrl+Enter 键，或者选择【控制】|【测试】命令，测试动画播放效果，如图 4-15 所示。

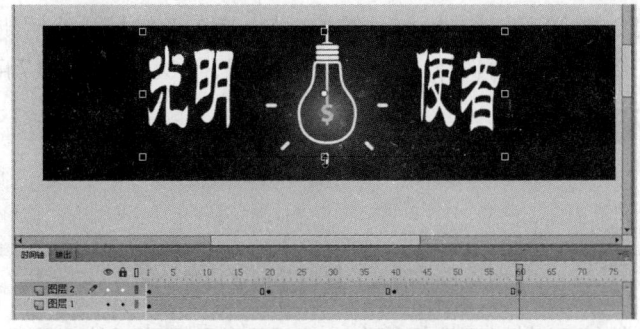

图 4-12　插入关键帧并缩小元件宽度和扩大元件高度

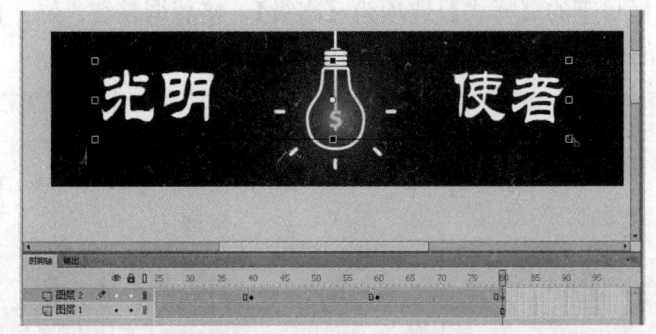

图 4-13　插入关键帧并缩小元件高度和扩大元件宽度

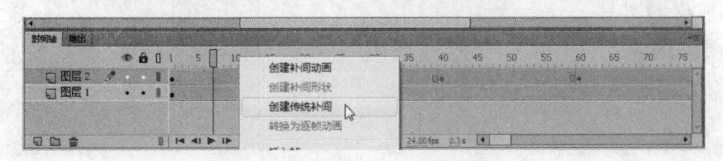

图 4-14　创建传统补间动画

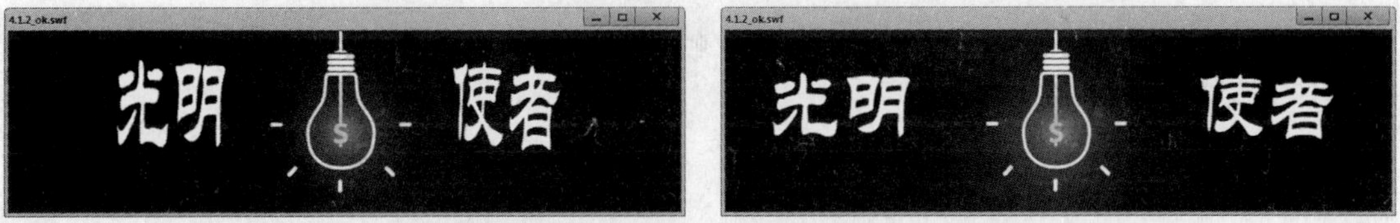

图 4-15　测试动画播放效果

4.1.3　案例 3：创建变色的传统补间动画

制作变色的传统补间动画，其实就是为对象设置不同状态的色彩效果，然后为各个状态的关键帧创建补间动画，当播放动画时，即可使对象的颜色产生变化。

上机实战　创建变色的传统补间动画

1　打开光盘中的"..\Example\Ch04\4.1.3.fla"练习文件，在【时间轴】面板中选择图层 1 和图层 2 的第 80 帧，然后按 F6 键插入关键帧，如图 4-16 所示。

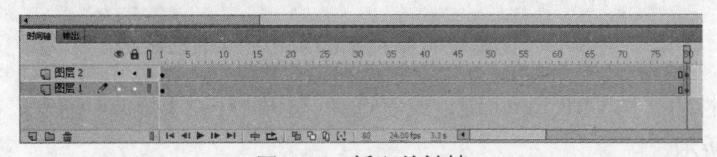

图 4-16　插入关键帧

2 分别在图层 2 第 20 帧、第 40 帧、第 60 帧上插入关键帧,然后使用鼠标拖动选择这些关键帧之间的帧,单击右键并选择【创建传统补间】命令,如图 4-17 所示。

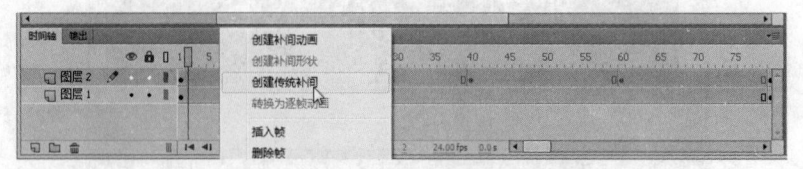

图 4-17 插入关键帧并创建传统补间

3 选择图层 2 的第 20 帧,再选择舞台上的【脸色】图形元件,然后打开【属性】面板,设置【色彩效果】栏目下的【样式】选项为【高级】,接着调整红、绿、蓝颜色的参数,以改变【脸色】元件的色彩效果,如图 4-18 所示。

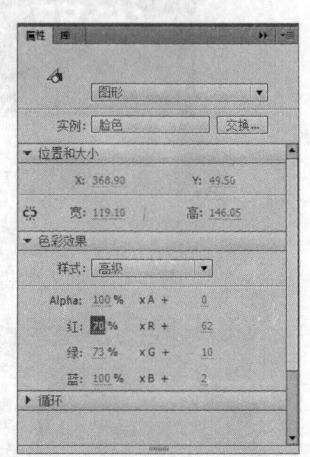

图 4-18 设置第 20 帧中图形元件的色彩效果

4 使用步骤 3 的方法,分别设置第 40 帧和第 60 帧下【脸色】元件的色彩效果,如图 4-19 所示。

图 4-19 设置第 40 帧和第 60 帧中元件的色彩效果

5 设置属性后,按 Ctrl+Enter 键,或者选择【控制】|【测试】命令,测试动画播放效果,如图 4-20 所示。

图 4-20　测试动画播放的效果

4.1.4　案例 4：创建旋转的传统补间动画

改变对象的角度有旋转和翻转两种方式，这种形式的动画其实可以通过制作变形动画的方式来实现，即在制作补间动画过程中使用【任意变形工具】和【变形】命令旋转或翻转对象，从而达到改变对象角度的目的。

除此之外，还可以通过设置传统补间动画的【旋转】选项来制作改变角度的旋转动画。例如，为一个对象创建从左到右的移动动画，然后设置【旋转】选项，即可使对象在移动的过程中出现旋转效果。

上机实战　制作旋转的传统补间动画

1　打开光盘中的"..\Example\Ch05\5.4.4.fla"练习文件，选择图层 1 和图层 2 的第 60 帧，再按 F6 键插入关键帧，如图 4-21 所示。

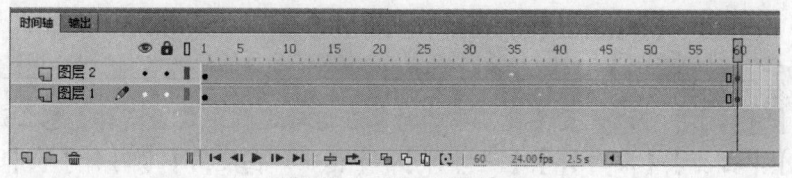

图 4-21　插入关键帧

2　选择图层 2 的第 1 帧，单击右键并选择【创建传统补间】命令，为图层 2 的关键帧创建传统补间，如图 4-22 所示。

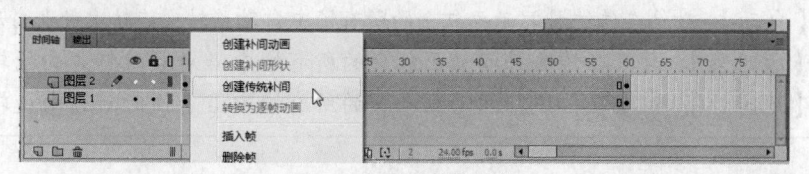

图 4-22　创建传统补间

3　选择图层 1 的任意帧，再打开【属性】面板，设置旋转为【顺时针】、旋转次数为 3，如图 4-23 所示。

技巧

要实现本小节实例中的车轮图形产生滚动的效果，必须确保车轮的中心点位于车轮的中央位置，否则旋转会出现偏差。

图 4-23 设置传统补间的旋转属性

4 设置属性后，按 Ctrl+Enter 键，或者选择【控制】│【测试】命令，测试动画播放效果，如图 4-24 所示。

图 4-24 测试动画播放时的旋转效果

技巧

在【旋转】中可以设置关键帧中的对象在运动过程中是否旋转、怎么旋转。包括【无】、【自动】、【顺时针】、【逆时针】4 个选项。在使用【顺时针】和【逆时针】样式后，会激活一个【旋转数】文本框，在该文本框中可以输入对象在传统补间动画包含的所有帧中旋转的次数。

- 【无】：对象在传统补间动画包含的所有帧中不旋转。
- 【自动】：对象在传统补间动画包含的所有帧中自动旋转，旋转次数也自动产生。
- 【顺时针】：对象在传统补间动画包含的所有帧中沿着顺时针方向旋转。
- 【逆时针】：对象在传统补间动画包含的所有帧中沿着逆时针方向旋转。

4.1.5 案例 5：在传统补间中应用缓动

缓动是设置动画类似于运动缓冲的效果。在创建传统补间后，可以通过【属性】面板的【缓动】文本框输入缓动值或拖动滑块设置缓动值，也可以通过【自定义缓入/缓出】对话框设置缓动。缓动值大于 0，则运动速度逐渐减小；缓动值小于 0，则运动速度逐渐增大。

上机实战 在传统补间中应用缓动

1 打开光盘中的 "..\Example\Ch04\4.1.5.fla" 练习文件，选择舞台上的形状组合，再选

择【修改】|【转换为元件】命令，打开【转换为元件】对话框后设置名称和元件类型，接着单击【确定】按钮，如图 4-25 所示。

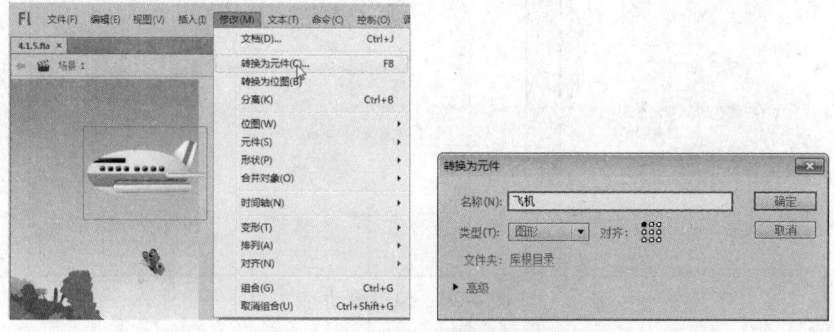

图 4-25 将形状组合转换成图形元件

2 选择图层 1 和图层 2 的第 60 帧，然后按 F6 键插入关键帧，如图 4-26 所示。

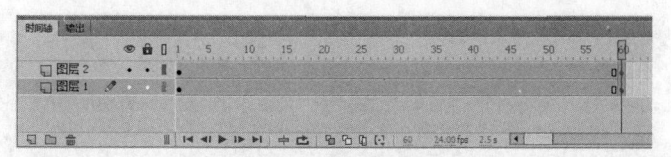

图 4-26 插入关键帧

3 选择图层 2 的第 60 帧，再选择舞台上的【飞机】图形元件，并将该元件移动到舞台的左侧，如图 4-27 所示。

图 4-27 调整结束关键帧中元件的位置

4 选择图层 2 的第 1 帧，单击右键并从菜单中选择【创建传统补间】命令，创建传统补间动画，如图 4-28 所示。

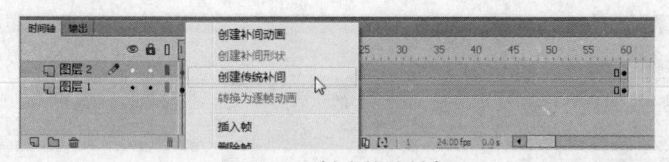

图 4-28 创建传统补间

5 选择图层 2 的任意帧，打开【属性】面板再单击【编辑缓动】按钮，打开【自定义缓入/缓出】对话框后，按住缓动线并移动，调整缓动线的形状，最后单击【确定】按钮，如图 4-29 所示。

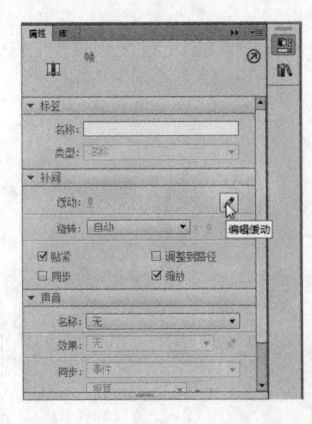

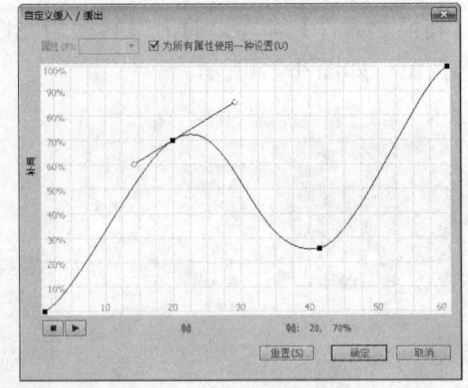

图 4-29　编辑缓动

6　设置属性后，按 Ctrl+Enter 键，或者选择【控制】|【测试】命令，测试动画播放效果，如图 4-30 所示。

图 4-30　测试动画播放效果

4.1.6　案例 6：复制与粘贴传统补间动画

在 Flash CC 中，使用"复制动画"和"粘贴动画"命令，可以复制传统补间，并且仅粘贴特定属性以应用于其他对象中。

上机实战　复制与粘贴传统补间动画

1　打开光盘中的"..\Example\Ch04\4.1.6.fla"练习文件，选择图层 3 的第一帧关键帧，然后将整个关键帧移到第 60 帧处，如图 4-31 所示。

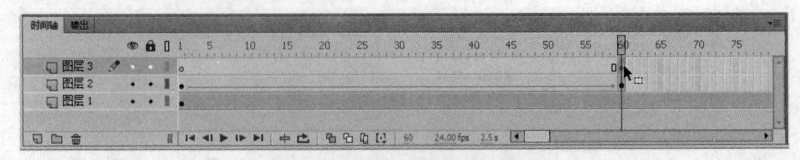

图 4-31　调整关键帧的位置

2　在图层 2 的第 1 帧上单击选择该帧，然后按住 Shift 键在图层 2 的第 59 帧上单击，选择第 1 帧到第 59 帧的所有帧，接着选择【编辑】|【时间轴】|【复制动画】命令，如图 4-32 所示。

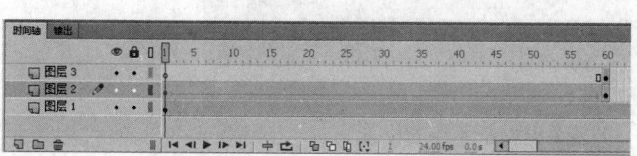

图 4-32　选择传统补间范围并执行复制动画

3 选择图层 3 的第 60 帧，再选择舞台上的【飞机 2】图形元件，然后选择【编辑】|【时间轴】|【粘贴动画】命令，将复制的传统补间属性粘贴到元件中，如图 4-33 所示。

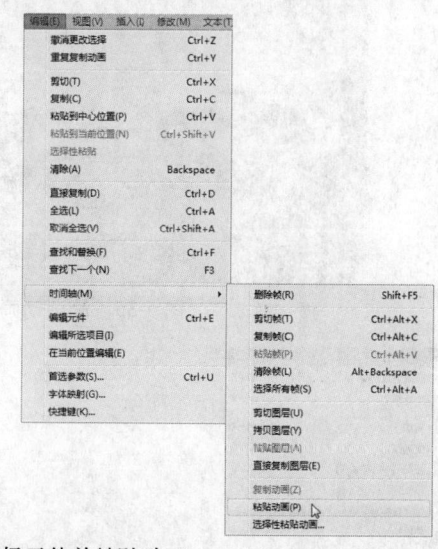

图 4-33　选择元件并粘贴动画

4 粘贴动画后，程序为图层 3 的元件自动增加传统补间范围。此时选择图层 3 的第 119 帧，然后选择舞台的【飞机 2】图形元件，并适当调整该元件的位置，如图 4-34 所示。

5 完成上述操作后，按 Ctrl+Enter 键，或者选择【控制】|【测试】命令，测试动画播放效果，如图 4-35 所示。

> **技巧**
>
> 在粘贴动画时，选择【粘贴动画】命令将复制的全部传统补间属性均应用在目标元件上。如果只想应用部分传统补间属性到元件上，可以选择【编辑】|【时间轴】|【选择性粘贴动画】命令，然后通过【粘贴特殊动作】对话框选择需要粘贴的属性即可，如图 4-36 所示。

74　中文版 Flash CC 实例教程

图 4-34　调整关键帧下元件的位置

图 4-35　测试动画播放的效果

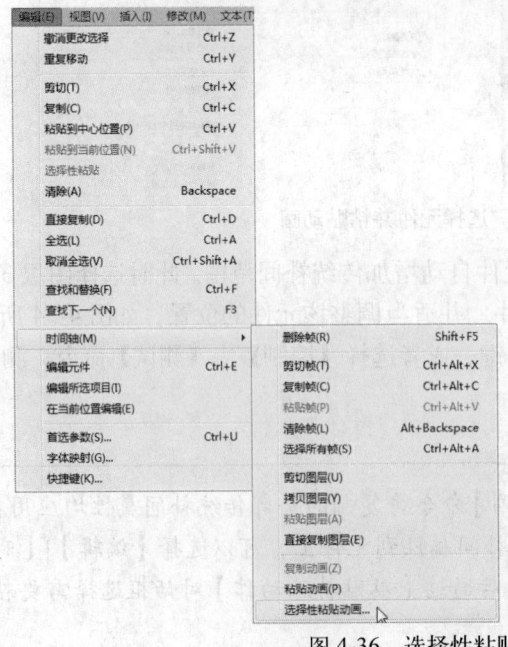

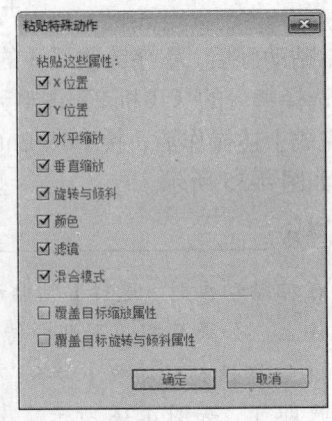

图 4-36　选择性粘贴动画

4.1.7 案例 7：为传统补间添加引导层

引导层是一种让其他图层的对象对齐引导层对象的一种特殊图层，可以在引导层上绘制对象，然后将其他图层上的对象与引导层上的对象对齐。依照此特性，可以使用引导层来制作沿曲线路径运动的动画。

例如，创建一个引导层，然后在该层上绘制一条曲线，接着将其他图层上开始关键帧的对象放到曲线一个端点，并将结束关键帧的对象放到曲线的另一个端点，最后创建补间动画，这样在补间动画过程中，对象就根据引导层的特性对齐曲线，因此整个补间动画过程对象都沿着曲线运动，从而制作出对象沿曲线路径移动的效果，如图 4-37 所示。

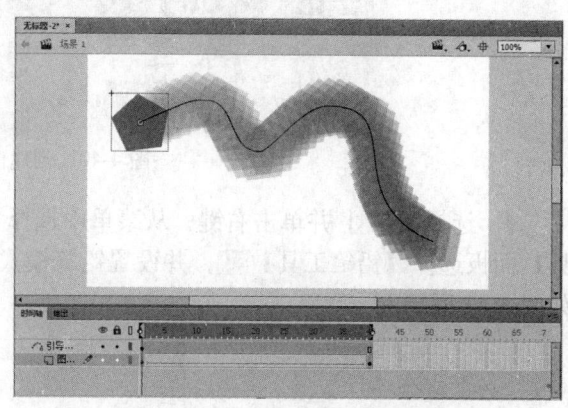

图 4-37 利用引导层让对象沿指定路径运动

> **技巧**
> 引导层不会导出，因此引导线不会显示在发布的 SWF 文件中。任何图层都可以作为引导层，图层名称左侧的辅助线图标表明该层是引导层。

上机实战　使用引导层创建动画

1 打开光盘中的 "..\Example\Ch04\4.1.7.fla" 练习文件，选择图层 1 的第 80 帧，然后按 F6 键插入关键帧，如图 4-38 所示。

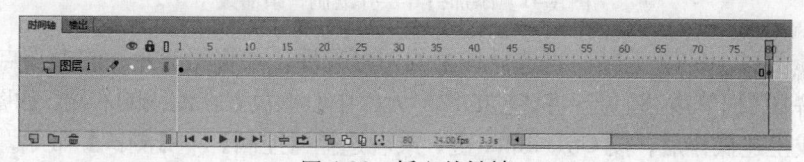

图 4-38 插入关键帧

2 选择图层 1 的第 80 帧，再选择舞台上的【太空人】图形元件，并将该元件移动到舞台的右上方，如图 4-39 所示。

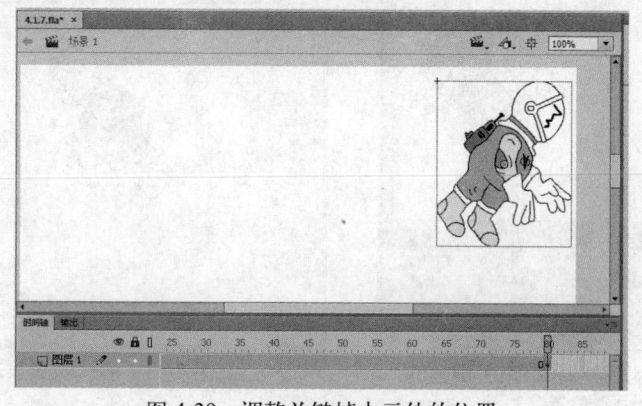

图 4-39 调整关键帧中元件的位置

3 选择图层 1 的第 1 帧并单击右键，从弹出的菜单中选择【创建传统补间】命令，如图 4-40 所示。

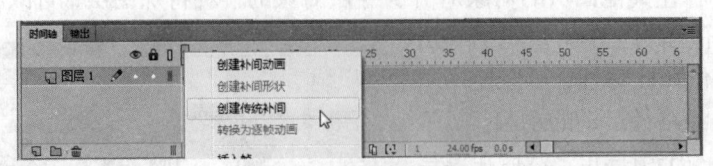

图 4-40　创建传统补间

4 选择图层 1 并单击右键，从菜单中选择【添加传统运动引导层】命令，然后在【工具】面板选择【铅笔工具】，并设置铅笔模式为【平滑】，接着在舞台上绘制一条曲线，如图 4-41 所示。

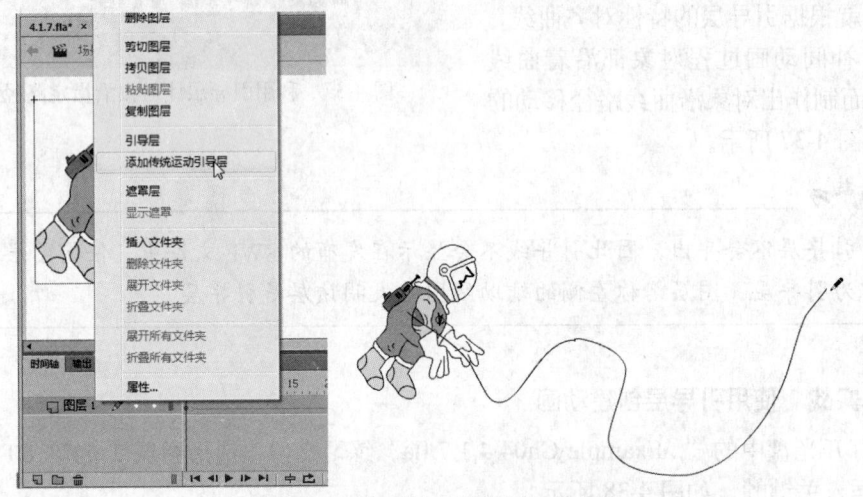

图 4-41　添加引导层并绘制一条曲线

5 选择图层 1 的第 1 帧，再选择该帧的图形元件，并将图形元件的中心点放置在曲线的左端，选择图层 1 的第 80 帧，将该帧的图形元件中心点放置在曲线的右端，如图 4-42 所示。

6 完成上述操作后，按 Ctrl+Enter 键，或者选择【控制】｜【测试】命令，测试动画播放效果，如图 4-43 所示。

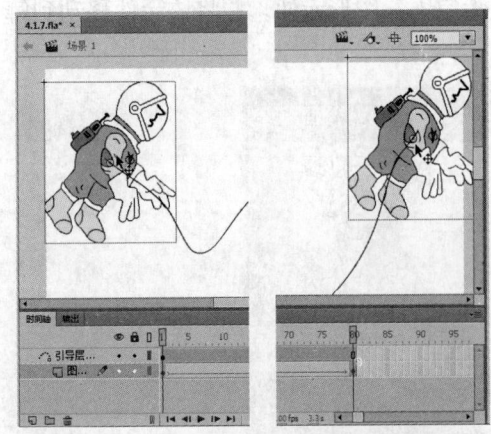

图 4-42　设置开始关键帧和结束关键帧的元件中心位置

图 4-43　测试引导层动画的效果

4.1.8 案例8：设置引导层传统补间的属性

在上例的结果中，可以看到太空人沿着曲线运动。本例将在此基础上，设置传统补间的缓动，再设置元件调整到路径，使太空人沿曲线运动的效果更加有趣。

上机实战　设置引导层传统补间属性

1 打开光盘中的"..\Example\Ch04\4.1.8.fla"练习文件，选择传统补间范围的任意帧，打开【属性】面板，设置缓动为-80，如图4-44所示。

2 打开【属性】面板并选择【调整到路径】复选框，让【太空人】图形元件紧贴路径方向运动，如图4-45所示。

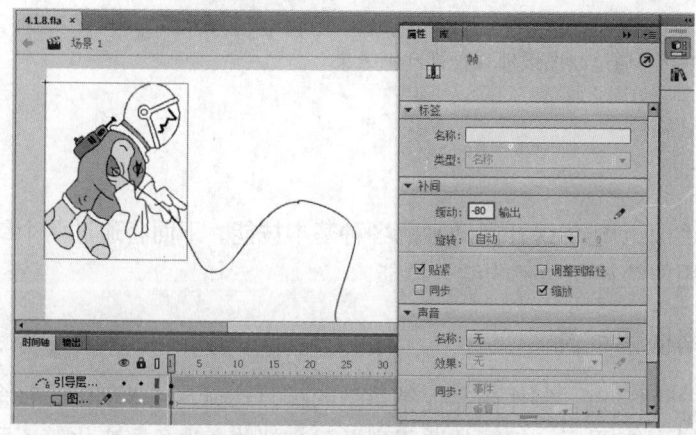

图 4-44　设置传统补间的缓动值 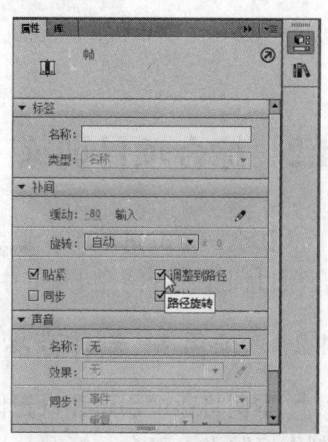　　　　　　　图 4-45　设置调整到路径属性

3 选择图层1的第1帧，再选择【任意变形工具】，然后向左方适当旋转【太空人】图形元件，如图4-46所示。

4 选择图层1的第80帧，使用【任意变形工具】向左方适当旋转【太空人】图形元件，如图4-47所示。

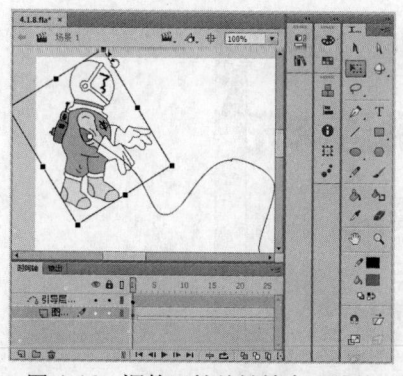

图 4-46　调整开始关键帧中元件的　　　　　　图 4-47　调整结束关键帧中元件的角度
　　　　　　角度

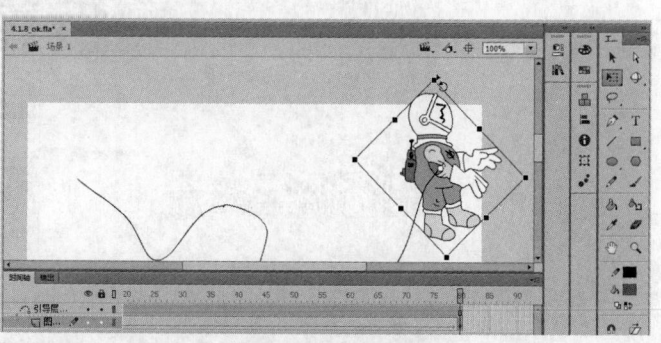

5 在【时间轴】面板中单击【绘图纸外观】按钮，然后使用绘图纸外观查看所有传统补间范围，以检视传统补间动画的效果，如图4-48所示。

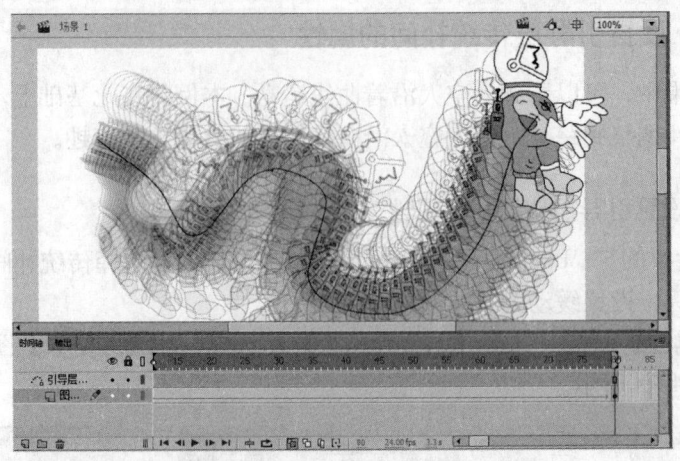

图 4-48 通过绘图纸外观检视动画效果

4.2 综合项目训练

在上一节的讲解中,重点介绍了创建传统补间动画的各种基本技能。下面将通过两个综合项目训练,介绍在 Flash 中应用传统补间动画的综合技能。

4.2.1 项目 1:制作商品促销横幅动画

本例将通过创建和设置传统补间动画,制作商品促销类型的横幅动画。在本例中,包含制作标题飞入舞台、标题从小到大旋转显示、标题从透明到显示全部并产生色彩变化等不同效果的动画。

上机实战 制作商品促销横幅动画

1 打开光盘中的"..\Example\Ch04\4.2.1.fla"练习文件,新建图层 2 并打开【库】面板,将【标题 1】图形元件拖到舞台左侧外,如图 4-49 所示。

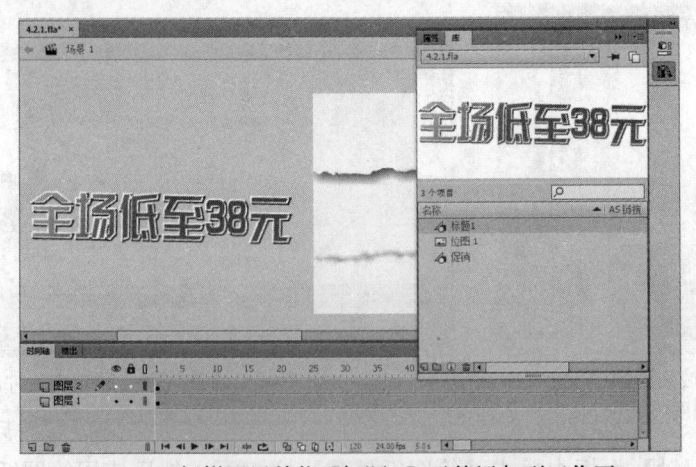

图 4-49 新增图层并将【标题 1】元件添加到工作区

2 在图层 2 第 40 帧上插入关键帧,然后将【标题 1】图形元件拖入舞台并放置在左边,如图 4-50 所示。

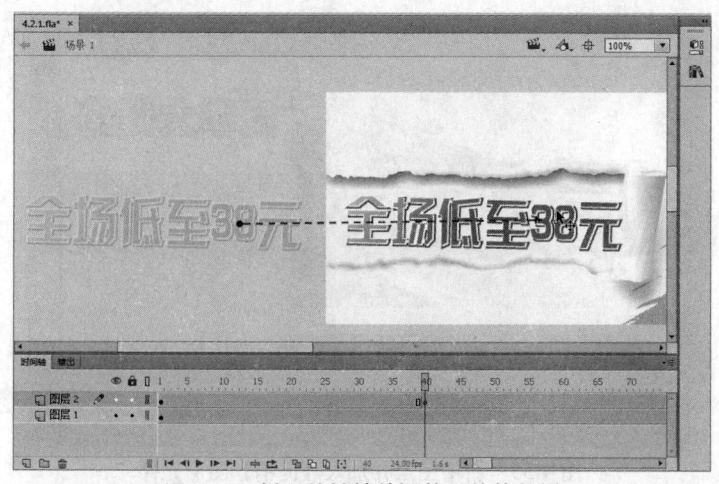

图 4-50 插入关键帧并调整元件的位置

3 分别在图层 2 的第 50 帧、第 60 帧、第 80 帧上插入关键帧，选择第 60 帧并打开【属性】面板，选择第 60 帧上的图形元件并设置元件 Alpha 为 20%，如图 4-51 所示。

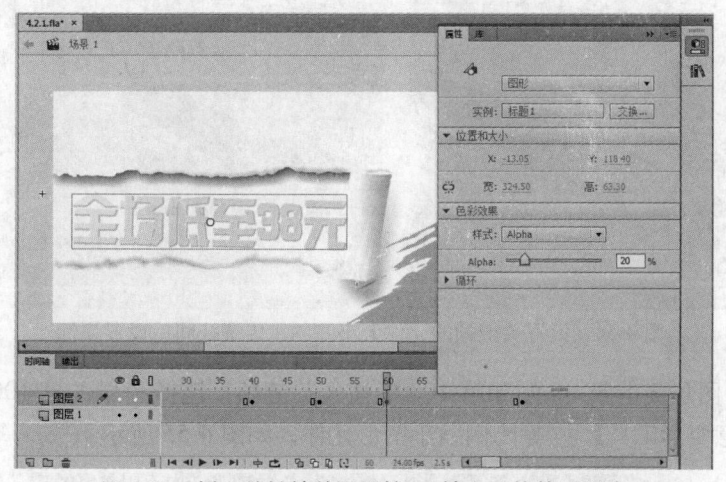

图 4-51 插入关键帧并设置第 60 帧上元件的透明度

4 选择图层 2 上所有关键帧之间的部分帧，然后单击右键并选择【创建传统补间】命令，如图 4-52 所示。

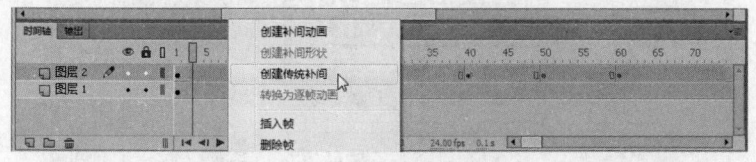

图 4-52 创建传统补间动画

5 新建图层 3 并在第 40 帧上插入关键帧，打开【库】面板，然后将【促销】图形元件拖到舞台右边，如图 4-53 所示。

6 选择图层 3 的第 60 帧并插入关键帧，再选择第 40 帧上的图形元件，使用【任意变形工具】等比例缩小图形元件，然后创建传统补间动画，再打开【属性】面板，设置旋转为【顺时针】、次数为 5 次，如图 4-54 所示。

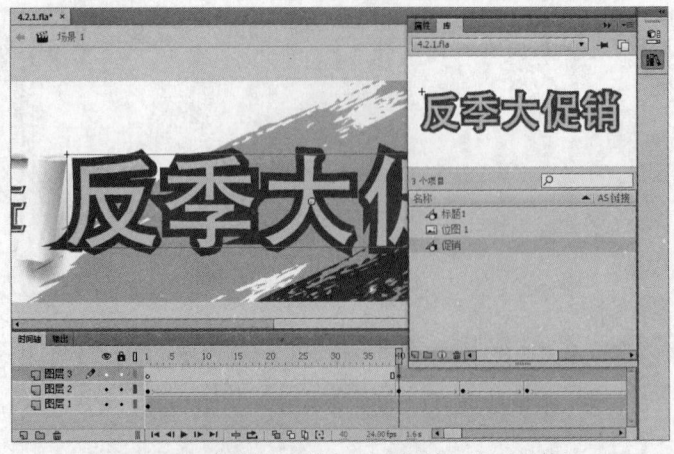

图4-53 新增图层并加入【促销】图形元件

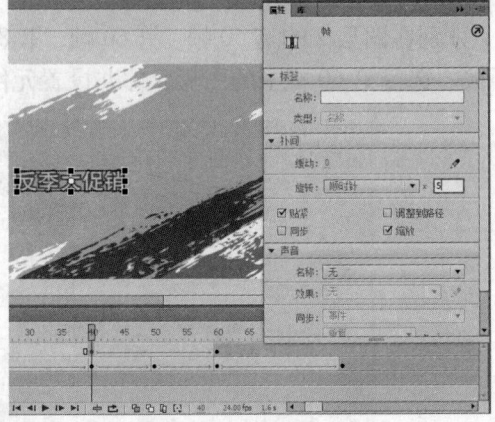

图4-54 设置关键帧的元件大小并创建传统补间后设置属性

7 分别为图层3的第80帧和第100帧插入关键帧，选择图层3第100帧上的图形元件，使用【任意变形工具】等比例缩小图形元件，如图4-55所示。

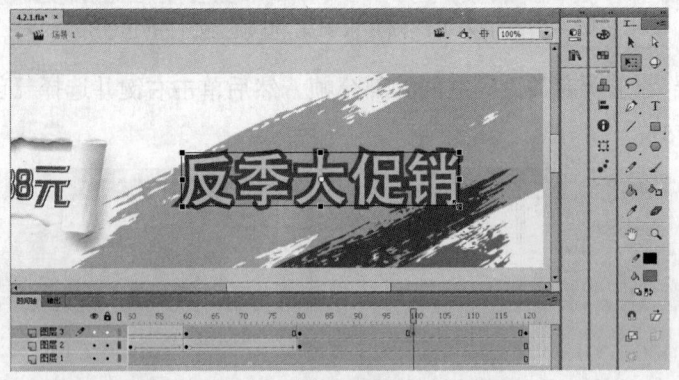

图4-55 插入关键帧并设置元件的大小

8 选择图层3第80帧至第120帧之间的部分帧，然后单击右键并选择【创建传统补间】命令，如图4-56所示。

9 新建图层4并在该图层第60帧上插入关键帧，使用【文本工具】并设置文本属性，然后在舞台左上角处输入静态文本，如图4-57所示。

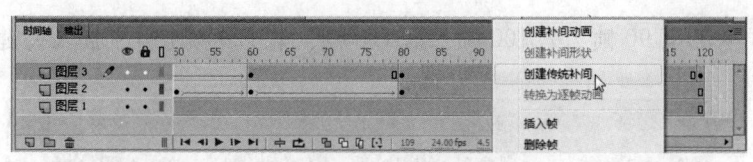

图 4-56 创建传统补间

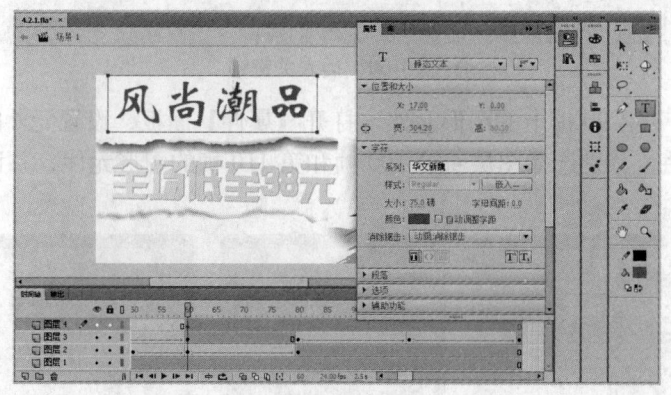

图 4-57 新增图层并输入文本

10 选择文本对象,再选择【修改】|【转换为元件】命令,弹出对话框后设置名称为【标题 2】、类型为【图形】,接着单击【确定】按钮,如图 4-58 所示。

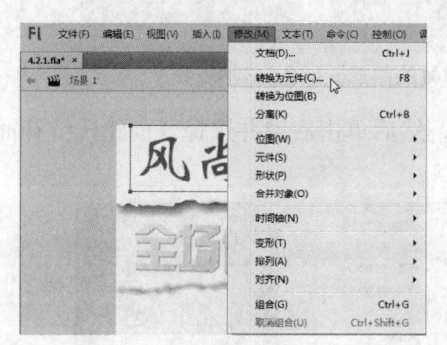

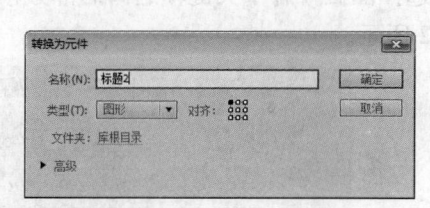

图 4-58 将文本对象转换为图形元件

11 选择图层 4 的第 80 帧并插入关键帧,选择图层 4 第 60 帧上的图形元件,打开【属性】对话框,并设置该元件的 Alpha 为 0%,如图 4-59 所示。

图 4-59 插入关键帧并设置元件的透明度

12 在图层 4 的第 90 帧、第 100 帧、第 110 帧、第 120 帧上分别插入关键帧，如图 4-60 所示。

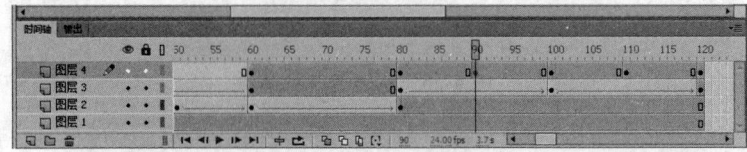

图 4-60　插入关键帧

13 选择图层 4 第 90 帧上的图形元件，打开【属性】面板，设置元件的【色调】属性，再使用相同的方法，分别选择图层 4 第 100 帧和第 110 帧的图形元件，并设置色彩效果，如图 4-61 所示。

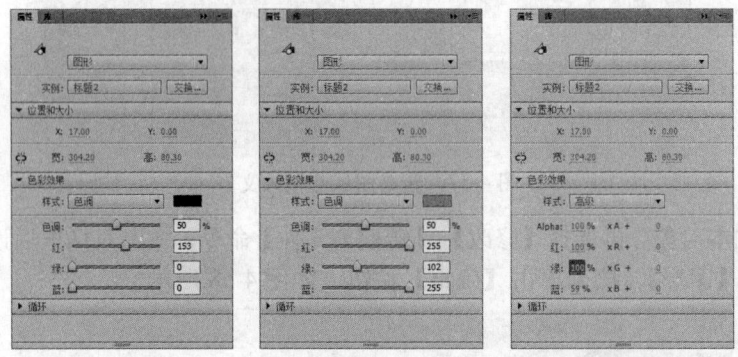

图 4-61　设置各个关键帧的图形元件色彩效果

14 选择图层 4 各个关键帧之间的部分帧，然后单击右键并选择【创建传统补间】命令，如图 4-62 所示。

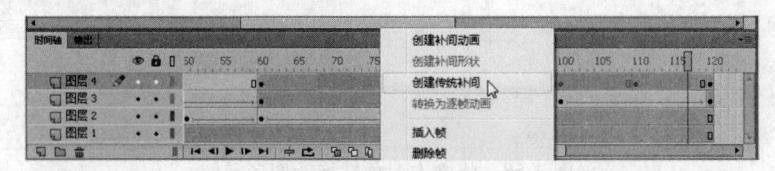

图 4-62　创建传统补间

15 完成上述操作后，按 Ctrl+Enter 键，或者选择【控制】|【测试】命令，测试动画播放效果，如图 4-63 所示。

图 4-63　测试动画播放效果

4.2.2　项目 2：制作简易的卡通动画效果

本例将制作一个有趣的卡通动画效果。在本例中，首先制作汽车从舞台外运动至舞台右下方的传统补间动画，并自定义补间动画的缓动效果，然后利用引导层制作心形图案沿着曲线飘动的传统补间动画。

上机实战 制作简易的卡通动画效果

1 打开光盘中的"..\Example\Ch04\4.2.2.fla"练习文件，选择图层 1 的第 60 帧并插入关键帧，然后将【汽车】图形元件拖到舞台的左下方，如图 4-64 所示。

图 4-64 插入关键帧并设置元件的位置

2 选择图层 1 的第 1 帧，再选择该帧上的图形元件，在【工具】面板中选择【任意变形工具】，然后使用该工具等比例缩小图形元件，如图 4-65 所示。

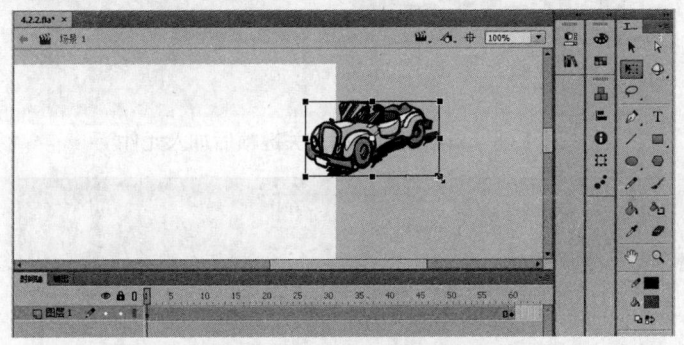

图 4-65 等比例缩小开始关键帧上的图形元件

3 选择图层 1 的第 1 帧并单击右键，选择【创建传统补间】命令，如图 4-66 所示。

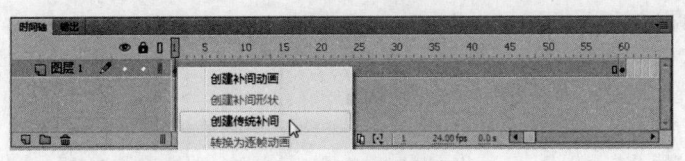

图 4-66 创建传统补间

4 选择图层 1 的任意补间帧，打开【属性】面板，单击【编辑缓动】按钮，打开【自定义缓入/缓出】对话框后，设置补间的缓动线，接着单击【确定】按钮，如图 4-67 所示。

5 新建图层 2 并在第 60 帧上插入关键帧，打开【库】面板，然后将【心形】图形元件加入舞台，并放置在【汽车】图形元件的上方，如图 4-68 所示。

6 选择图层 1 和图层 2 的第 120 帧，然后按 F6 键插入关键帧，如图 4-69 所示。

7 选择图层 2 的第 120 帧，然后将【心形】图形元件拖到舞台的右上角，如图 4-70 所示。

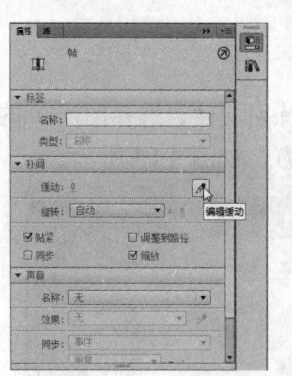

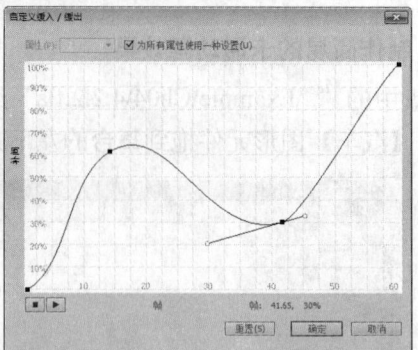

图 4-67　编辑传统补间的缓动

图 4-68　新增图层和插入关键帧后加入元件

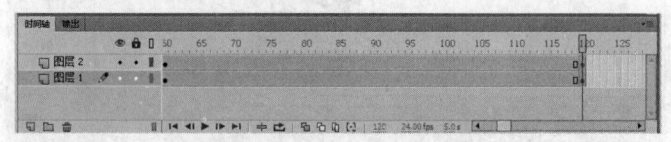

图 4-69　为图层插入关键帧

8 选择图层 2 并单击右键，从弹出的菜单中选择【添加传统运动引导层】命令，如图 4-71 所示。

图 4-70　调整结束关键帧下心形的位置 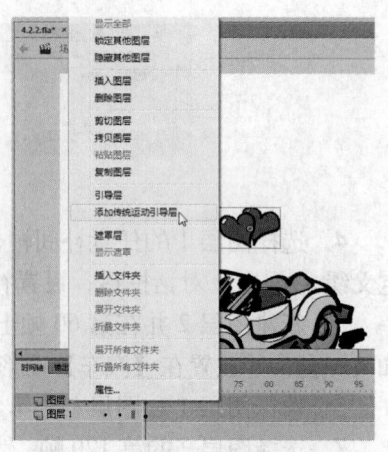　　　　图 4-71　添加传统运动引导层

9 在引导层第 60 帧上插入关键帧,在【工具】面板选择【铅笔工具】 ,并设置铅笔模式为【平滑】,接着在舞台上绘制一条曲线,如图 4-72 所示。

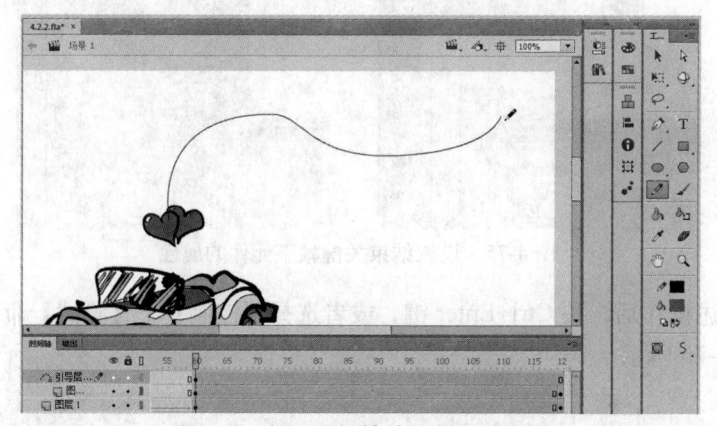

图 4-72 插入关键帧并绘制运动曲线

10 选择图层 2 的第 60 帧,再选择该帧的【心形】图形元件,并将图形元件的中心点放置在曲线的左端,接着选择图层 2 的第 120 帧,同样将该帧的图形元件中心点放置在曲线的右端,如图 4-73 所示。

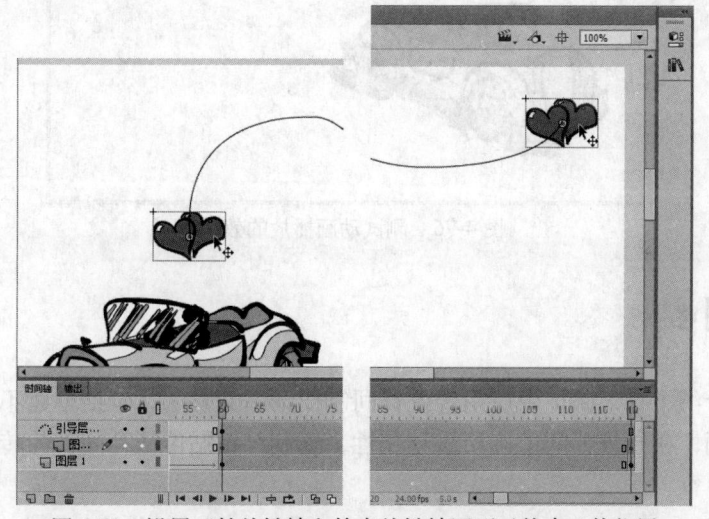

图 4-73 设置开始关键帧和结束关键帧图形元件中心的位置

11 选择图层 2 的第 60 帧,单击右键并从菜单中选择【创建传统补间】命令,如图 4-74 所示。

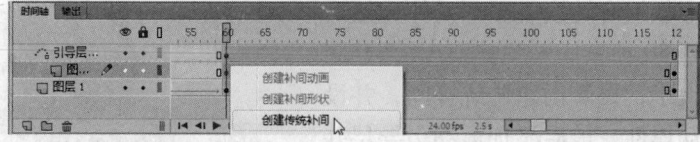

图 4-74 创建传统补间

12 选择图层 2 第 120 帧上的【心形】图形元件,使用【任意变形工具】 等比例缩小图形元件,接着选择该元件并打开【属性】面板,设置 Alpha 为 0%,使之完全透明,如图 4-75 所示。

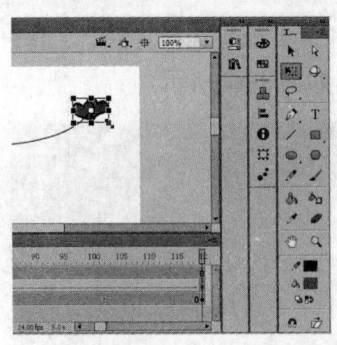

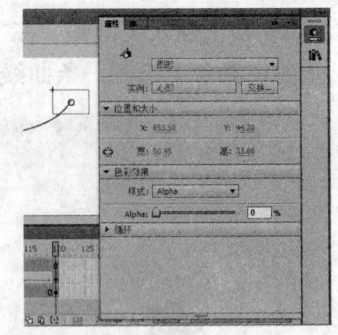

图 4-75　设置结束关键帧下元件的属性

13 完成上述操作后，按 Ctrl+Enter 键，或者选择【控制】|【测试】命令，测试动画播放效果，如图 4-76 所示。

图 4-76　测试动画播放的效果

4.3　本章小结

本章主要介绍了在 Flash 中应用传统补间制作动画的方法，包括创建不同元件属性变化的传统补间动画、在传统补间中应用缓动属性、复制与粘贴传统补间、为传统补间应用运动引导层等。

4.4　课后训练

将舞台上的形状组合转换成图形元件，然后在时间轴图层的第 50 帧上插入关键帧，并调整图形元件的位置和大小，接着创建传统补间，并设置传统补间的缓动属性，最后添加运动引导层并绘制引导线，制作气球小鸟图形沿着引导线运动的效果，如图 4-77 所示。

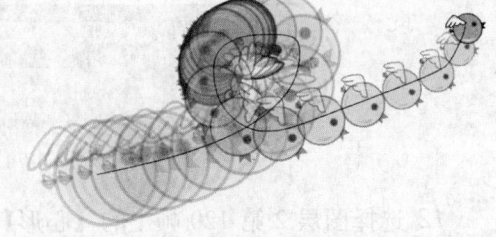

图 4-77　气球小鸟图形沿着引导线运动的效果

提示

（1）打开光盘中的"..\Example\Ch04\4.4.fla"练习文件，选择舞台上的形状组合，将组合转换成名为【气球小鸟】的图形元件。

(2) 在图层第 50 帧插入关键帧，然后将图形元件拖到舞台右上角，再使用【任意变形工具】等比例缩小图形元件。

(3) 选择图层第 1 帧并单击右键，选择【创建传统补间】命令，打开【属性】面板，设置如图 4-78 所示的缓动。

(4) 选择当前图层并单击右键，从菜单中选择【添加传统运动引导层】命令。

(5) 在【工具】面板选择【铅笔工具】，并设置铅笔模式为【平滑】，接着在舞台上绘制一条曲线，如图 4-79 所示。

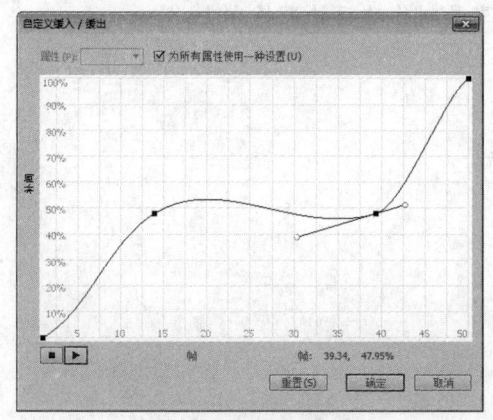

图 4-78　设置缓动属性　　　　　　　　图 4-79　绘制引导线

(6) 选择第 1 帧的图形元件，并将图形元件的中心点放置在曲线的左端，接着选择第 50 帧，同样将该帧的图形元件中心点放置在曲线的右端。

(7) 选择传统补间任意帧，然后打开【属性】面板，并选择【调整到路径】复选框。

第 5 章　应用补间形状创建动画

教学提要

　　创建补间形状类型的 Flash 动画，可以实现图形的颜色、形状、不透明度、角度的变化。本章将详细介绍补间形状动画的创作以及使用遮罩层制作动画效果的方法。

教学重点

- 掌握创建不同属性变化的补间形状的方法
- 掌握添加、删除和隐藏形状提示的方法
- 掌握利用形状提示控制形状变化的方法
- 掌握创建遮罩层并设置被遮罩层的方法
- 掌握使用遮罩层制作动画效果的方法

5.1　创作动画技能训练

　　本节将以简单的案例和操作讲起，带领读者由浅入深地了解 Flash 的补间形状和遮罩层两种类型动画的原理，并掌握创建动画和编辑动画的基本操作。

5.1.1　案例 1：创建改变位置的补间形状动画

　　在补间形状中，在一个特定时间绘制一个形状，然后在另一个特定时间更改该形状或绘制另一个形状或更改位置，当创建补间形状后，Flash 会自动插入二者之间的帧的值或形状来创建动画，这样就可以在播放补间形状动画中，看到形状逐渐过渡的过程，从而形成形状变化的动画，如图 5-1 所示。

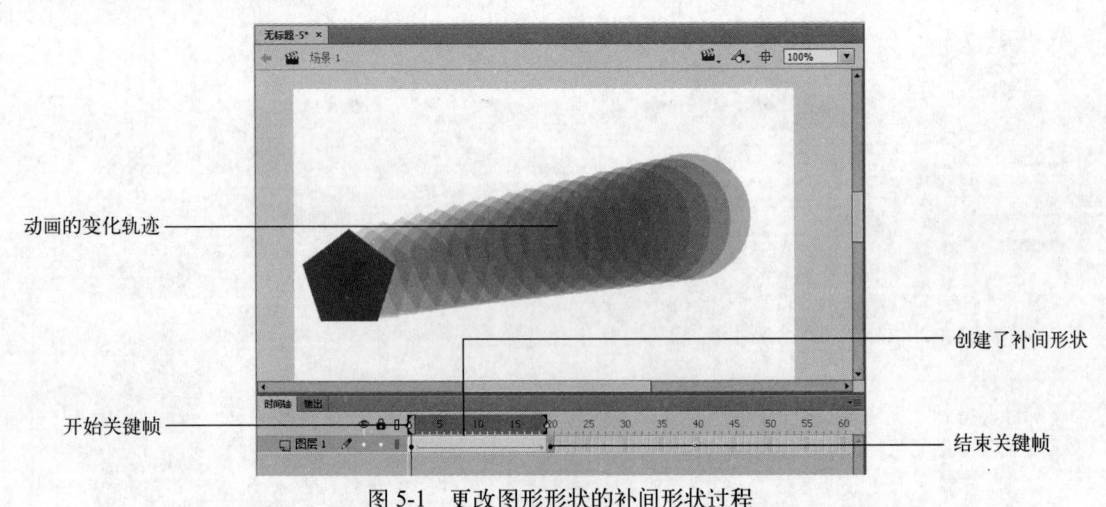

图 5-1　更改图形形状的补间形状过程

技巧

补间形状可以实现两个形状之间的大小、颜色、形状和位置的相互变化。这种动画类型只能使用形状对象作为形状补间动画的元素，其他对象（例如实例、元件、文本、组合等）必须先分离成形状才能应用到补间形状动画。

制作形状对象改变位置的动画，其实就是改变形状的位置属性，使形状对象在补间形状范围中产生移动的效果。

上机实战　创建改变位置的补间形状动画

1　打开光盘中的"..\Example\Ch05\5.1.1.fla"练习文件，选择舞台上的形状组合对象，然后选择【修改】|【分离】命令，将组合分离成形状，如图5-2所示。

2　选择图层1的第50帧，然后按F6键插入结束关键帧，如图5-3所示。

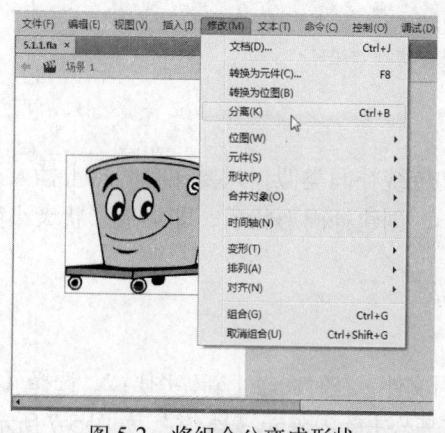

图5-2　将组合分离成形状　　　　图5-3　插入结束关键帧

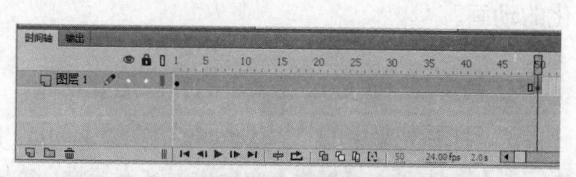

3　选择图层1的第50帧，再选择舞台上的形状，将形状沿着水平方向拖到舞台的左侧，如图5-4所示。

4　选择图层1的第1帧并单击右键，从弹出的菜单中选择【创建补间形状】命令，创建补间形状动画，如图5-5所示。

图5-4　设置结束关键帧中形状的位置　　　　图5-5　创建补间形状

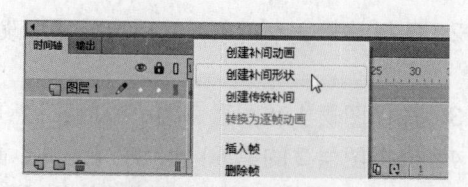

5　单击【绘图纸外观】按钮，通过绘图纸外观显示所有传统补间帧的动画效果，以查看补间形状动画中形状改变位置的效果，如图5-6所示。

图5-6　通过绘图纸外观查看动画效果

5.1.2　案例2：创建改变大小的补间形状动画

改变大小的补间形状，与改变大小的补间动画和传统补间类似。只要在时间轴上插入开始关键帧和结束关键帧，然后修改关键帧中形状大小，创建补间形状后，即形成形状大小变化的动画。

上机实战　创建改变大小的补间形状动画

1　打开光盘中的"..\Example\Ch05\5.1.2.fla"练习文件，在时间轴上新建图层2，选择【文本工具】并通过【属性】面板设置文本属性，然后在舞台上输入美元符号"$"，如图5-7所示。

图5-7　新增图层并输入符号文本

2　选择符号文本对象，然后选择【修改】|【分离】命令，将文本分离成形状，如图5-8所示。

3　选择图层1和图层2的第60帧，然后按F6键插入关键帧，如图5-9所示。

4　选择图层2的第60帧，在【工具】面板中选择【任意变形工具】，然后选择形状并将它移动到舞台的右上方再等比例扩大形状，如图5-10所示。

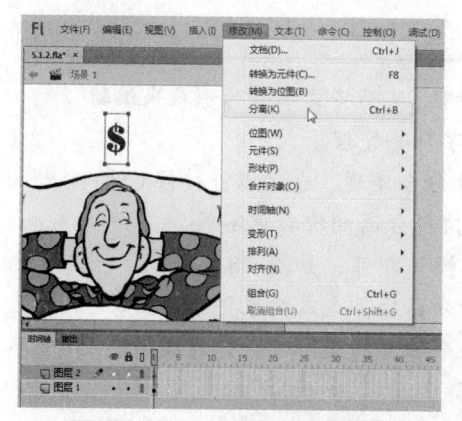

图 5-8 将文本对象分离成形状　　　　　图 5-9 为图层插入关键帧

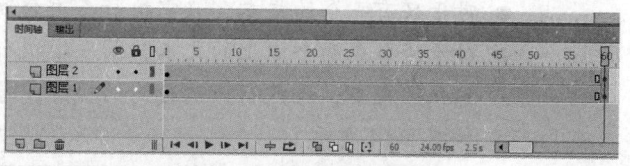

图 5-10 调整形状的位置并扩大形状

5 选择图层 2 的第 1 帧并单击右键，从弹出的菜单中选择【创建补间形状】命令，如图 5-11 所示。

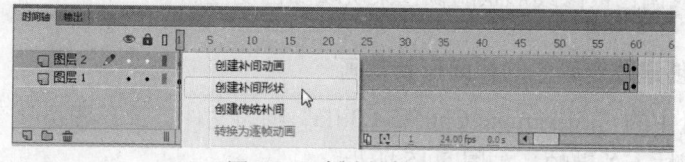

图 5-11 创建补间形状

6 创建补间形状动画后，按 Ctrl+Enter 键，或者选择【控制】|【测试】命令，测试动画播放效果，如图 5-12 所示。

图 5-12 测试动画播放效果

技巧

将文本转换为图形，可以让文本具备形状的特性，从而将文本作为形状来编辑，实现填充渐变色、填充轮廓线条、改变文本单个字符等处理。

分离文本的操作可以通过【修改】|【分离】命令实现，也可以直接按 Ctrl+B 键执行分离操作。需要注意，文本的数量不同，执行分离的次数也不同。

- 对于只有一个的文本，只需执行一次分离操作即可，如图 5-13 所示。
- 对于两个或两个以上的文本，第一次执行分离后，文本对象将分离出每个独立的文本，再执行一次分离的操作，每个独立的文本才会分离成图形，如图 5-14 所示。

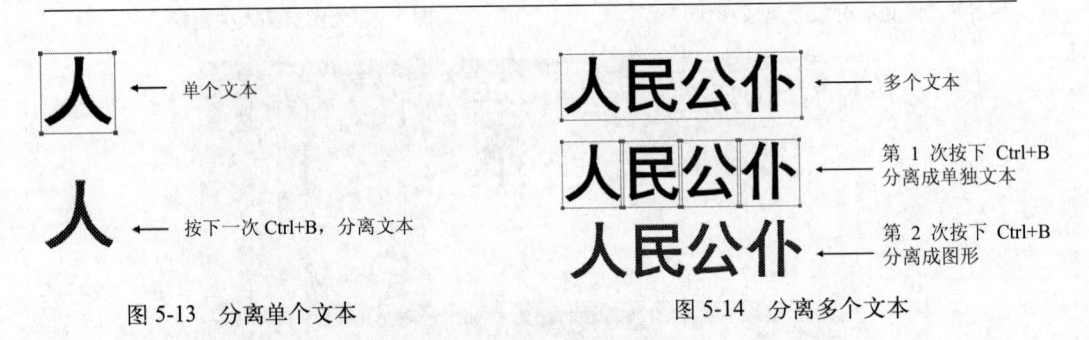

图 5-13　分离单个文本　　　　　　图 5-14　分离多个文本

5.1.3　案例 3：创建改变颜色的补间形状动画

补间形状中改变颜色的处理与补间动画中改变颜色的处理不一样。在补间动画中，是通过【属性】面板设置元件的色彩效果来达到改变颜色的目的；在补间形状中，则需要直接通过【颜色】面板或调色板修改形状的颜色来实现颜色变化。

上机实战　创建改变颜色的补间形状动画

1　打开光盘中的"..\Example\Ch05\5.1.3.fla"练习文件，选择图层 1 和图层 2 的第 80 帧，然后按 F6 键插入关键帧，如图 5-15 所示。

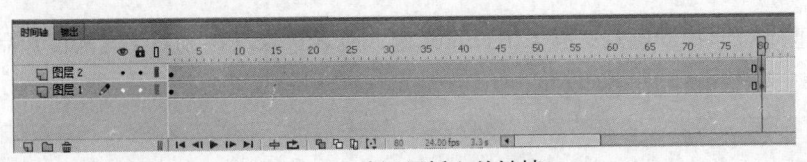

图 5-15　为图层插入关键帧

2　选择图层 2 的第 20 帧并插入关键帧，选择该关键帧上的形状，打开【颜色】面板，再设置填充颜色，如图 5-16 所示。

3　使用步骤 2 的方法，在图层 2 第 40 帧、第 60 帧和第 80 帧上插入关键帧，然后分别在【颜色】面板中设置对应形状的颜色，如图 5-17 所示。

4　选择图层 2 上各个关键帧之间的部分帧并单击右键，从弹出的菜单中选择【创建补间形状】命令，如图 5-18 所示。

5　创建补间形状动画后，按 Ctrl+Enter 键，或者选择【控制】|【测试】命令，测试动画播放效果，如图 5-19 所示。

图 5-16 插入关键帧并设置形状颜色

图 5-17 插入多个关键帧并设置形状的颜色

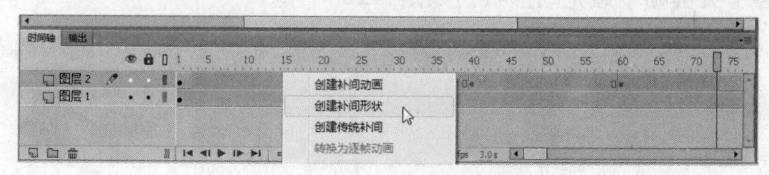

图 5-18 创建补间形状

图 5-19 测试动画播放效果

5.1.4 案例 4：创建改变形状的补间形状动画

制作形状变化的动画是补间形状最常见的应用。本例将通过制作烛光晃动的效果来介绍利用补间形状制作形状变化动画的方法。

上机实战　制作改变形状的补间形状动画

1 打开光盘中的"..\Example\Ch05\5.1.4.fla"练习文件，选择舞台上的烛光组合，然后按 Ctrl+B 键分离成形状，接着分别在图层 1 和图层 2 的第 80 帧上插入关键帧，如图 5-20 所示。

2 在图层 2 第 20 帧上插入关键帧，然后在【工具】面板上选择【选择工具】，使用该工具调整烛光的形状，如图 5-21 所示。

图 5-20　分离组合并插入关键帧 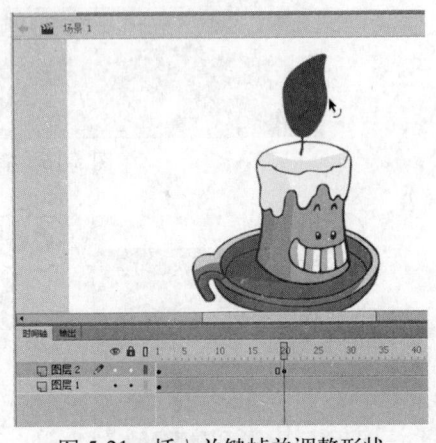　　　　图 5-21　插入关键帧并调整形状

3 使用步骤 2 的方法，在图层 2 第 40 帧和第 60 帧上插入关键帧，再使用【选择工具】分别修改各个关键帧下烛光的形状，如图 5-22 所示。

图 5-22　插入关键帧并修改各关键帧的形状

4 拖动鼠标选择图层 2 中各关键帧之间的部分帧，然后单击右键并从弹出的菜单中选择【创建补间形状】命令，如图 5-23 所示。

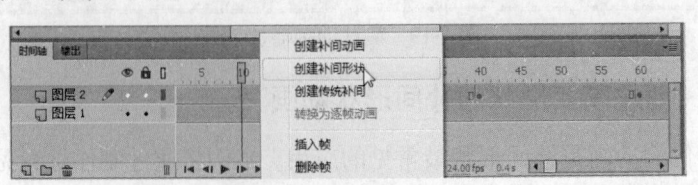

图 5-23　创建补间形状

5 设置属性后，按 Ctrl+Enter 键，或者选择【控制】|【测试】命令，测试动画播放效果，如图 5-24 所示。

图 5-24 预览动画效果

5.1.5 案例 5：添加、删除与隐藏形状提示

"形状提示"功能可以标识起始形状和结束形状中相对应的点，这些标识点，又称为形状提示点。在补间形状动画中设置了形状提示，前后两个关键帧中的动画将按照提示点的位置进行变换。例如，在补间形状动画前后两个关键帧中分别设置了形状提示点 a 和 b，创建补间形状动画后，起始关键帧中的形状提示点 a 和 b，将对应变换至结束关键帧中的形状提示点 a 和 b 上，相同的字母相互对应。如图 5-25 所示为添加形状提示和没有添加形状提示的补间形状变化。

从图 5-25 可以看出，没有添加形状提示的形状变化没有规律性，而添加了形状提示的形状变化则严格依照提示点标识的位置对象变化。通过形状提示的应用，可以很好地控制形状的变化，而不会让形状变化过程混乱。

必须在已经建立形状补间动画的前提下才可以添加形状提示。形状提示以字母（a 到 z）表示，以识别开始形状和结束形状中相互对应的点，最多可以使用 26 个形状提示。

图 5-25 利用形状提示控制形状变化

当添加到形状上的形状提示为红色，在开始关键帧中的设置好的形状提示是黄色，结束关键帧中设置好的形状提示是绿色，当不在一条曲线上时为红色（即没有对应到的形状提示显示为红色），如图 5-26 所示。

刚添加的形状提示显示为红色

开始关键帧与结束关键帧对应的形状提示分别为红色和绿色

开始关键帧与结束关键帧中某个不对应的形状提示显示为红色

图 5-26 形状提示的颜色

要使用形状提示在补间形状动画时获得最佳效果，需要遵循以下准则：

（1）在复杂的补间形状中，需要创建中间形状然后再进行补间，而不要只定义开始和结束的形状，如图 5-27 所示。

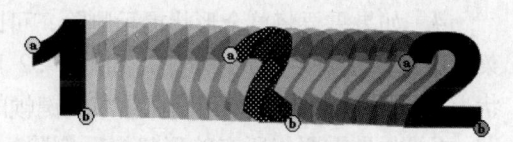

图 5-27 创建中间形状进行补间

(2) 确保形状提示是符合逻辑的。例如，如果在一个三角形中使用三个形状提示，则在原始三角形和要补间的图形中它们的顺序必须相同，不能在第一个关键帧中是 abc，而在第二个中是 acb，如图 5-28 所示。

(3) 如果按逆时针顺序从形状的左上角开始放置形状提示，它们的工作效果最好。

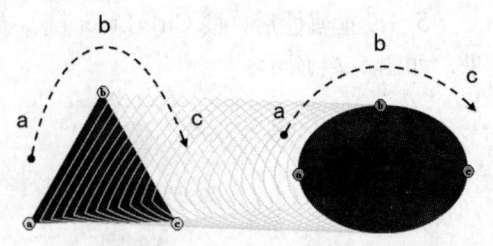

图 5-28　形状提示的位置要符合逻辑

上机实战　为补间形状添加、删除与隐藏形状提示

1　打开光盘中的 "..\Example\Ch05\5.1.5.fla" 练习文件。如果要添加形状提示，首先创建补间形状，再选择补间形状上的开始关键帧，然后选择【修改】|【形状】|【添加形状提示】命令，或者按 Ctrl+Shift+H 键，即可在形状上添加形状提示，如图 5-29 所示。

2　刚开始添加的形状提示只有 a 点，如果需要添加其他形状提示，可以再次按 Ctrl+Shift+H 键，也可以选择已经添加的形状提示，然后按住 Ctrl 键并拖动鼠标，即可新添加另外一个形状提示，如图 5-30 所示。

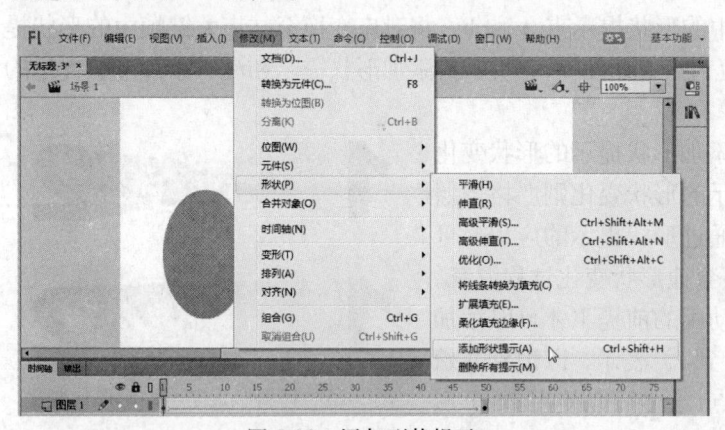

图 5-29　添加形状提示

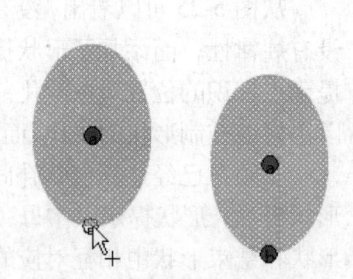

图 5-30　通过拖动添加新的形状提示

3　添加形状提示后，将提示点移到要标记的点，然后选择补间序列中的最后一个关键帧，此时结束形状提示会在该形状上显示为一个带有字母的提示点，用户需要将这些形状提示移到结束形状中与开始关键帧标记的形状提示对应的点上，如图 5-31 所示。

图 5-31　设置开始关键帧和结束关键帧的形状提示

4　如果需要将单个形状提示删除，可以选择该形状提示的点，然后单击右键，在打开的菜单中选择【删除提示】命令，如图 5-32 所示。在删除形状提示时，需要在开始关键帧的形状上执行删除动作。如果用户在结束关键帧的形状上执行删除的操作，是无法删除形状提示的。

5　如果需要将所有的形状提示删除，可以在任意一个形状提示上单击右键，并从打开的菜单中选择【删除所有提示】命令，如图 5-33 所示。

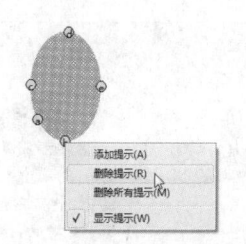

图 5-32 删除选定的形状提示　　　　　　图 5-33 删除所有形状提示

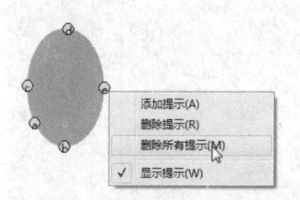

> **技巧**
>
> 当形状提示的某点被删除后，其他的形状提示会自动按照 a 到 z 的字母顺序显示。例如，形状上包含了 a、b、c 这 3 个形状提示，当删除了 b 后，c 将自动变成 b。另外，开始形状上的形状提示删除后，结束形状上对应的形状提示也会同时被删除。

6　如果要显示形状提示，可以选择【视图】|【显示形状提示】命令；如果要隐藏形状提示，则再次选择【视图】|【显示形状提示】命令即可，如图 5-34 所示。仅当包含形状提示的图层和关键帧处于活动状态下时，【显示形状提示】命令才可用。

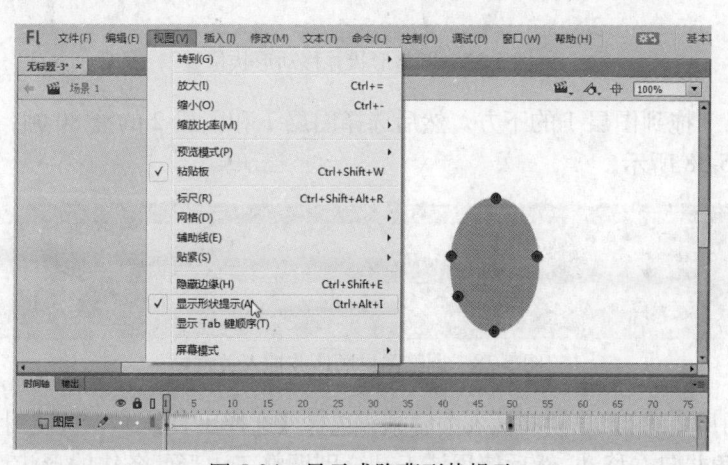

图 5-34 显示或隐藏形状提示

5.1.6 案例 6：利用形状提示控制形状变化

在改变形状的补间形状动画中，形状变化的过程是随机的。但某些时候，需要控制形状的变化，使变化符合自己的预期，这就需要借助形状提示控制形状变化的功能。

> **上机实战**　利用形状提示控制形状变化

1　打开光盘中的 "..\Example\Ch05\5.1.6.fla" 练习文件，在【工具】面板中选择【多边星形工具】，打开【属性】面板并设置笔触颜色为【无】、填充颜色为【橙色】，然后单击【选项】按钮，并在弹出的对话框中设置工具选项，如图 5-35 所示。

2　在时间轴上新建图层 2，然后在舞台上绘制一个三边形，如图 5-36 所示。

3　选择【选择工具】，再使用该工具按住三边形向右的一边并使之弯曲，然后选择三边形并将形状移到雪人图的旗杆形状上，如图 5-37 所示。

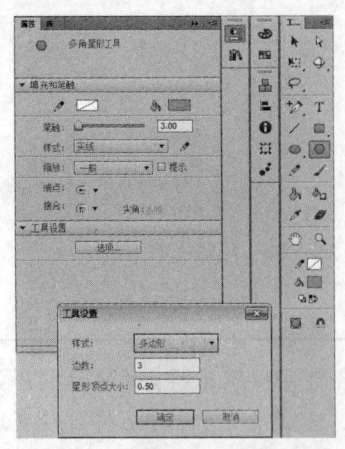

图 5-35　设置工具属性和选项 　　　　　　图 5-36　新增图层并绘制三边形

图 5-37　调整形状并移动形状位置

4 将图层 2 拖到图层 1 的下方，然后选择图层 1 和图层 2 的第 80 帧，再按 F6 键插入关键帧，如图 5-38 所示。

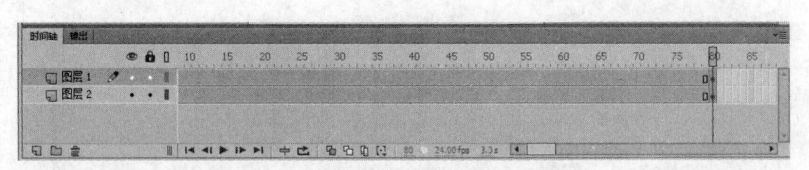

图 5-38　调整图层顺序并插入关键帧

5 选择图层 2 的第 20 帧并插入关键帧，选择【选择工具】，再使用该工具选择到三边形的一个边角并向左移动,然后使用该工具分别调整三边形两条边的形状,如图 5-39 所示。

图 5-39　插入关键帧并调整形状

6 分别在图层 2 的第 40 帧、第 60 帧和第 80 帧上插入关键帧，然后使用【选择工具】
分别修改上述关键帧上的形状，如图 5-40 所示。

图 5-40 为第 40 帧、第 60 帧和第 80 帧插入关键帧并设置三边形形状

7 选择图层 2 各个关键帧的所有帧，然后单击右键并从菜单中选择【创建补间形状】
命令，如图 5-41 所示。

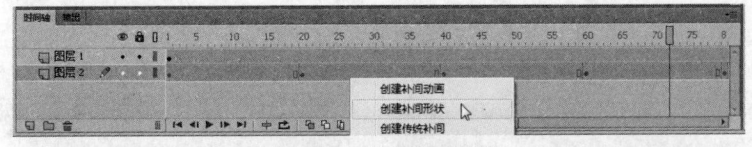

图 5-41 创建补间形状

8 选择图层 2 的第 20 帧，再选择【修改】|【形状】|【添加形状提示】命令，在第 20
帧（可认为是包含形状提示的开始关键帧）上添加形状提示，如图 5-42 所示。

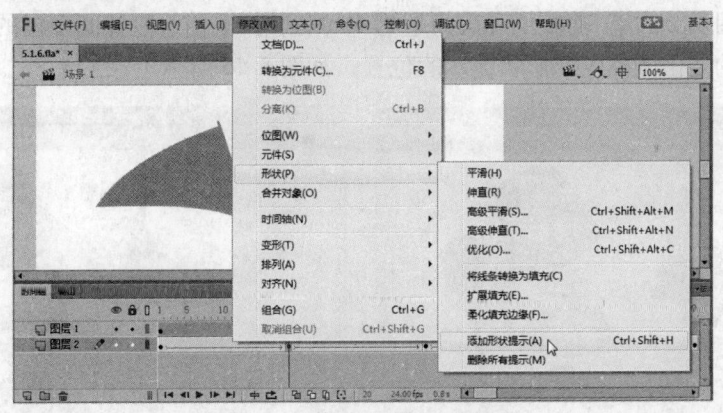

图 5-42 为第 20 帧添加形状提示

9 将步骤 8 添加的形状提示（a 点）移到三边形左端的角上，按住 Ctrl 键拖动形状提示，
新增多个形状提示并将它们放置在三边形的指定位置上，如图 5-43 所示。

图 5-43 新增多个形状提示并设置好位置

10 选择图层 2 的第 40 帧（可认为是 20 帧到 40 帧这段补间范围的结束关键帧），然后按照形状的变化调整各个形状提示的位置，如图 5-44 所示。

11 继续选择第 40 帧，然后按照步骤 8 和步骤 9 的方法，添加多个形状提示。如图 5-45 所示红色的点就是本步骤新添加的形状提示。此时可以认为第 40 帧是第 40 帧到第 60 帧这段补间范围的开始关键帧。

图 5-44　设置第 40 帧中形状提示的位置　　　　　图 5-45　添加多个形状提示

12 将步骤 11 添加的形状提示按照指定的位置放置好，用于后续补间形状中控制形状变化的点。选择图层 2 的第 60 帧（可认为是第 40 帧到第 60 帧这段补间范围的结束关键帧），然后按照形状的变化调整各个形状提示的位置，如图 5-46 所示。

图 5-46　分别设置第 40 帧和第 60 帧中形状提示的位置

13 选择第 60 帧（此时可以认为第 60 帧是第 60 帧到第 80 帧这段补间范围的开始关键帧），添加多个形状提示，接着选择图层 2 的第 80 帧（可认为是第 60 帧到第 80 帧这段补间范围的结束关键帧），然后按照形状的变化调整各个形状提示的位置，如图 5-47 所示。

14 完成上述操作后，按 Ctrl+Enter 键，或者选择【控制】｜【测试】命令，测试动画播放效果，如图 5-48 所示。

图 5-47　为第 60 帧添加形状提示并设置第 60 帧和第 80 帧形状提示的位置

图 5-48　测试动画中形状变化的效果

5.1.7　案例 7：创建遮罩层并设置被遮罩层

遮罩层是一种可以挖空被遮罩层的特殊图层，可以使用遮罩层显示下方图层中图片或图形的部分区域。例如，图层 1 上是一张图片，可以为图层 1 添加遮罩层，然后在遮罩层上添加一个椭圆形，那么图层 1 的图片就只会显示与遮罩层的椭圆形重叠的区域，椭圆形以外的区域无法显示，如图 5-49 所示。

图 5-49　遮罩层的对比效果

综合如图 5-49 所示的效果分析，可以将遮罩层理解成一个可以挖空对象的图层，即遮罩层上的椭圆形就是一个挖空区域，当从上往下观察图层 1 的内容时，就只能看到挖空区域的内容，如图 5-50 所示。

技巧

遮罩层上的遮罩项目可以是填充形状、文字对象、图形元件的实例或影片剪辑。可以将多个图层组织在一个遮罩层下创建复杂的效果，如图 5-51 所示。

对于用作遮罩的填充形状，可以使用补间形状；对于类型对象、图形实例或影片剪辑，可以使用补间动画。另外，当使用影片剪辑实例作为遮罩时，可以让遮罩沿着运动路径运动。

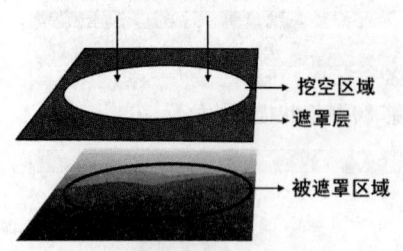

图 5-50 遮罩层的原理

图 5-51 多个图层组织在一个遮罩层下

上机实战　创建遮罩层并设置被遮罩层

1 打开光盘中的"..\Example\Ch05\5.1.7.fla"练习文件。选择需要作为遮罩层的图层，然后单击右键，并从打开的菜单中选择【遮罩层】命令，此时选定的层将变成遮罩层，而选定的层的下方邻近的层将自动变成被遮罩层，如图 5-52 所示。

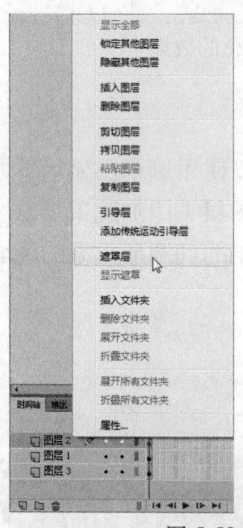

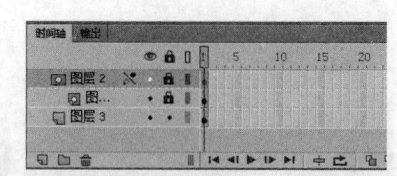

图 5-52 将普通图层转换为遮罩层

2 除了上述方法以外，还可以通过【图层属性】对话框将图层转换为遮罩层。首先选择需要转换为遮罩层的图层，然后选择【修改】|【时间轴】|【图层属性】命令，打开【图层属性】对话框后选择【遮罩层】单选按钮，最后单击【确定】按钮即可，如图 5-53 所示。

3 通过步骤 2 的方法将指定图层转换为遮罩层后，选定的层的下方邻近的层不会自动变成被遮罩层，所以需要手动设置被遮罩层。首先选择需要作为被遮罩层的图层，然后拖到遮罩层下方，如图 5-54 所示。

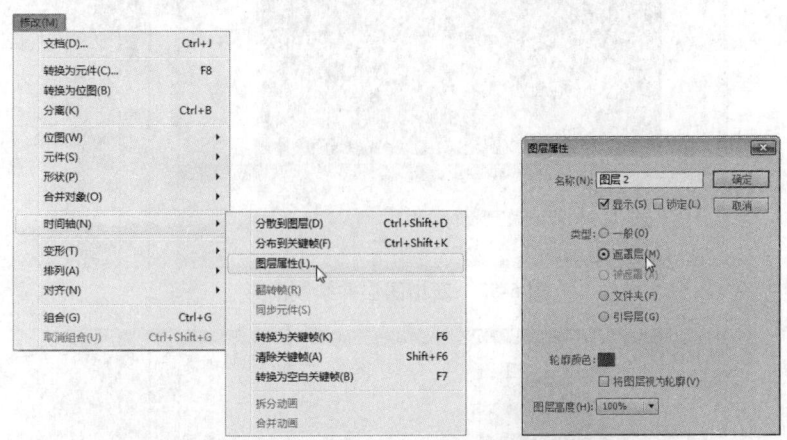

图 5-53 通过【图层属性】对话框将图层设置为遮罩层

4 如果需要将其他图层作为被遮罩层，可以选择这些图层，然后将图层拖到遮罩层下方即可，如图 5-55 所示。

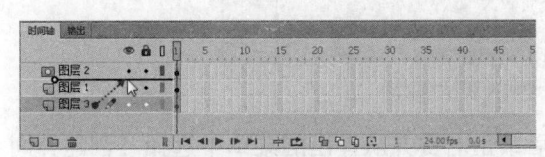

图 5-54 将图层拖到遮罩层下方以作为被遮罩层

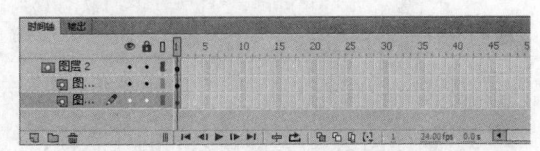

图 5-55 将其他图层设置为被遮罩层

5 在遮罩层和被遮罩层没有被锁定的情况下，无法看出遮罩效果。此时可以将遮罩层和被遮罩层锁定，即可在舞台上看出遮罩效果，如图 5-56 所示。

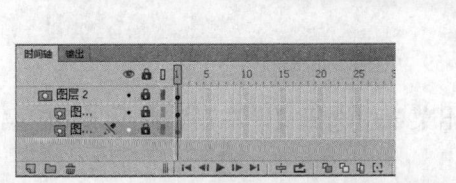

图 5-56 锁定遮罩层和被遮罩层后查看遮罩效果

5.1.8 案例 8：使用遮罩层制作动画的开幕

本例将为一个形状制作逐渐填满舞台的补间形状动画，然后将包含补间形状范围的图层转换为遮罩层，以制作出舞台原有动画的开幕效果。

上机实战 使用遮罩层制作动画的开幕

1 打开光盘中的 "..\Example\Ch05\5.1.8.fla" 练习文件，在时间轴上新建图层 1，在【工具】面板上选择【椭圆形工具】，然后设置笔触颜色为【无】、填充颜色为【红色】，接着在舞台中央上绘制一个圆形，如图 5-57 所示。

2 在图层 1 的第 40 帧上插入关键帧，设置舞台显示比例为 25%，然后在【工具】面板中选择【任意变形工具】，再选择圆形，同时按住 Shift 键向外拖动变形控制点，等比例从中心向外扩大圆形，让圆形完全覆盖整个舞台，如图 5-58 所示。

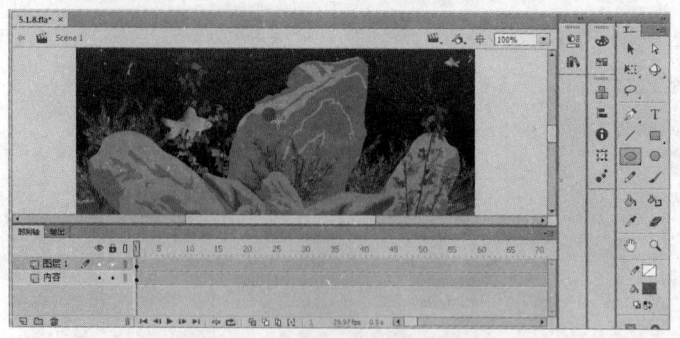

图 5-57 新增图层并绘制圆形

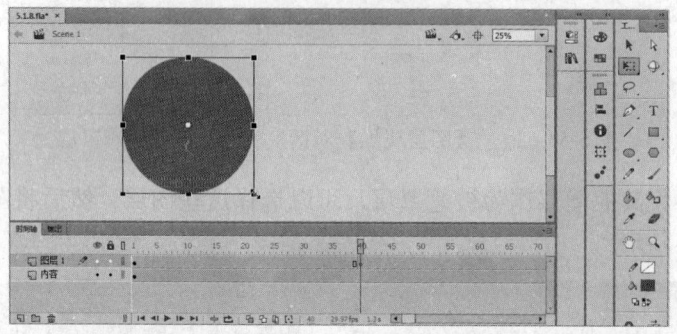

图 5-58 插入关键帧并扩大圆形

3 选择图层 1 关键帧之间的任意帧,然后单击右键并从弹出的菜单中选择【创建补间形状】命令,如图 5-59 所示。

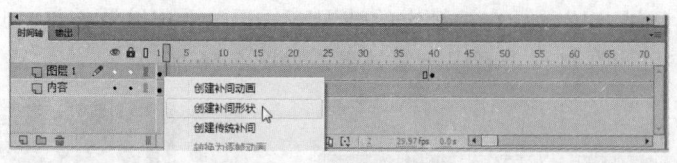

图 5-59 创建补间形状

4 选择图层 1 并单击右键,从弹出菜单中选择【遮罩层】命令,将图层 1 转换为遮罩层,如图 5-60 所示。

5 完成上述操作后,按 Ctrl+Enter 键,或者选择【控制】|【测试】命令,测试动画播放效果,如图 5-61 所示。

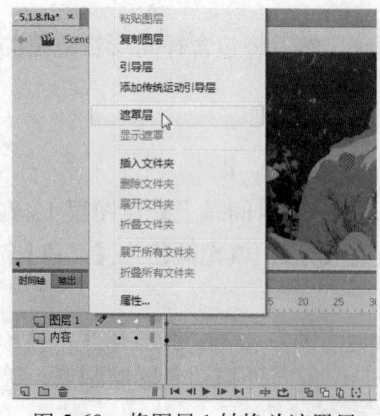

图 5-60 将图层 1 转换为遮罩层 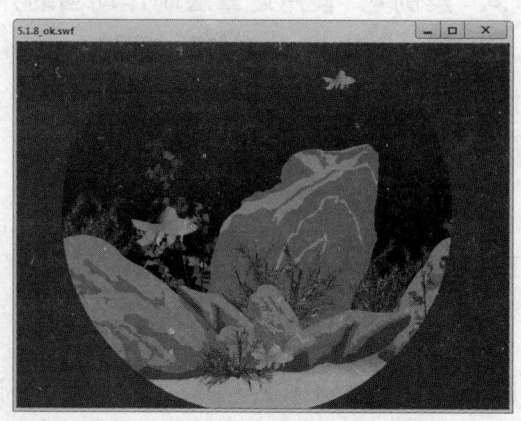　　　　　　图 5-61 测试遮罩动画的效果

5.2 综合项目训练

在上一节的讲解中，重点介绍了创建补间形状动画的各种基本技能。下面将通过两个综合项目训练，讲解在 Flash 中应用补间形状动画的综合技能。

5.2.1 项目 1：制作网上花店横幅动画

本例将利用补间形状和遮罩层制作网上花店的横幅动画。在本例中，首先制作背景花纹中一个形状对象改变形状的补间形状动画，再输入宣传文本并分离成形状，然后制作文本形状变色的动画，接着输入商店名称并利用遮罩层制作名称逐渐显示的动画。

上机实战　制作网上花店横幅动画

1 打开光盘中的 "..\Example\Ch05\5.2.1.fla" 练习文件，同时选择所有图层的第 150 帧，然后按 F5 键插入帧，如图 5-62 所示。

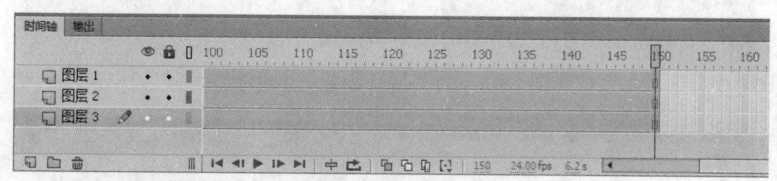

图 5-62　为图层插入帧

2 选择图层 2 的第 30 帧并插入关键帧，再选择【工具】面板上的【选择工具】，然后使用此工具修改图层 2 第 30 帧形状对象的形状，如图 5-63 所示。

图 5-63　为图层 2 插入关键帧并修改形状

3 使用步骤 2 的方法，分别为图层 2 的第 60 帧、第 90 帧、第 120 帧和第 150 帧插入关键帧，然后使用【选择工具】修改各个关键帧下形状对象的形状，如图 5-64 所示。

4 选择图层 2 所有关键帧之间的帧，单击右键并从弹出的菜单中选择【创建补间形状】命令，如图 5-65 所示。

5 在图层 1 上方插入图层 4，选择【文本工具】并通过【属性】面板设置文本属性，接着在舞台上输入宣传文本，如图 5-66 所示。

6 选择文本对象，然后按两次 Ctrl+B 键，将文本对象分离成形状，如图 5-67 所示。

图 5-64 插入关键帧并修改形状

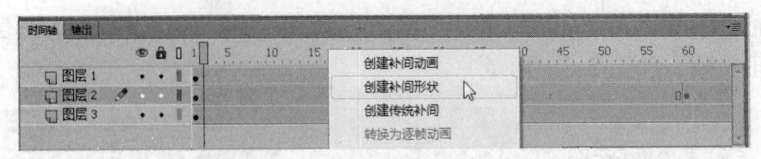

图 5-65 为图层 2 创建补间形状

图 5-66 新增图层并输入文本

图 5-67 将文本对象分离成形状

7 在图层 4 的第 40 帧上插入关键帧,然后选择图层 4 第 1 帧上的文本形状,打开【颜色】面板,设置形状的 Alpha 的数值为 0%,使形状变成透明,如图 5-68 所示。

8 在图层 4 的第 70 帧、第 100 帧和第 150 帧上插入关键帧,然后通过【颜色】面板修改这些关键帧上形状的颜色,如图 5-69 所示。

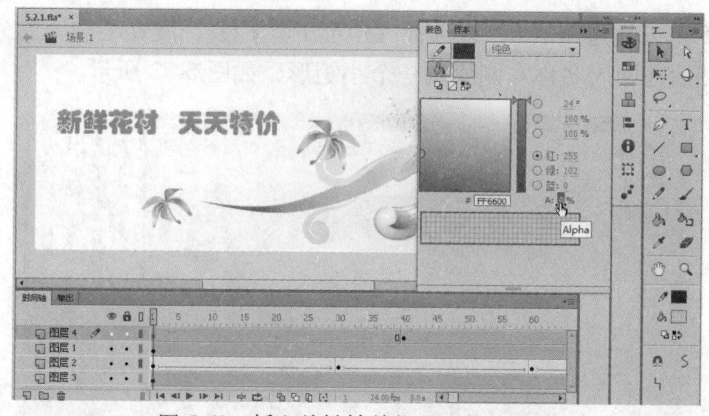

图 5-68 插入关键帧并修改形状为透明

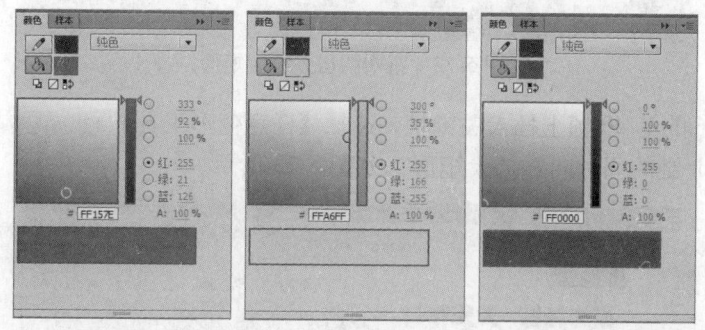

图 5-69 第 70 帧、第 100 帧和第 150 帧上形状的颜色

9 选择图层 4 上各个关键帧之间的帧,单击右键并选择【创建补间形状】命令,如图 5-70 所示。

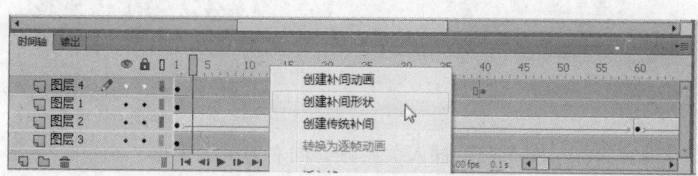

图 5-70 为图层 4 创建补间形状

10 在图层 4 上方新建图层 5,选择【文本工具】并通过【属性】面板设置文本属性,接着在舞台上输入网店名称文本,如图 5-71 所示。

图 5-71 新增图层并输入文本

11 在图层 5 上方新建图层 6，再选择【矩形工具】，设置笔触颜色为【无】、填充颜色为【蓝色】，然后在网店名称左侧绘制一个小矩形，如图 5-72 所示。

图 5-72 新增图层并绘制矩形

12 在图层 6 的第 40 帧上插入关键帧，选择【任意变形工具】，再按住矩形右侧的控制点并在按住 Alt 键的同时向右扩大矩形，如图 5-73 所示。

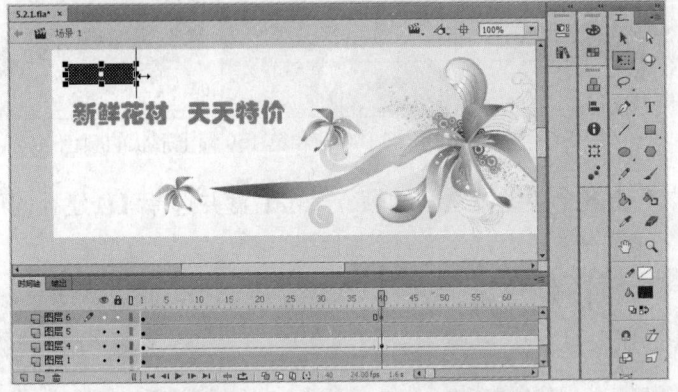

图 5-73 插入关键帧并向右方扩大矩形

13 选择图层 6 的第 1 帧并单击右键，从菜单中选择【创建补间形状】命令，创建补间形状动画，接着在图层 6 上单击右键，从菜单中选择【遮罩层】命令，将图层 6 转换为遮罩层，如图 5-74 所示。

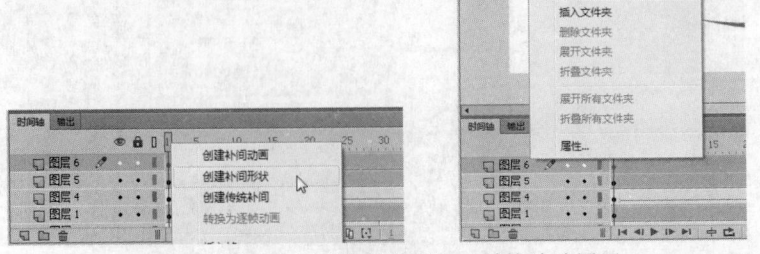

图 5-74 创建补间形状并将图层 6 转换为遮罩层

14 完成上述操作后,按 Ctrl+Enter 键,或者选择【控制】│【测试】命令,测试动画播放效果,如图 5-75 所示。

图 5-75 测试动画播放效果

5.2.2 项目 2:制作蛋糕烛光晃动动画

本例将制作一个插在蛋糕上面的蜡烛的火光晃动动画效果。在本例中,首先给蜡烛绘制烛火形状,并通过补间形状和形状提示的应用制作烛火晃动的效果,再绘制烛光光芒,然后制作光芒变大和变小的补间形状动画。

上机实战 制作蛋糕烛光晃动动画

1 打开光盘中的 "..\Example\Ch05\5.2.2.fla" 练习文件,在【工具】面板上选择【椭圆工具】 ,打开【属性】面板并设置工具属性,然后选择图层 2 并在蜡烛上方绘制一个椭圆形,如图 5-76 所示。

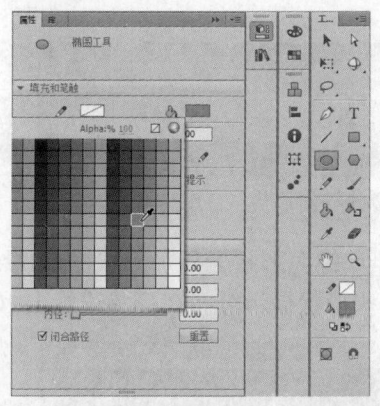

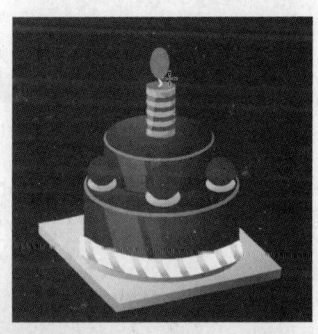

图 5-76 设置工具属性并绘制椭圆形

2 选择图层 1 和图层 2 的第 120 帧,按 F6 键插入关键帧,如图 5-77 所示。

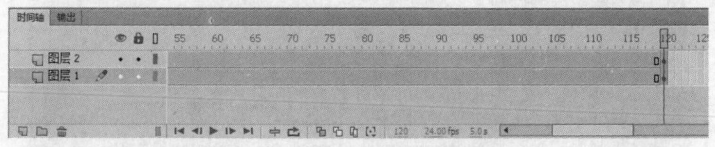

图 5-77 为图层插入关键帧

3 选择图层 2 的第 30 帧,并插入关键帧,然后使用【选择工具】 修改该关键帧中椭圆形的形状,如图 5-78 所示。

4 使用步骤 3 的方法,分别为图层 2 的第 60 帧、第 90 帧、第 120 帧插入关键帧,然后使用【选择工具】 修改各个关键帧下形状对象的形状,如图 5-79 所示。

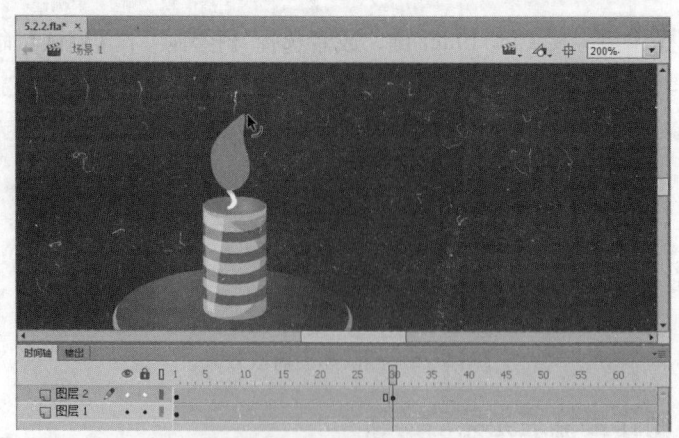

图 5-78　插入关键帧并修改形状

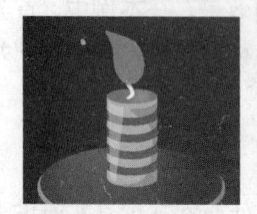

图 5-79　插入关键帧并修改关键帧的形状

5　选择图层 2 各个关键帧之间的帧并单击右键，从弹出的菜单中选择【创建补间形状】命令，如图 5-80 所示。

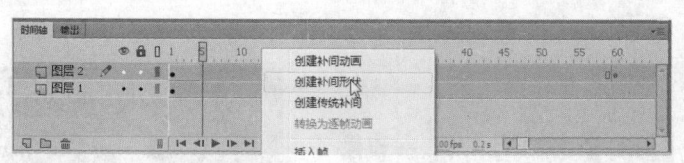

图 5-80　创建补间形状

6　选择图层 2 的第 30 帧并按 Ctrl+Shift+H 键在形状上添加形状提示，然后按住 Ctrl 键拖动形状提示再添加多个形状提示，接着将这些形状提示分布在形状边缘上，如图 5-81 所示。

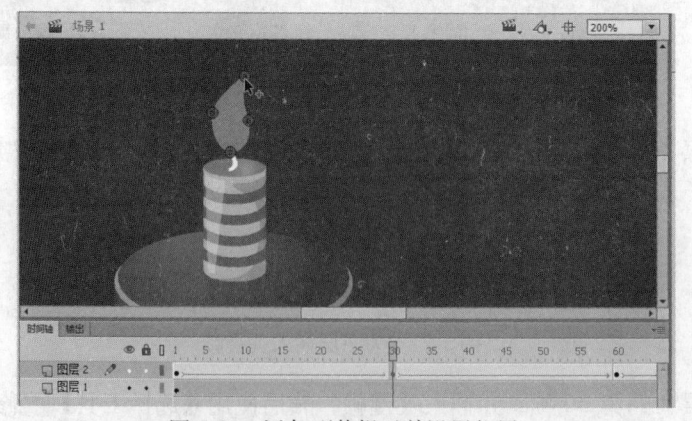

图 5-81　添加形状提示并设置位置

7　选择图层 2 的第 60 帧，然后按照想要控制的形状变化来设置各个形状提示的位置，如图 5-82 所示。

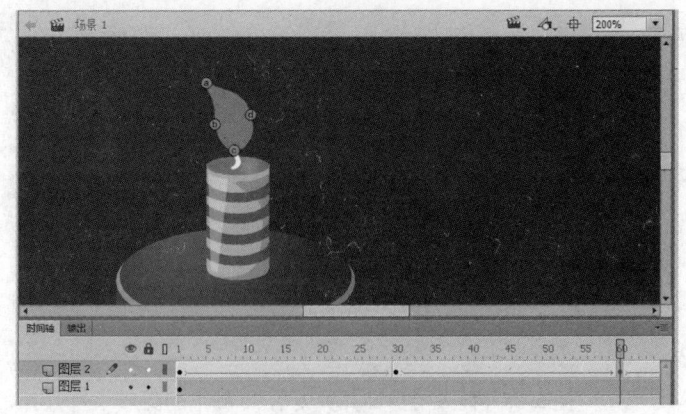

图 5-82 设置结束关键帧的形状提示位置

8　在图层 2 上新建图层 3，在【工具】面板上选择【椭圆工具】 ，设置笔触颜色为【无】、填充颜色为【橙色】，然后绘制一个圆形，如图 5-83 所示。

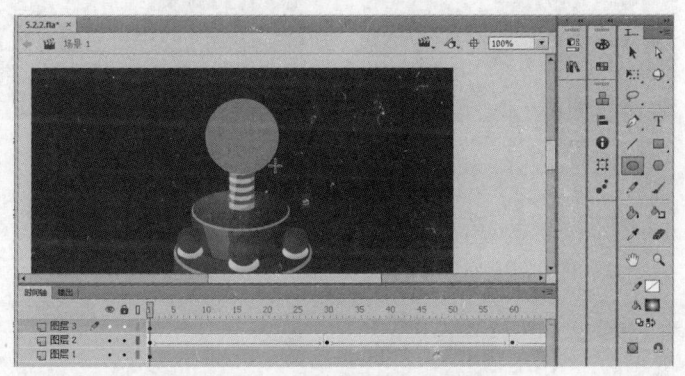

图 5-83 新增图层并绘制圆形

9　选择步骤 8 绘制的圆形，打开【颜色】面板并修改填充类型为【径向渐变】，接着设置渐变的颜色为淡橙色到白色透明的渐变，如图 5-84 所示。

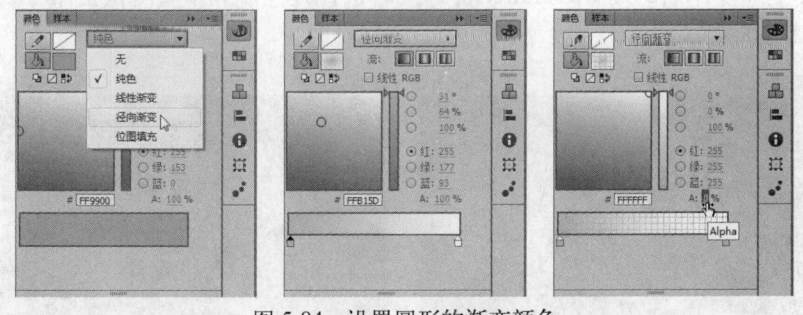

图 5-84 设置圆形的渐变颜色

10　在图层 3 的第 30 帧、第 60 帧、第 90 帧和第 120 帧上插入关键帧，然后选择图层 3 的第 30 帧，再使用【任意变形工具】 等比例扩大圆形，如图 5-85 所示。

11　选择图层 3 第 60 帧上的圆形，使用【任意变形工具】 等比例缩小圆形，再选择第 90 帧上的圆形，使用【任意变形工具】 等比例扩大圆形，如图 5-86 所示。

12　将图层 3 拖到图层 2 的下方，再选择图层 3 各个关键帧之间的帧，单击右键并从菜单中选择【创建补间形状】命令，如图 5-87 所示。

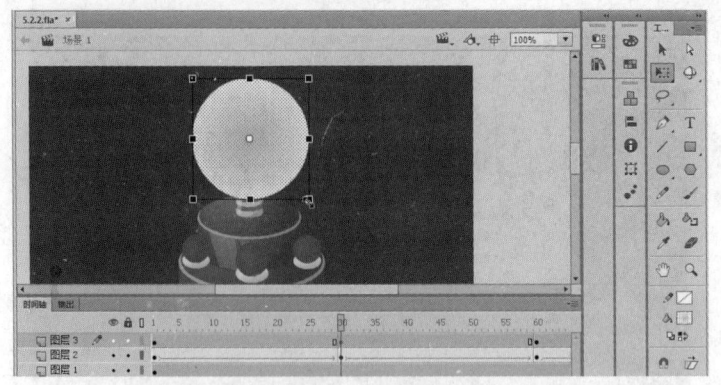

图 5-85 插入关键帧并扩大第 30 帧上的圆形

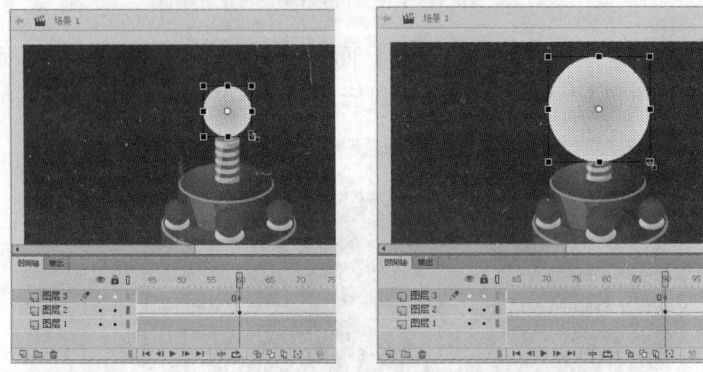

图 5-86 设置第 60 帧和第 90 帧上的圆形大小

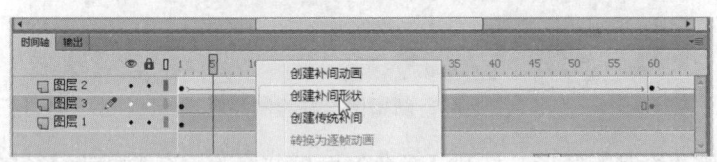

图 5-87 创建补间形状

13 完成上述操作后，按 Ctrl+Enter 键，或者选择【控制】|【测试】命令，测试动画播放效果，如图 5-88 所示。

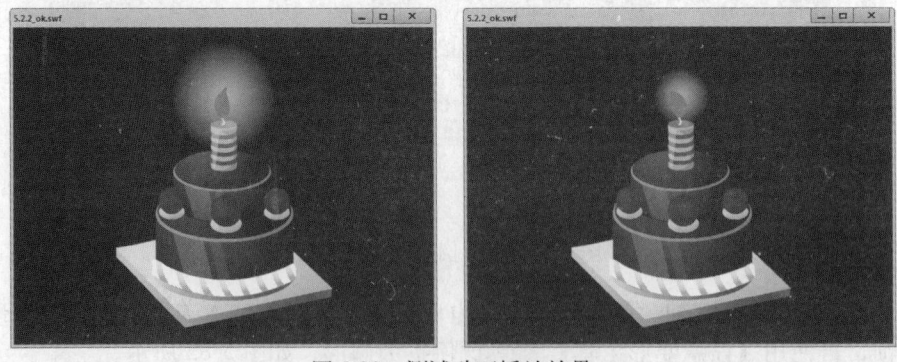

图 5-88 测试动画播放效果

5.3 本章小结

本章主要介绍了在 Flash 中应用补间形状制作动画的方法，包括创建不同形状属性变化的补间形状动画、在补间形状中添加形状提示、使用形状提示控制形状变化、创建与应用遮罩层等内容。

5.4 课后训练

为练习文件制作一个遮罩显示舞台内容的动画效果。首先在舞台下方绘制一个矩形，然后制作矩形扩大至覆盖整个舞台的补间形状动画，接着将矩形所在图层转换为遮罩层即可，结果如图 5-89 所示。

图 5-89 上机训练题的动画效果

提示

（1）打开光盘中的"..\Example\Ch05\5.4.fla"练习文件，在时间轴上新建图层。

（2）选择【矩形工具】，设置笔触为【无】、填充颜色可选任意色，然后在舞台下方绘制一个宽度超过舞台宽度的矩形，如图 5-90 所示。

（3）在图层 1 的第 50 帧上插入关键帧，然后在垂直方向上扩大矩形，使之完全覆盖舞台，如图 5-91 所示。

（4）选择图层 1 的第 1 帧并单击右键，然后从菜单中选择【创建补间形状】命令。

（5）选择图层 1 并单击右键，再从菜单中选择【遮罩层】命令。

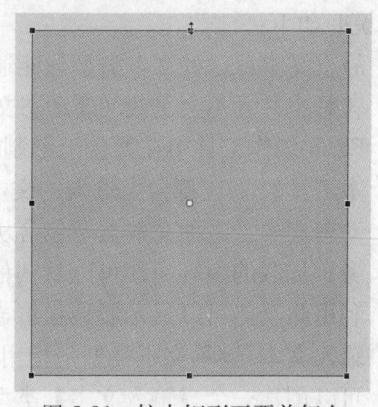

图 5-90 绘制矩形　　　　　　　图 5-91 扩大矩形至覆盖舞台

第 6 章 在动画中应用文本和元件

教学提要

文本以编码的形式在 Flash 中保存和显示，它是 Flash 动画不可缺少的一部分。另外，Flash 包含图形元件、按钮元件和影片剪辑元件 3 种元件类型，这些元件常用于各种动画创作。本章将介绍在动画中应用文本和元件的方法。

教学重点

- 掌握输入文本和修改文本属性的方法
- 掌握为文本设置超链接的方法
- 掌握应用动态文本和输入文本的方法
- 掌握应用按钮元件和影片剪辑元件的方法

6.1 基础应用技能训练

本节将从简单的文本和元件应用技能讲起，逐步带领读者掌握在 Flash 中输入文本、设置文本、将文本与元件结合使用等方法。

6.1.1 案例 1：在文件中输入水平文本

文本以编码的形式在 Flash 中保存和显示，它是 Flash 动画不可缺少的一部分。计算机中的所有文本均被编码为一系列字节，而系统可以用很多种不同的编码格式（字节数也不同）来表示文本，所以不同类型的操作系统，可能使用不同类型的文本编码。我们常用的 Windows 系统通常使用 Unicode 编码。

在 Flash 中，文本的类型根据其来源可划分为动态文本、输入文本、静态文本 3 种类型，它们的说明如下：

- 静态文本：这种文本类型只能通过 Flash 的【文本工具】T来创建。静态文本用于比较短小并且不会更改（而动态文本则会更改）的文本，可以将静态文本看作类似于在 Flash 创作工具中在舞台上绘制的圆或正方形的一种图形元素。默认情况下，使用【文本工具】T在舞台上输入的文本，属于静态文本类型。
- 动态文本：这种文本类型包含从外部源（例如文本文件、XML 文件以及远程 Web 服务）加载的内容，即可以从其他文件中读取文本内容。动态文本具有文本更新功能，利用此功能可以显示股票报价或天气预报等。
- 输入文本：这种文本类型是指用户输入的任何文本或用户可以编辑的动态文本。例如，可以创建一个【输入文本】类型的文本字段，允许访问者在框内输入文本。

静态文本是制作一般 Flash 动画最常用的文本类型，下面将介绍在 Flash 文件中输入水平静态文本的方法。

上机实战　在文件中输入水平静态文本

1 打开光盘中的"..\Example\Ch06\6.1.1.fla"练习文件，新建图层 2，在【工具】面板中选择【文本工具】，然后在舞台上单击，创建可扩大的文本字段，如图 6-1 所示。

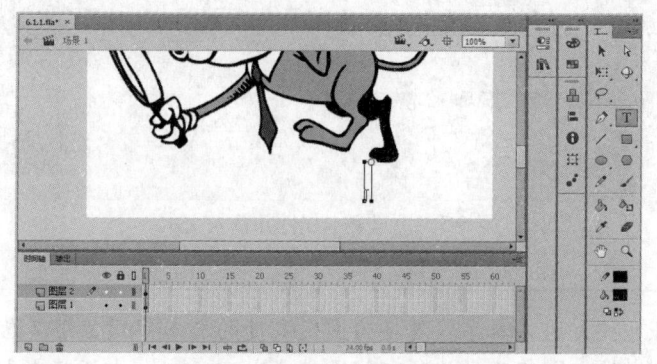

图 6-1　创建可扩大的文本字段

技巧

因为 Flash 具有静态、动态和输入三种传统文本类型，因此可以创建静态、动态和输入三种类型的文本字段，这三种文本字段的作用如下：
- 静态文本字段显示不会动态更改字符的文本。
- 动态文本字段显示动态更新的文本，如股票报价或天气预报。
- 输入文本字段使用户可以在表单或调查表中输入文本。

在创建静态文本、动态文本或输入文本时，可以将文本放在单独的一行字段中，该行会随着键入的文本而扩大；或者可以将文本放在定宽字段（适用于水平文本）或定高字段（适用于垂直文本）中，这些字段同样会根据输入的文本而自动扩大和换行。

2 打开【属性】面板，然后设置文本属性，接着只需要利用输入法输入文本即可，结果如图 6-2 所示。

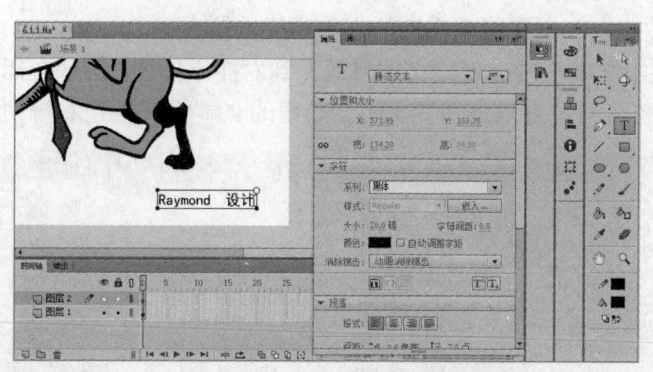

图 6-2　设置文本属性并静态输入文本

3 在【工具】面板中选择【文本工具】，然后在舞台上拖动鼠标创建出固定宽度的文本字段。

4 通过【属性】面板设置文本属性，接着利用输入法输入文本即可。如果输入的文本长度超过文本字段在水平方向上可容纳的长度，那么文本将自动换行，如图 6-3 所示。

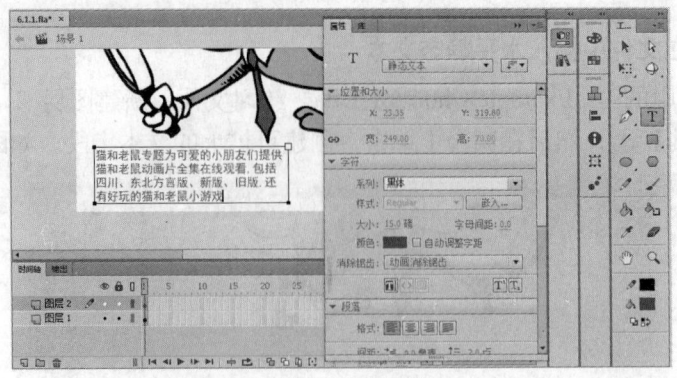

图 6-3 设置文本属性并输入文本

技巧

如果要将可扩大的文本字段转换为固定宽度的文本字段，可以拖动调节点；如果要将固定宽度的文本字段转换为可扩大的文本字段，双击调节点即可。

6.1.2 案例 2：在文件中输入垂直文本

Flash 允许用户设置【垂直】和【垂直，从左向右】两种文本排列顺序，可以在输入文本前打开【属性】对话框，然后单击【改变文本方向】按钮 ，接着选择一种垂直方向，如图 6-4 所示。

【垂直】和【垂直，从左向右】两种文本排列顺序的区别如下：

- 垂直：当在固定高度的文本字段内输入文本时，超出文本字段高度的文本将从右到左换行排列。如上例输入"广州施博资讯科技有限公司"文本，超出的文本将从右到左排列，如 6-5 所示。

图 6-4 改变文本方向

- 垂直，从左向右：当在固定高度的文本字段内输入文本时，超出文本字段高度的文本将从左到右换行排列。例如在固定文本字段内输入"广州施博资讯科技有限公司"文本，超出的文本将从左到右排列，如图 6-6 所示。

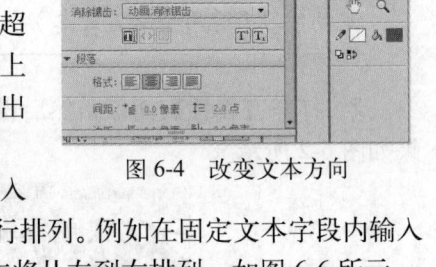

图 6-5 垂直方向排列文本

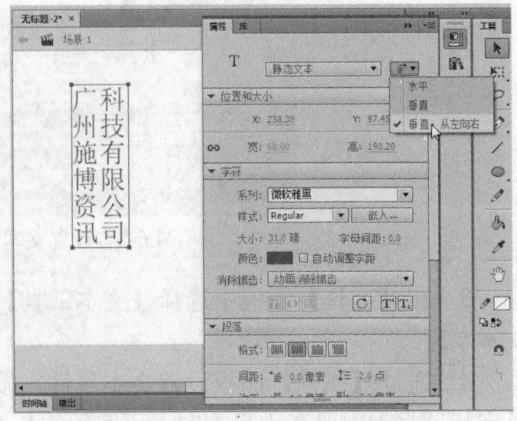

图 6-6 垂直方向上从左到右排列文本

上机实战 在文件中输入垂直文本

1 打开光盘中的"..\Example\Ch07\7.2.2.fla"练习文件，在【工具】面板中选择【文本工具】 。

2 按 Ctrl+F3 键打开【属性】面板，然后单击【改变文本方向】按钮 ，从打开的列表框中选择【垂直，从左向右】选项，如图 6-7 所示。

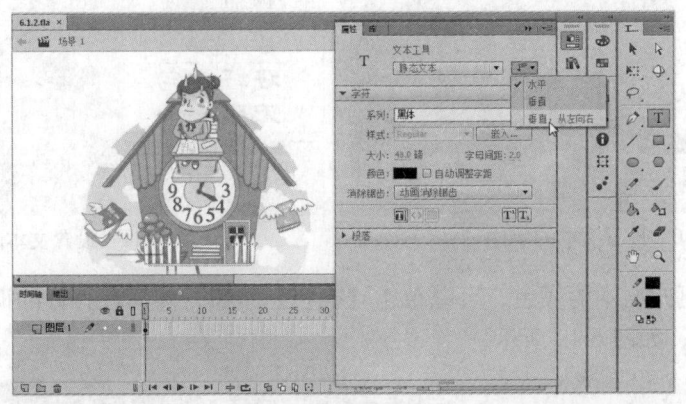

图 6-7 设置文本方向

3 使用鼠标在舞台左方创建一个固定高度的文本字段，如图 6-8 所示。
4 创建文本字段后，在字段内输入文本内容并设置文本属性即可，如图 6-9 所示。

图 6-8 创建垂直文本字段 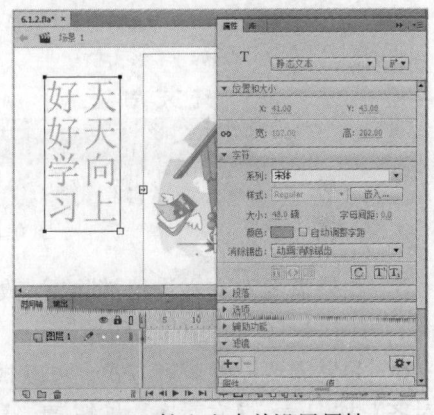   图 6-9 输入文本并设置属性

6.1.3 案例 3：更细致地修改文本的属性

为了使文本更加符合动画设计的风格，可以对文本属性进行设置，包括设置文本的字体、字号、字体颜色，以及使用粗体或斜体显示文本等。

上机实战 设置文本基本属性

1 打开光盘中的"..\Example\Ch07\7.2.3.fla"练习文件，在【工具】面板中选择【选择工具】 。

2 选择舞台上要设置字体的文本，然后在【属性】面板的【字体】列表框中选择一种合适的字体，如图 6-10 所示。

3 如果要更改文本的大小，可以在【大小】文本框中输入合适的字体大小，或者直接将鼠标移到数值上方，然后拖动设置文本的大小，如图 6-11 所示。

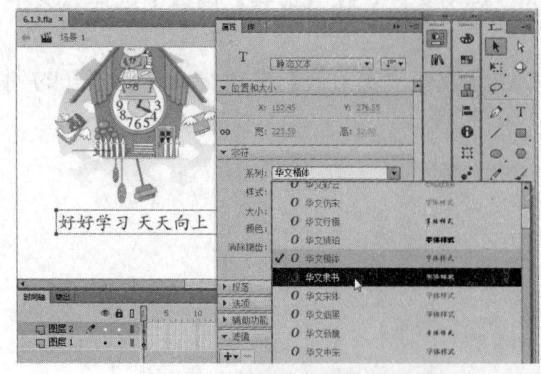

图 6-10 设置文本的字体　　　　　　　　图 6-11 设置文本的大小

4 如果要更改文本的颜色，可以单击【颜色】按钮，然后在打开的调色板列表中选择一种合适的颜色，如图 6-12 所示。

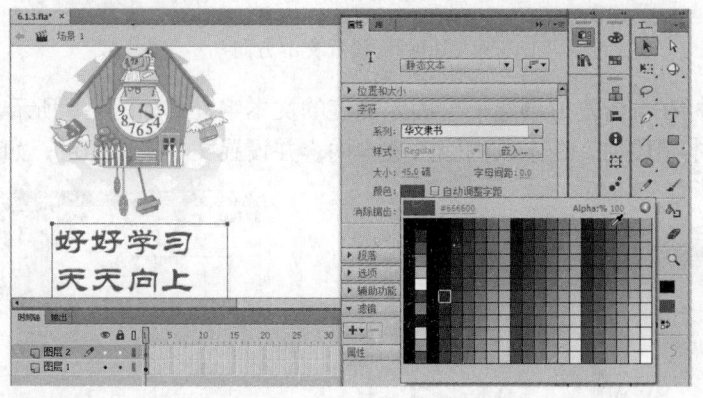

图 6-12 设置文本的颜色

5 如果需要对文本进行消除锯齿处理，可以打开【消除锯齿】列表框，然后选择消除锯齿的方向即可，如图 6-13 所示。

6 如果需要设置对齐方式，可以根据需要按【属性】面板中的【左对齐】按钮、【居中对齐】按钮、【右对齐】按钮、【两端对齐】按钮，如图 6-14 所示。

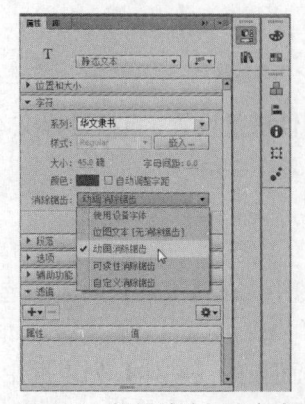

图 6-13 设置消除锯齿方式　　　　　　　　图 6-14 设置文本对齐方式

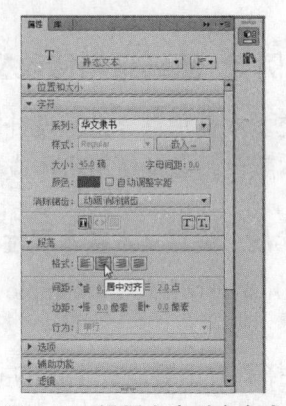

6.1.4 案例 4：为文本设置指定目标的链接

通过为文本添加超链接，可以将文本链接到指定的文件对象、网站地址和邮件地址，这样可以方便浏览者通过超链接打开目标文件，或进入指定的位置。

上机实战　设置文本超链接

1　打开光盘中的"..\Example\Ch06\6.1.4.fla"练习文件，使用【文本工具】选择需要添加 URL 链接的文本（可以是部分文字，也可以是整个文本）。

2　打开【属性】面板，再打开面板上的【选项】组，在【链接】文本框中输入文本链接的 URL 地址，如图 6-15 所示。

3　此时原来不可用的【目标】选项可以被设置，打开【目标】列表框，选择目标为【_blank】，如图 6-16 所示。

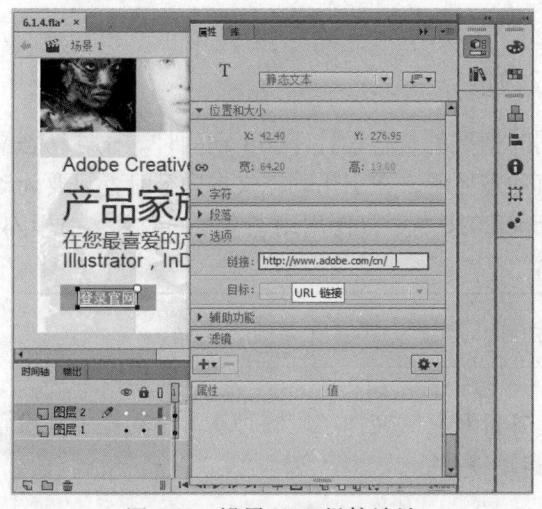

图 6-15　设置 URL 链接地址　　　　图 6-16　设置链接的目标

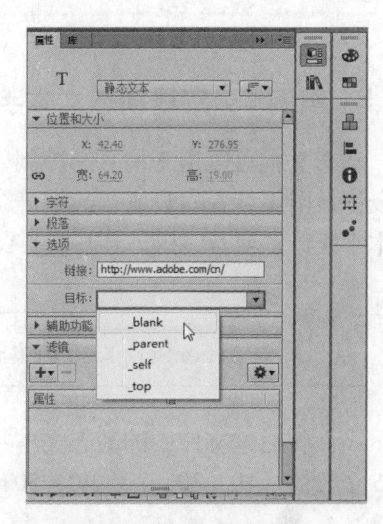

技巧

超链接目标的说明如下：
- _blank：将链接的文件载入一个未命名的新浏览器窗口中。
- _parent：将链接的文件载入含有该链接的框架的父框架集或父窗口中。如果包含链接的框架不是嵌套的，则链接文件加载到整个浏览器窗口中。
- _self：将链接的文件载入该链接所在的同一框架或窗口中。此目标是默认的，所以通常不需要指定它。
- _top：将链接的文件载入整个浏览器窗口中。

4　完成上述操作后，按 Ctrl+Enter 键测试影片，将光标移至设置了 URL 链接的文本上方，光标会变成手形，单击文本内容，即可转跳到指定的链接位置上，如图 6-17 所示。

图 6-17 测试文本链接

6.1.5 案例 5：应用动态文本字段读取数值

动态文本可以用于信息的控制，最常用的情况就是在设计 Flash 动画时，通过动态文本字段框，引用设置的数值，甚至可以让数值动态显示。在引用动态文本内容时，只要为动态文本字段设置变量，然后可以通过 ActionScript 3.0 脚本语言使用动态文本的变量名引用内容。

> **技巧**
> 关于 ActionScript 3.0 脚本语言的应用，后续章节将有详细的介绍。

下面将通过文件中的动态文本字段，让各自对应的文本字段同时从 1 滚动显示到设置好的 5 个数值（10，20，30，40，50），然后自动停止。

上机实战　应用动态文本字段读取数值

1　打开光盘中的"..\Example\Ch06\6.1.5.fla"练习文件，选择【文本工具】，接着通过【属性】面板设置文本类型为【动态文本】，再设置字符的属性，如图 6-18 所示。

2　在舞台的静态文本右侧分别创建 5 个动态文本字段，如图 6-19 所示。

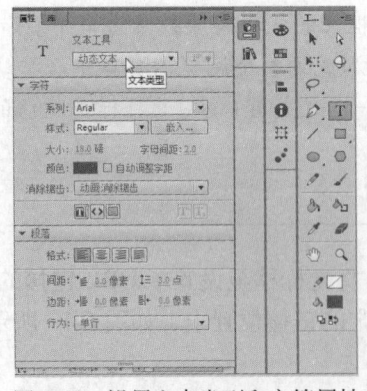

图 6-18　设置文本类型和字符属性　　　图 6-19　创建动态文本字段

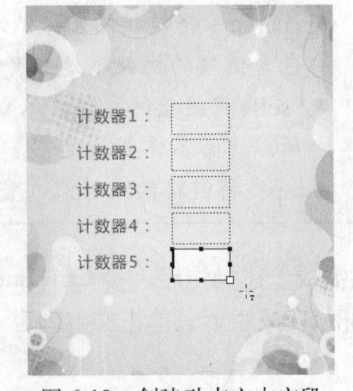

3　选择第一个动态文本字段，再打开【属性】面板，设置实例名称为【myinput0】，使

用相同的方法，分别设置其他 4 个动态文本字段的实例名称为【myinput1】、【myinput2】、【myinput3】、【myinput4】，如图 6-20 所示。

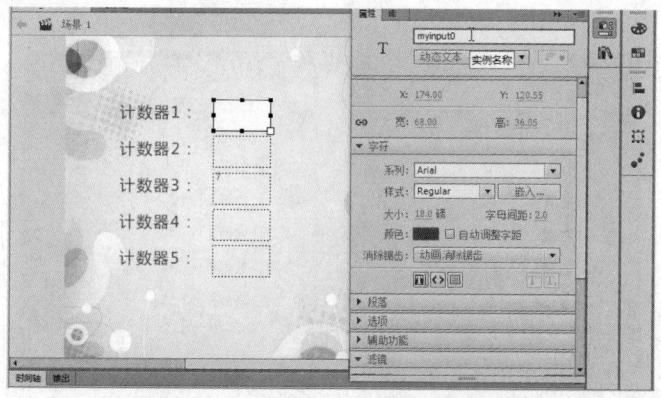

图 6-20　设置动态文本字段的实例名称

4　在【时间轴】面板上新建图层 3，然后在图层 1 第 1 帧上单击右键并选择【动作】命令，接着在打开的【动作】面板中输入 ActionScrpt 脚本代码，如图 6-21 所示。

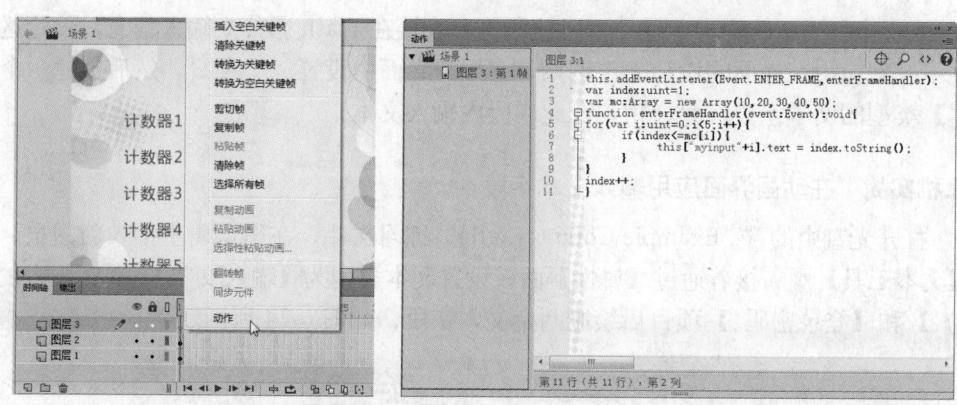

图 6-21　打开【动作】面板并输入脚本代码

5　选择舞台上任意一个动态文本字段，再选择【文本】|【字体嵌入】命令，弹出对话框后，为动态文本字段所设置的字体设置一个名称，然后单击【添加新字体】按钮，设置动态文本字段所有字体嵌入文件，最后单击【确定】按钮，如图 6-22 所示。

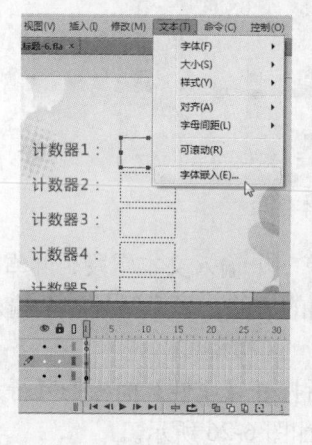

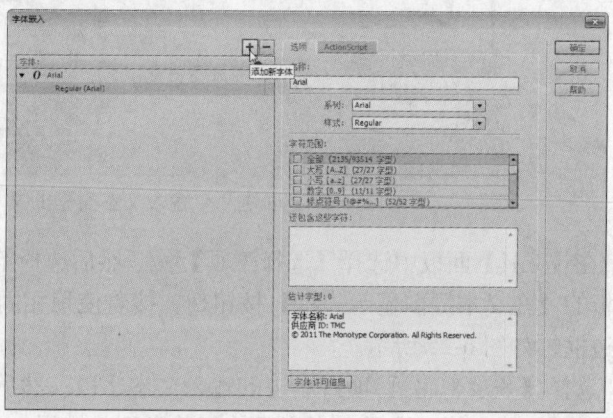

图 6-22　设置字体嵌入

6 选择【控制】┃【测试】命令，或按 Ctrl+Enter 快捷键，测试 Flash 影片。此时可以看到动态文本字段同时显示滚动的读数，并在文本字段内分别显示 10、20、30、40、50 的数值，如图 6-23 所示。

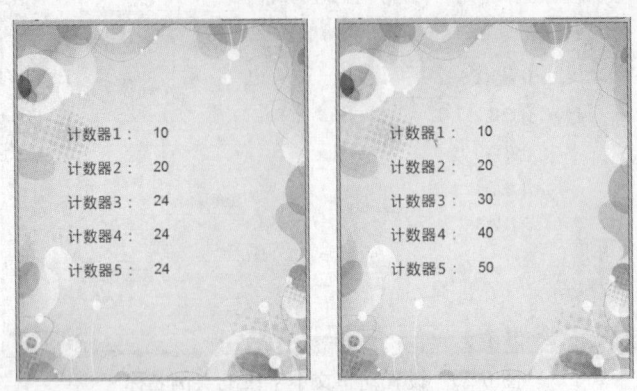

图 6-23 测试动画中动态文本字段读数的效果

6.1.6 案例 6：在动画界面应用输入文本字段

【输入文本】类型的文本字段，可以让浏览者直接在 Flash 影片中输入信息，因此这种类型的文本经常应用在界面的设计上。例如，在用户界面中设置一个项目，然后创建一个【输入文本】类型的文本字段，允许用户在此字段内输入文本。

上机实战 在动画界面应用输入文本字段

1 打开光盘中的"..\Example\Ch06\6.1.6.fla"练习文件，在图层 1 上插入新图层，然后选择【文本工具】，接着通过【属性】面板设置文本类型为【输入文本】，并在舞台的【管理身份:】和【登录密码:】项目后绘制两个文本字段，如图 6-24 所示。

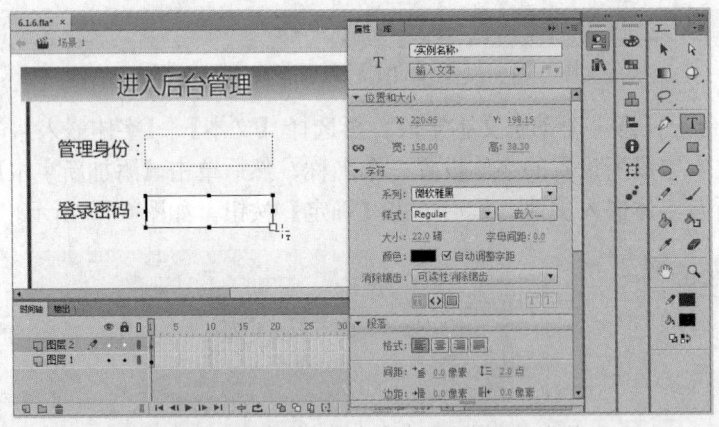

图 6-24 创建两个输入文本类型的文本字段

2 在【工具】面板中选择【选择工具】，然后选择第一个输入文本字段，再单击【属性】面板的【在文本周围显示边框】按钮，接着使用相同的方法，显示另外一个输入文本字段的边框，如图 6-25 所示。

3 选择【登录密码:】项目右边的输入文本字段，然后打开【属性】面板的【行为】列表框，并选择【密码】，设置文本字段的行为类型为密码，如图 6-26 所示。

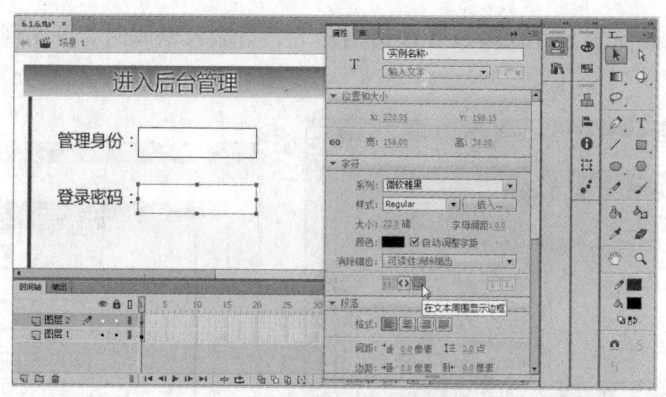

图 6-25 显示输入文本字段的边框

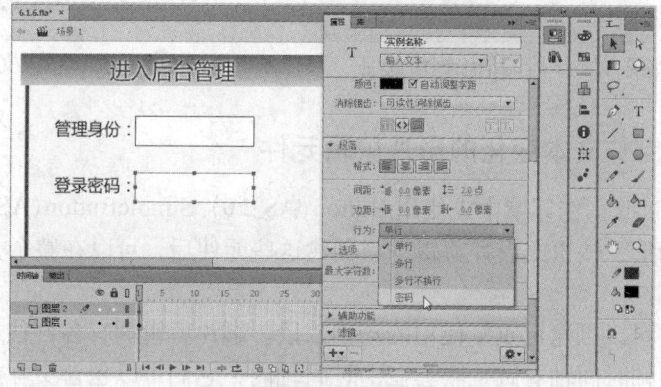

图 6-26 设置输入文本字段的行为

4 选择舞台上任意一个输入文本字段,再选择【文本】|【字体嵌入】命令,弹出对话框后,为动态文本字段所设置的字体设置一个名称,然后单击【添加新字体】按钮 ,以设置动态文本字段所有字体嵌入文件,最后单击【确定】按钮,如图 6-27 所示。

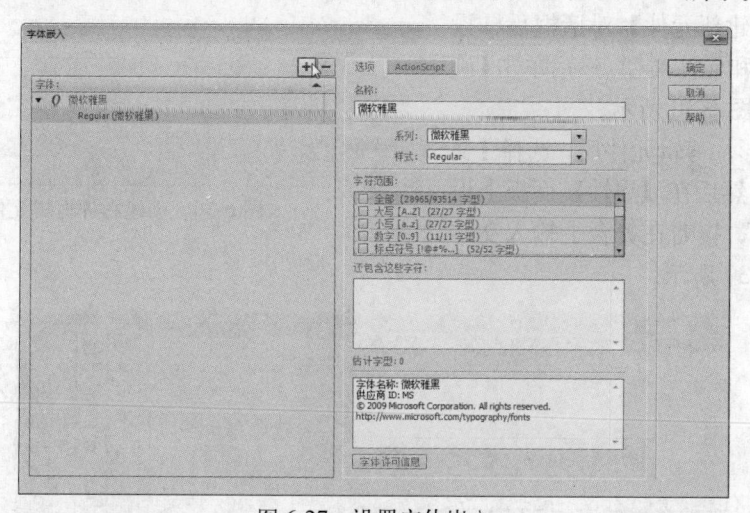

图 6-27 设置字体嵌入

5 选择任意一个输入文本字段,再打开【属性】面板,设置消除锯齿选项为【使用设备字体】,使用相同的方法,设置另外一个输入文本字段的消除锯齿选项,如图 6-28 所示。
6 选择【控制】|【测试】命令,或按 Ctrl+Enter 键,测试 Flash 影片。打开影片播放

窗口后，在输入文本字段上可以输入管理员用户名，当输入密码时，可发现文本以星号显示，如图 6-29 所示。

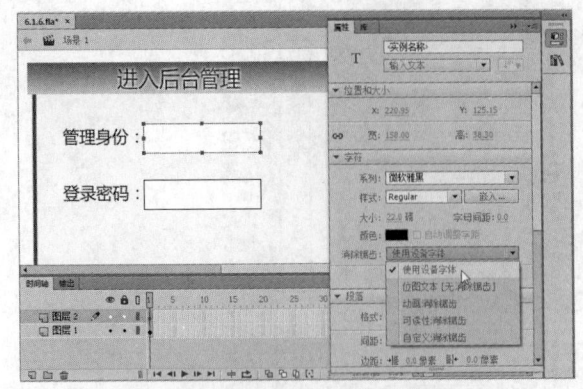

图 6-28　设置输入文本字段的消除锯齿选项 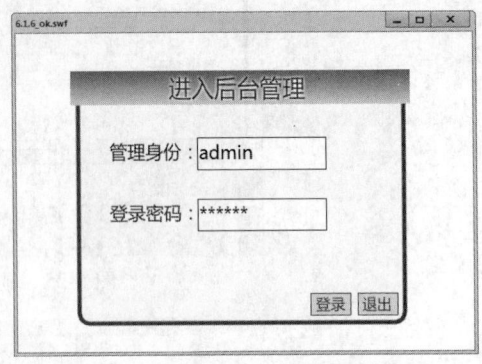　　　　图 6-29　测试输入文本字段的结果

6.1.7　案例 7：制作文本变化的影片剪辑元件

元件是指在 Flash 创作环境中或使用 Button（AS 2.0）、SimpleButton（AS 3.0）和 MovieClip 类创建过一次的图形、按钮或影片剪辑。当创建这些元件后，可以在整个文档或其他文档中重复使用这些元件。

影片剪辑元件可以创建可重复使用的动画片段。影片剪辑拥有各自独立于主时间轴的多帧时间，可以将多帧时间轴看做是嵌套在主时间轴内，它们可以包含交互式控件、声音甚至其他影片剪辑实例。

上机实战　制作文本变化的影片剪辑元件

1　打开光盘中的"..\Example\Ch06\6.1.7.fla"练习文件，选择【插入】|【新建元件】命令，打开【创建新元件】对话框后，设置元件的标题和元件类型，然后单击【确定】按钮，如图 6-30 所示。

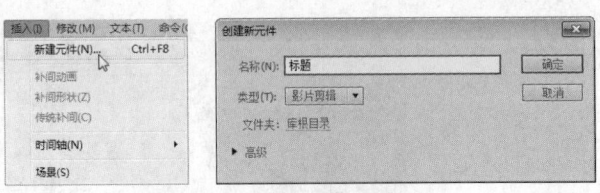

2　创建影片剪辑元件后，选择【文本工具】，然后在【属性】面板上设置文本的属性，接着在舞台上输入文本内容，如图 6-31 所示。

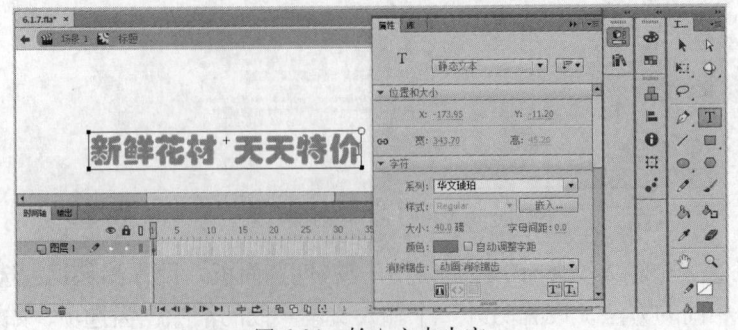

图 6-30　创建影片剪辑元件

图 6-31　输入文本内容

3 选择文本对象，再选择【修改】|【转换为元件】命令，弹出【转换为元件】对话框后，设置元件的名称和类型，然后单击【确定】按钮，如图 6-32 所示。

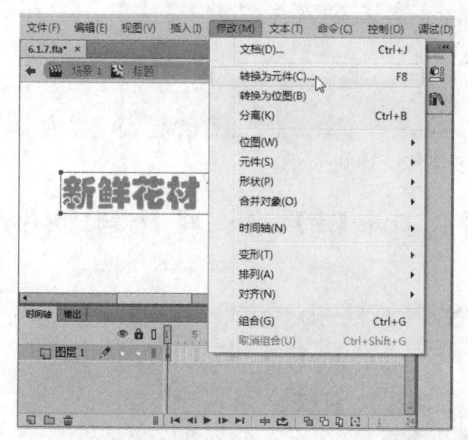

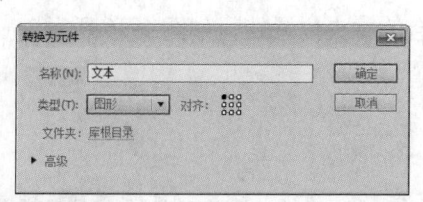

图 6-32 将文本转换为图形元件

4 选择图层 1 第 20 帧，按 F6 键插入关键帧，然后选择【任意变形工具】，设置舞台显示比例为 50%，再等比例放大【文本】图形元件，如图 6-33 所示。

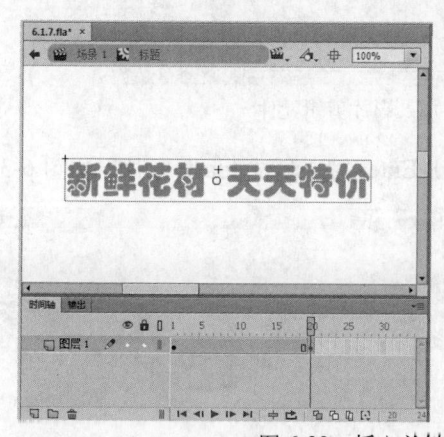

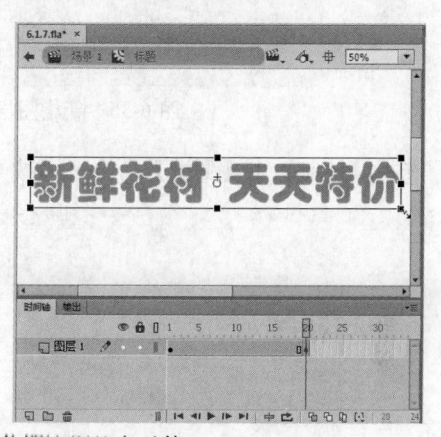

图 6-33 插入关键帧并等比例放大元件

5 恢复舞台显示比例为 100%，然后选择【文本】图形元件，打开【属性】面板并设置元件的 Alpha 为 0%，如图 6-34 所示。

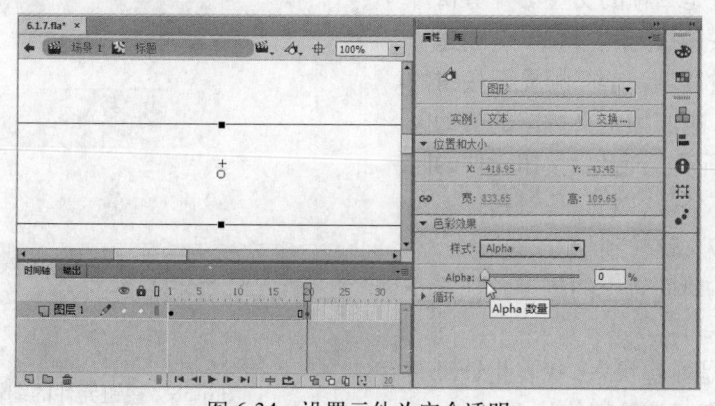

图 6-34 设置元件为完全透明

6 选择图层 1 的第 1 帧并单击右键,从弹出的菜单中选择【创建传统补间】命令,如图 6-35 所示。

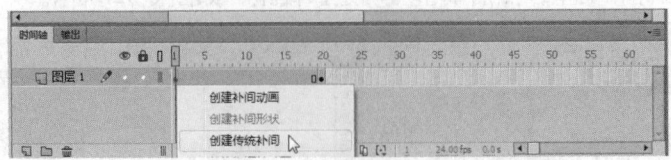

图 6-35 创建传统补间

7 返回场景 1 中,在时间轴上新建图层 4,打开【库】面板,将【标题】影片剪辑元件拖到舞台的中央位置处,如图 6-36 所示。

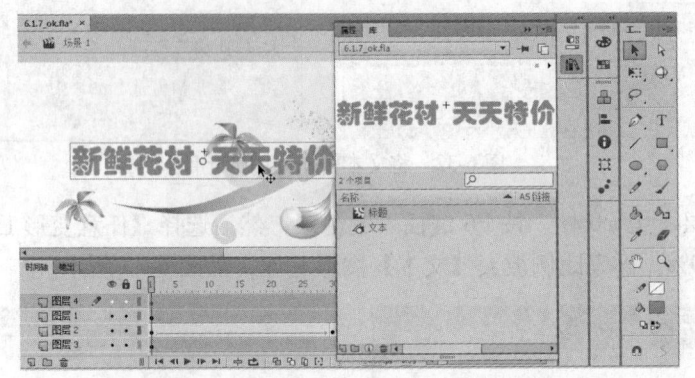

图 6-36 新增图层并加入影片剪辑元件

8 选择【控制】│【测试】命令,或按 Ctrl+Enter 键,测试 Flash 影片,如图 6-37 所示。

图 6-37 测试动画播放的效果

6.1.8 案例 8:制作文本变色的按钮元件

按钮实际上是四帧的交互影片剪辑。当为元件选择按钮行为时,Flash 会创建一个包含四帧的时间轴,前三帧显示按钮的三种可能状态,第四帧定义按钮的活动区域,如图 6-38 所示。而且,按钮元件的时间轴实际上并不播放,它只是对指针运动和动作作出反应,跳转到相应的帧。

按钮元件的时间轴上的每一帧都有一个特定的功能:

- 第一帧是弹起状态:代表指针没有经过按钮时该按钮的状态。

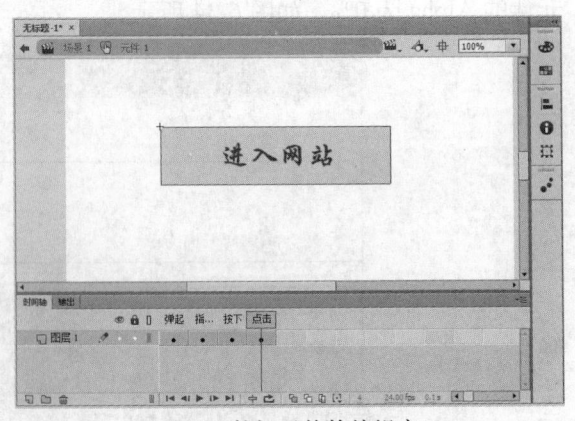

图 6-38 按钮元件的编辑窗口

- 第二帧是指针经过状态：代表指针滑过按钮时该按钮的外观。
- 第三帧是按下状态：代表单击按钮时该按钮的外观。
- 第四帧是点击状态：定义响应鼠标单击的区域。此区域在 SWF 文件中是不可见的。

上机实战　制作文本变色的按钮元件

1　打开光盘中的"..\Example\Ch06\6.1.8.fla"练习文件，选择【插入】|【新建元件】命令，打开【创建新元件】对话框后，设置元件的名称、类型选项，接着单击【确定】按钮，如图 6-39 所示。

2　选择【矩形工具】，打开【属性】面板，再设置笔触颜色为【无】、填充颜色为【红色】，然后在【弹起】帧上绘制一个矩形，如图 6-40 所示。

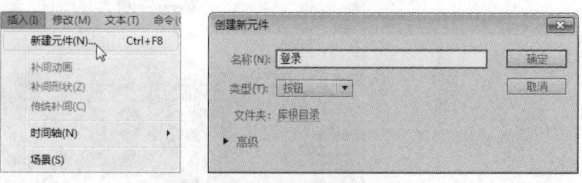

图 6-39　新建按钮元件

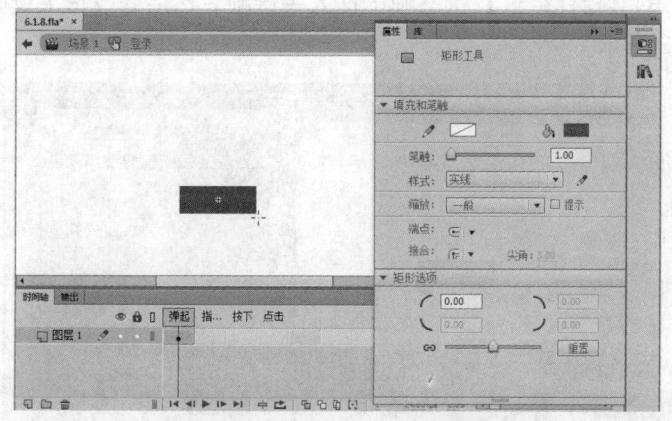

图 6-40　绘制一个红色的矩形

3　在【点击】状态帧上插入关键帧，然后在工具箱中选择【矩形工具】，并设置笔触颜色为【无】、填充颜色为【蓝色】，接着在按钮图形上绘制一个矩形，作为按钮元件响应鼠标单击的区域，如图 6-41 所示。

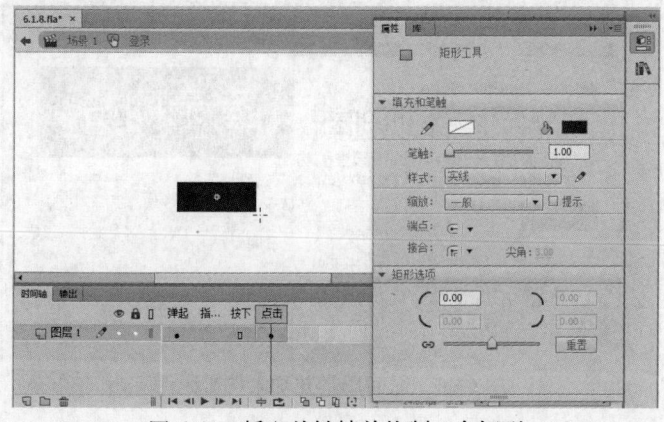

图 6-41　插入关键帧并绘制一个矩形

4　在【时间轴】面板中单击【新建图层】按钮，新建图层 2 后选择【弹起】状态帧，然后使用【文本工具】输入黄色的按钮文字，如图 6-42 所示。

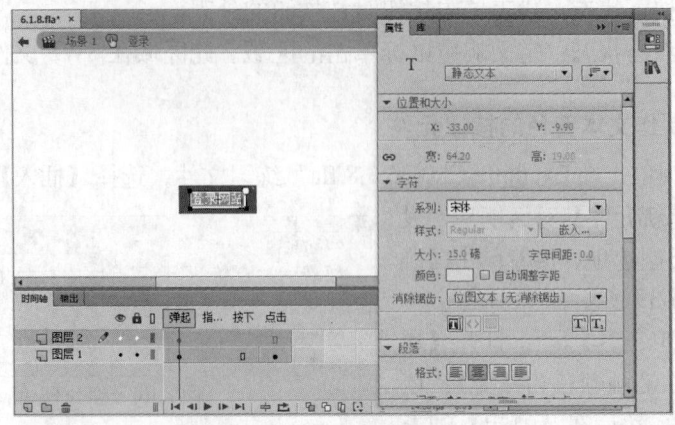

图 6-42　新建图层并输入文本

5　在图层 2 的【指针经过】状态帧上插入关键帧，然后修改该关键帧上文本的颜色为【白色】，如图 6-43 所示。

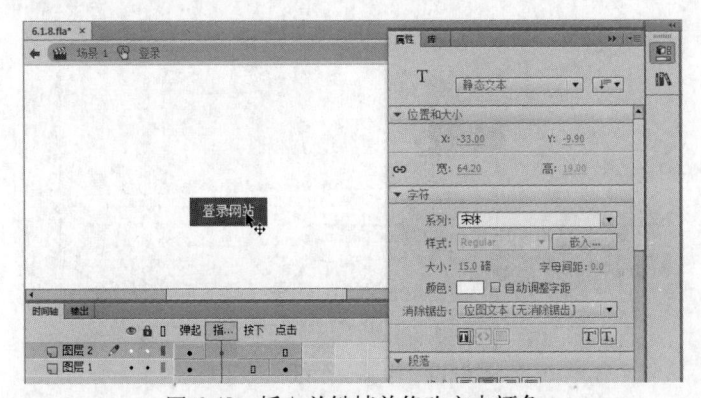

图 6-43　插入关键帧并修改文本颜色

6　单击编辑窗口上的【场景 1】按钮，返回场景并选择图层 2，然后将新建的按钮元件加入舞台即可，如图 6-44 所示。

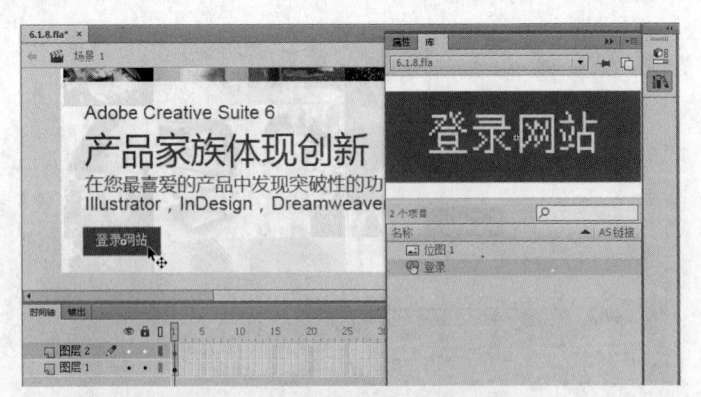

图 6-44　返回场景并加入按钮元件

7　将按钮元件加入舞台后，按 Ctrl+Enter 键测试按钮播放的效果。在默认状态下按钮文本显示为黄色，当鼠标移到按钮上，按钮文本即变成白色，如图 6-45 所示。

图 6-45　测试动画中按钮的效果

6.2 综合项目训练

在上一节的讲解中，重点介绍了在 Flash 中文本和元件应用的各种基本技能。下面将通过两个综合项目训练，介绍在创作动画时，通过文本和元件配搭其他动画功能设计各类动画效果的技巧。

6.2.1 项目 1：设计可滚动的卡通公告栏

当输入有着大量文字的文本时，文本的内容可能会占据过多的舞台空间，造成观众观赏上的不便。为此，可以将文本设置为可滚动文本，然后使用 UIScrollBar 组件配搭动态文本字段，让用户可以通过组件的滚动条来滚动浏览文本内容。这种设计方式，对于有大量文本的公告栏尤为有用。

上机实战　设计可滚动的卡通公告栏

1　打开光盘中的"..\Example\Ch06\6.2.1.fla"练习文件，在【工具】面板中选择【文本工具】，并在【属性】面板中设置文本类型为【动态文本】，接着新建一个图层并在舞台中创建一个动态文本字段，如图 6-46 所示。

2　打开光盘中的"..\Example\Ch06\6.2.1.txt"文件，然后复制文件内的公告文本内容，再粘贴到动态文本字段内。当文本内容过多时，会将文本字段扩大，结果如图 6-47 所示。

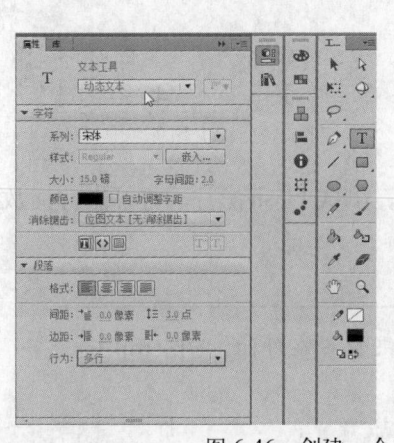

图 6-46　创建一个动态文本字段　　　　　　图 6-47　输入文本内容

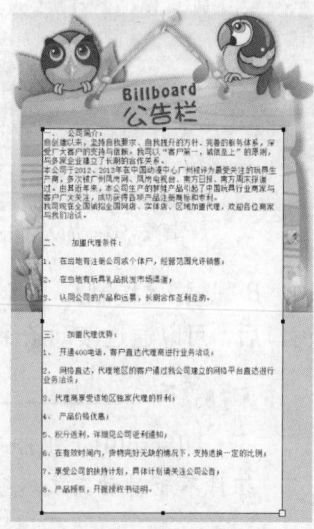

3　选择动态文本字段，然后打开【文本】菜单，并在菜单中选择【可滚动】命令，设置文本的可滚动性，如图 6-48 所示。

4　使用【选择工具】选择文本字段下方的控制点，然后向上拖动，缩小文本字段的高度，如图 6-49 所示。

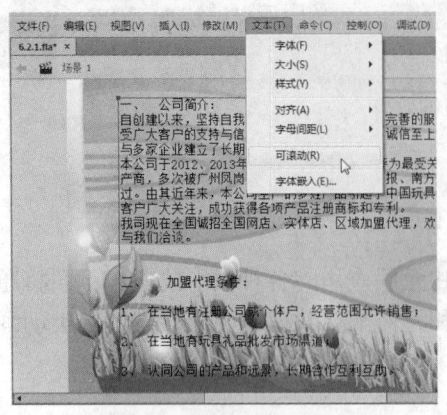

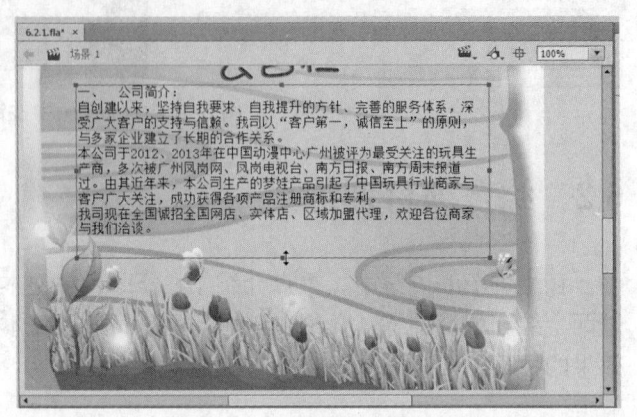

图 6-48　设置文本可滚动　　　　　　　　图 6-49　缩小文本字段的高度

5　选择【窗口】│【组件】命令，打开【组件】面板后，将【UIScrollBar】组件拖到动态文本字段右边缘内边，如图 6-50 所示。这个步骤的目的是为文本字段添加一个窗口滚动条，方便浏览者拖动滚动条来滚动阅读内容。

6　在【工具】面板中选择【任意变形工具】，然后按住 Alt 键后选择变形框下边缘节点并向下拖动，向下扩大组件，如图 6-51 所示。

7　选择动态文本字段，在【属性】面板上按【在文本周围显示边框】按钮，如图 6-52 所示。

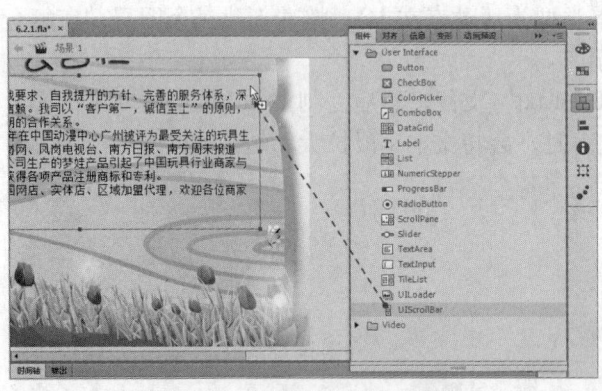

图 6-50　加入 UIScrollBar 组件　　　　　　图 6-51　扩大组件

8　选择【控制】│【测试】命令，或按 Ctrl+Enter 键，测试 Flash 影片。打开影片播放窗口后，可以通过滚动条滚动文本内容，如图 6-53 所示。

> UIScrollBar 组件必须是放置在文本字段内边。如果放置在外面，UIScrollBar 组件不能对动态文本字段产生作用。

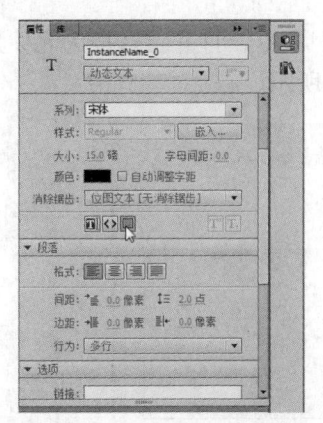

图 6-52　显示文本字段的边框

图 6-53　测试影片播放效果

6.2.2　项目 2：设计可控制滚动的公告栏

本例将设计一个可以通过按钮控制滚动和暂停的公告栏。在本例中，首先创建一个影片剪辑，并在影片剪辑内制作公告文本从下到上滚动的效果，再通过添加停止动作让影片剪辑在开始时停止播放，然后制作【滚动】和【暂停】按钮元件并加入到舞台，通过添加 ActionScript 3.0 脚本语言使按钮可以控制公告内容的滚动和暂停。

上机实战　设计可控制滚动的公告栏

1　打开光盘中的"..\Example\Ch06\6.2.2.fla"练习文件，选择【插入】|【新建元件】命令，打开【创建新元件】对话框后设置元件名称和类型，然后单击【确定】按钮，如图 6-54 所示。

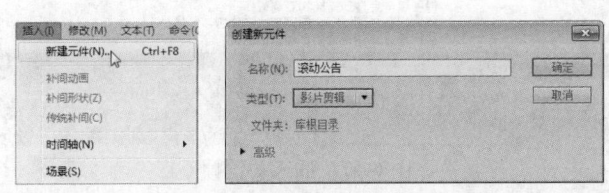

图 6-54　创建影片剪辑元件

2　选择【文本工具】，打开【属性】面板并设置文本属性，然后在工作区上拖出一个文本字段，再输入公告内容，如图 6-55 所示。

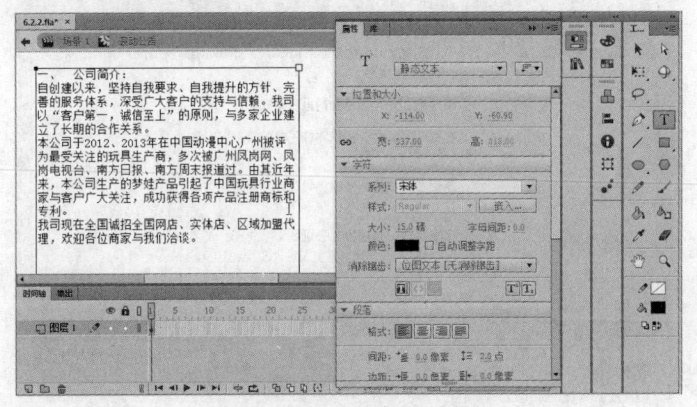

图 6-55　输入公告文本内容

3 选择文本对象，再选择【修改】|【转换为元件】命令，打开【转换为元件】对话框后设置名称和类型，然后单击【确定】按钮，如图 6-56 所示。

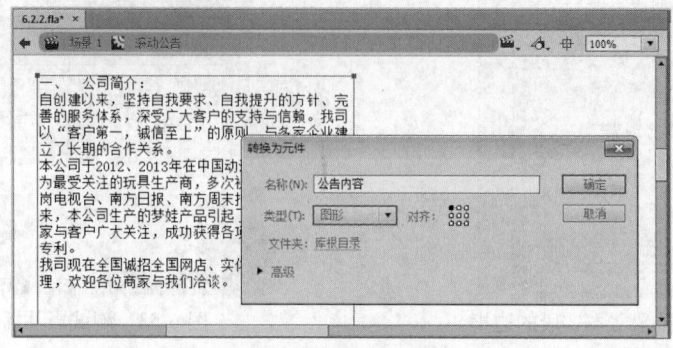

图 6-56 将文本转换为图形元件

4 选择图层 1 的第 500 帧，按 F6 键插入关键帧，然后选择【视图】|【标尺】命令，显示标尺后从标尺上拖出一条水平辅助线，并使辅助线与【公告内容】图形元件上边缘对齐，如图 6-57 所示。

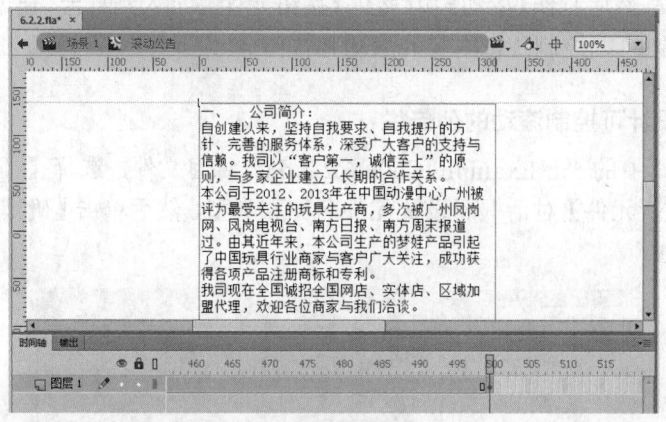

图 6-57 插入关键帧

5 选择第 500 帧，然后选择【公告内容】图形元件并按住 Shift 键向垂直方向上移动，当公告【加盟代理优势】项目的第 5 点内容接近水平辅助线时，即可停止移动，如图 6-58 所示。

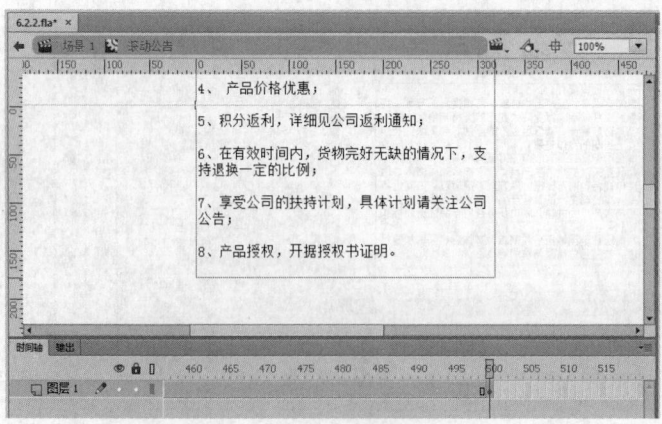

图 6-58 往垂直方向移动元件位置

6 选择图层 1 的第 1 帧并单击右键，从菜单中选择【创建传统补间】命令，如图 6-59 所示。

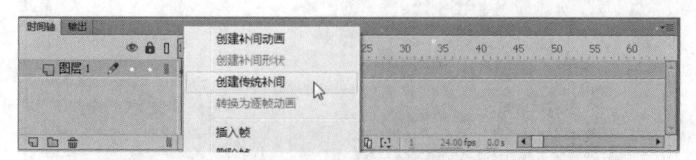

图 6-59 创建传统补间

7 在图层 1 上新建图层 2，选择【矩形工具】，设置笔触颜色为【无】、填充颜色为【红色】，然后绘制一个用于作为显示公告内容区域的矩形，如图 6-60 所示。

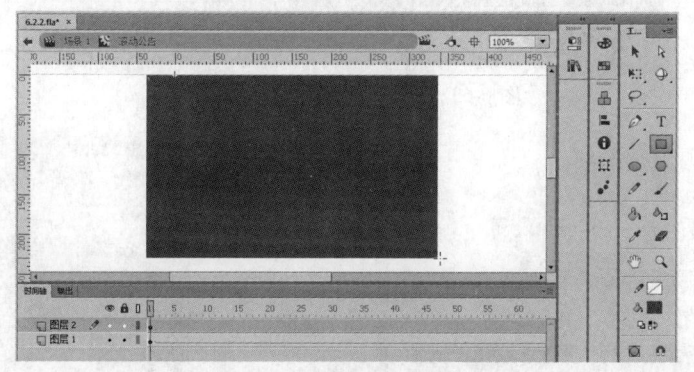

图 6-60 新增图层并绘制矩形

8 选择图层 2 并单击右键，从弹出菜单中选择【遮罩层】命令，将图层 2 转换成遮罩层，如图 6-61 所示。

9 在图层 2 上新建图层 3，打开【动作】面板，在【脚本】窗格中输入"stop();"停止代码，使影片剪辑在开始时停止播放，如图 6-62 所示。

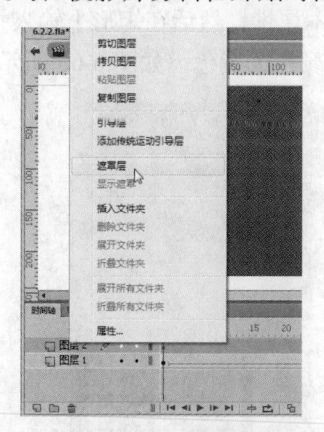

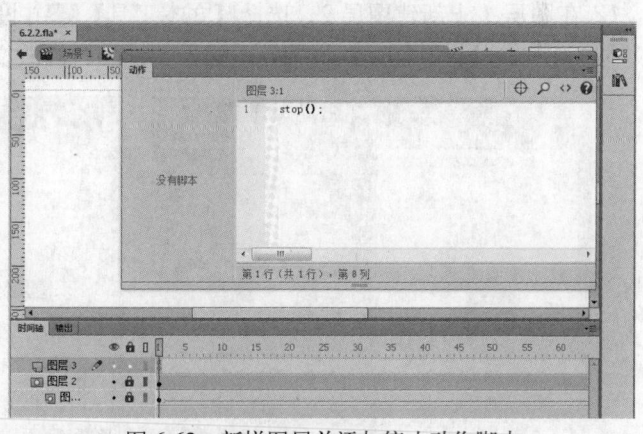

图 6-61 将图层 2 转换成遮罩层　　　图 6-62 新增图层并添加停止动作脚本

10 返回场景 1 中，选择图层 2 并打开【库】面板，将【滚动公告】影片剪辑元件加入舞台上，再设置影片剪辑实例名称为【mc】，如图 6-63 所示。

11 选择【插入】|【新建元件】命令，打开【创建新元件】对话框后设置元件名称和类型，单击【确定】按钮，然后选择【矩形工具】，设置笔触颜色为【无】、填充颜色为【#CC6600】，在【弹起】状态帧上绘制一个矩形，如图 6-64 所示。

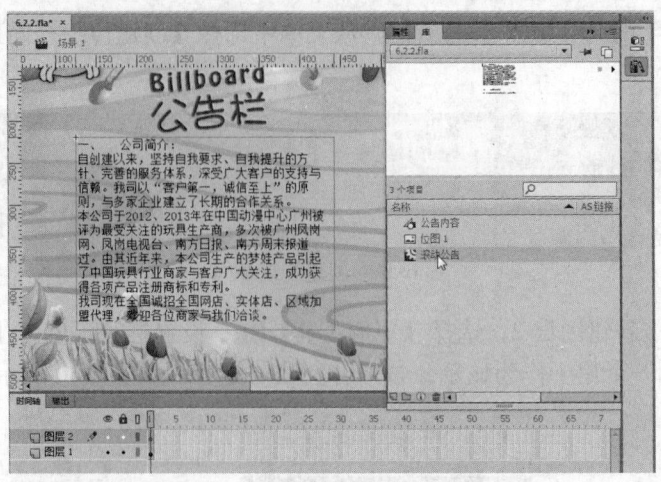

图 6-63 将影片剪辑元件加入舞台

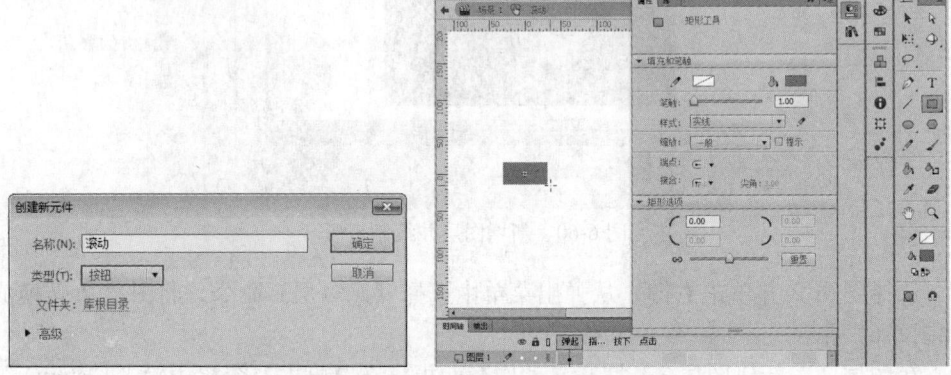

图 6-64 创建按钮元件并绘制矩形

12 在图层 1 上新建图层 2，选择【文本工具】并设置文本属性，然后在矩形上输入按钮文本，接着在【指针经过】状态帧上插入关键帧，修改文本的颜色为黄色，如图 6-65 所示。

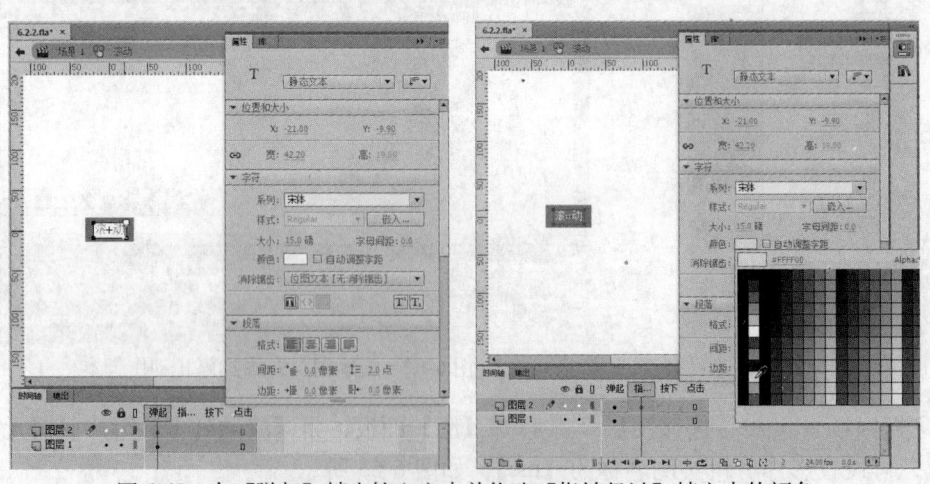

图 6-65 在【弹起】帧上输入文本并修改【指针经过】帧文本的颜色

13 使用步骤 11 和步骤 12 的方法，创建一个名为【暂停】的按钮元件，然后在元件上绘制一个矩形，并设置【弹起】状态帧和【指针经过】状态帧上的文本，如图 6-66 所示。

14 返回场景 1 中，在图层 2 上新建图层 3，然后通过【库】面板将【滚动】按钮和【暂停】按钮加入到舞台并放置在舞台的右侧，如图 6-67 所示。

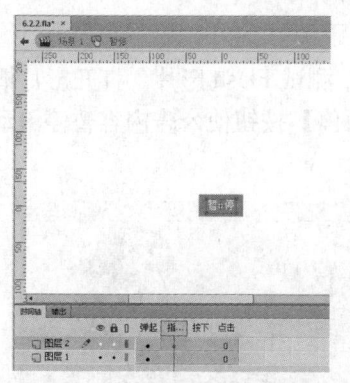

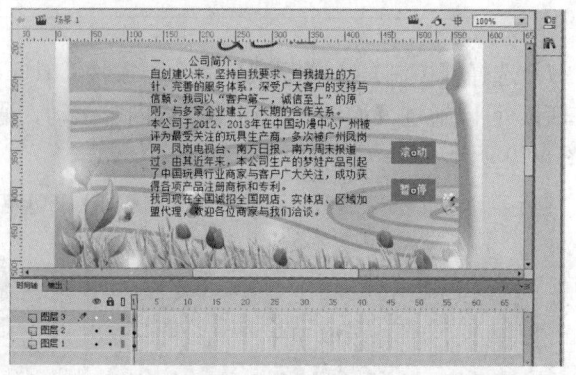

图 6-66 创建【暂停】按钮元件　　　　图 6-67 返回场景并新增图层再加入按钮元件

15 选择【滚动】按钮元件，打开【属性】面板并设置元件实例名称为 b1，选择【暂停】按钮元件，再设置该元件实例名称为 b2，如图 6-68 所示。

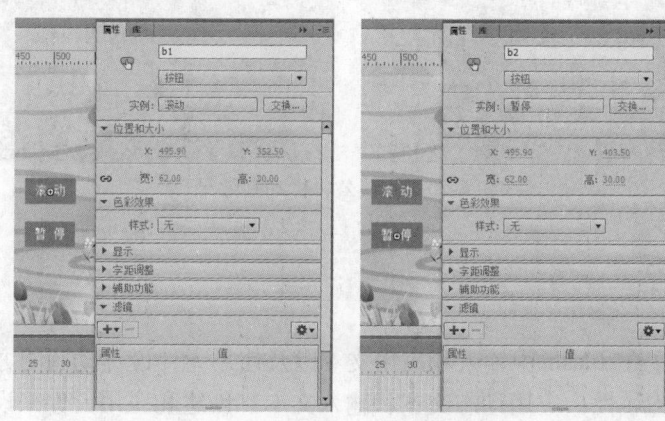

图 6-68 设置按钮元件的实例名称

16 在图层 3 上新建图层 4，选择【窗口】|【动作】命令打开【动作】面板，然后输入以下代码，通过 ActionScript 3.0 脚本语言设置按钮控制【滚动公告】影片剪辑的播放和暂停，如图 6-69 所示。

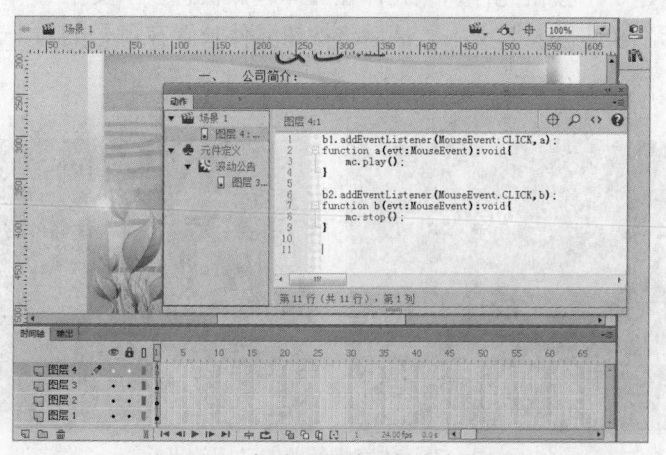

图 6-69 新建图层并添加脚本代码

> 技巧
>
> 关于 ActionScript 3.0 脚本语言的说明,后面章节将有详细介绍。

17 选择【控制】|【测试】命令,或按 Ctrl+Enter 键,测试 Flash 影片。打开影片播放窗口后,可以通过【滚动】按钮使公告内容滚动,通过【暂停】按钮使公告内容暂停滚动,如图 6-70 所示。

图 6-70 测试公告栏动画效果

6.3 本章小结

本章主要介绍了在 Flash 中输入和应用文本以及使用元件设计动画的方法,包括输入各种文本、修改文本的属性、应用动态文本和输入文本、创建和应用元件来设计动画等。

6.4 课后训练

为练习文件创建一个按钮元件,该元件在【弹起】状态显示文本"Welcome",在【指针经过】状态则显示"欢迎进入"文本,最后将按钮元件放置在舞台的右上方,结果如图 6-71 所示。

图 6-71 本章训练题的动画效果

提示

(1) 打开光盘中的"..\Example\Ch06\6.4.fla"练习文件，选择【插入】|【新建元件】命令，打开【创建新元件】对话框后，设置元件的名称为【进入】、类型为【按钮】，接着单击【确定】按钮。

(2) 选择【弹起】状态帧，然后选择【文本工具】并设置文本属性，再输入白色的按钮文字"Welcome"，如图 6-72 所示。

(3) 在图层 1 的【指针经过】状态帧上插入关键帧，然后修改该关键帧上文本内容为"欢迎进入"，颜色为【黄色】，如图 6-73 所示。

(4) 在【点击】状态帧上按 F5 键插入帧，然后单击编辑窗口上的【场景 1】按钮，返回场景并选择图层 1，将新建的按钮元件加入舞台即可。

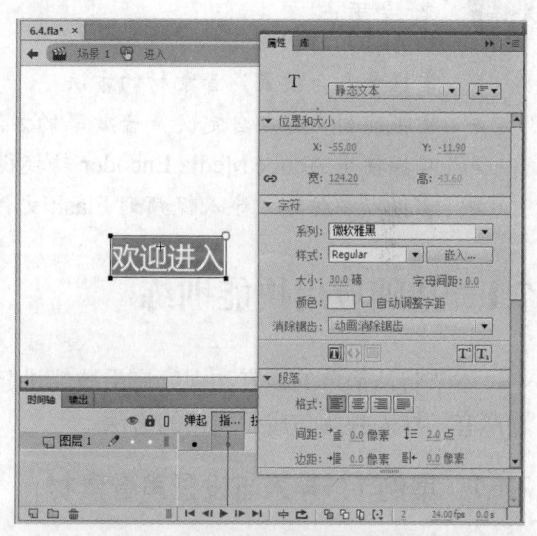

图 6-72　输入【弹起】帧的文本　　　　图 6-73　修改【指针经过】帧的文本

第 7 章　在动画中应用声音和视频

教学提要

在 Flash 中，声音与视频的使用对于动画创作来说是非常重要的，应用声音与视频素材可以使单调的动画增添音效和影画效果。本章将详细介绍在 Flash 动画中应用声音和视频的方法。

教学重点

- 掌握导入与设置声音素材的方法
- 掌握应用声音与自定义声音效果的方法
- 掌握使用 Adobe Media Encoder 转换视频格式的方法
- 掌握以多种方式导入视频到 Flash 文件的方法

7.1　基础应用技能训练

本节将从简单的声音和视频应用技能讲起，逐步带领读者掌握在 Flash 中导入声音、设置声音、导入视频与应用视频的方法。

7.1.1　案例 1：导入与设置声音素材

Flash 允许用户将声音导入动画中，使动画具有各种各样的声音效果，以增加动画的观赏性。在 Flash CC 中，可以导入以下格式的声音文件：

- ASND，这是 Adobe Soundbooth 的本机声音格式。
- WAV。
- AIFF。
- MP3。

如果系统上安装了 QuickTime 4 或更高版本，还可以导入以下格式的声音文件：

- 只有声音的 QuickTime 影片。
- Sun AU（.au，.snd）。
- FLAC（.flac）。
- Ogg Vorbis（.ogg，.oga）。

在 Flash 中使用声音，可以先将声音导入库内，然后根据设计需要可以多次从库中调用声音。将声音添加到动画后，一般需要附随动画一并导出，因此在导出动画时，可以设置声音压缩以用于导出。

上机实战　导入与设置声音素材

1　打开光盘的"..\Example\Ch07\7.1.1.fla"练习文件，选择【文件】|【导入】|【导

入到库】命令，如图7-1所示。

2　打开【导入到库】对话框后，选择声音文件，再单击【打开】按钮，如图7-2所示。

3　打开【库】面板，选择导入的声音，即可在面板预览区上看到声音的波纹图案，单击【播放】按钮，可以播放声音，如图7-3所示。

4　选择声音并单击右键，从弹出的菜单中选择【属性】命令，打开【声音属性】对话框，如图7-4所示。

5　在【声音属性】对话框中打开【压缩】列表框，选择压缩声音的格式，然后设置相关的压缩选项即可，最后单击【确定】按钮，如图7-5所示。

图7-1　选择【导入到库】命令

图7-2　打开声音文件

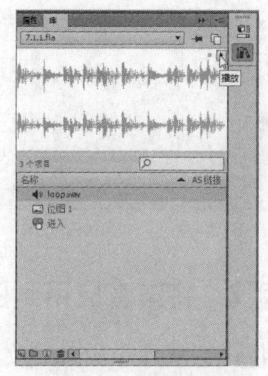

图7-3　播放声音

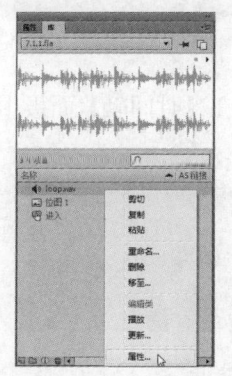

图7-4　打开【声音属性】对话框

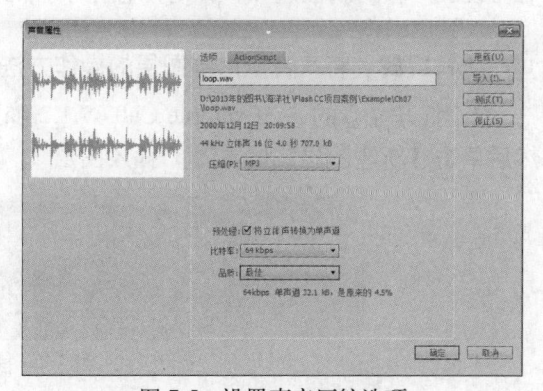

图7-5　设置声音压缩选项

技巧

声音要使用大量的磁盘空间和内存，但MP3声音数据经过压缩比WAV或AIFF声音数据小。通常，使用WAV或AIFF文件时，最好使用16-22kHz的单声（立体声使用的数据量是单声的两倍）处理，Flash可以导入采样比率为11kHz、22kHz或44kHz的8位或16位的声音，因此，在将声音导入Flash时，如果声音的记录格式不是11kHz的倍数（如8kHz、32kHz或96kHz），将会重新采样。同样，在导出声音时，Flash会把声音转换成采样比率较低的声音。

6 对于在 Flash 文件中的多个声音，可以在发布时设置统一的声音压缩选项。方法是选择【文件】|【发布设置】命令，然后单击【音频流】选项右侧的参数，通过打开的【声音设置】对话框设置声音压缩选项，接着单击【确定】按钮关闭【声音设置】对话框，并选择【覆盖声音设置】复选框，最后单击【确定】按钮即可，如图 7-6 所示。

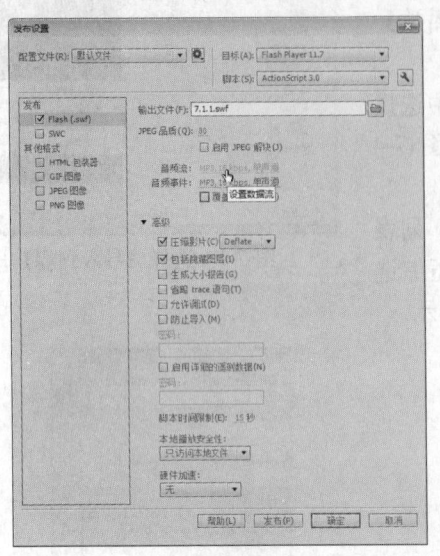

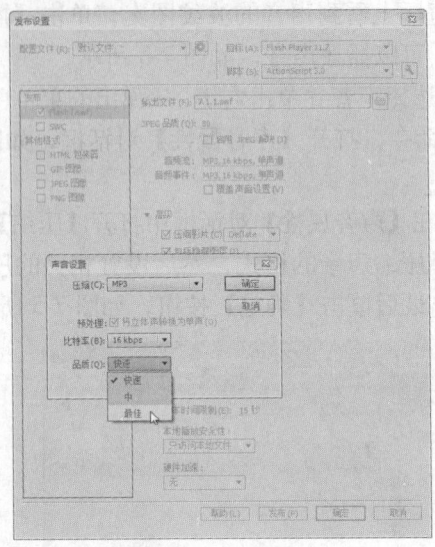

图 7-6　在【发布设置】对话框中设置声音

7.1.2　案例 2：将声音应用到图层

如果要将声音从库中添加到文件，建议为声音新建一个图层，以便在【属性】面板中查看与设置声音的属性选项，并对声音作单独的处理。

上机实战　将声音应用到图层的操作方法如下。

1 打开光盘的 "..\Example\Ch07\7.1.2.fla" 练习文件，在【时间轴】面板中选择图层 1，然后单击【新建图层】按钮，插入图层 2，如图 7-7 所示。

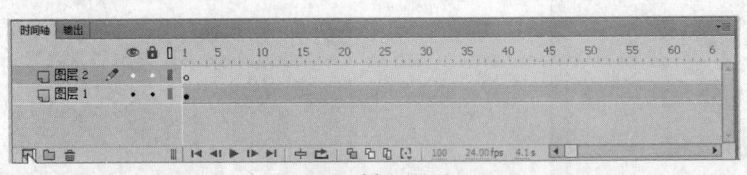

图 7-7　插入图层 2

2 选择图层 2 的第 1 帧，打开【属性】面板，在【声音】选项框中打开【名称】列表框，选择声音项目，如图 7-8 所示。

技巧

除了步骤 2 加入声音的方法外，还可以先选择图层的一个帧，然后将【库】面板的声音对象拖到舞台上，以实现将声音添加到图层的目的，如图 7-9 所示。

3 打开【属性】面板，再设置声音的同步为【事件】、重复次数为 1，此时可以单击【时间轴】面板的【播放】按钮，播放时间轴以预览声音效果，如图 7-10 所示。

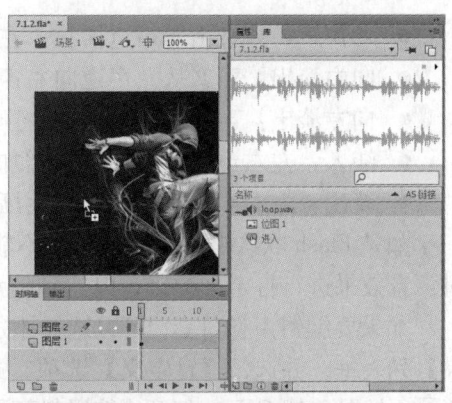

图 7-8　将声音添加到图层　　　　　　　　图 7-9　通过拖动的方式添加声音

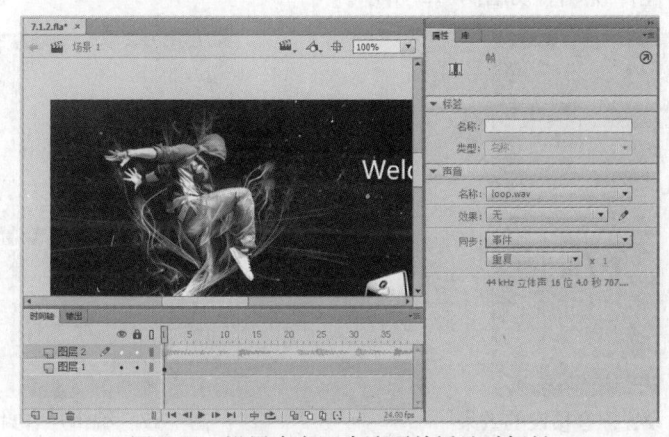

图 7-10　设置声音同步选项并播放时间轴

> **技巧**
>
> Flash CC 提供了"事件、开始、停止、数据流"4 种声音同步方式，可以使声音独立于时间轴连续播放，或使声音和动画同步播放，也可以使声音循环播放一定次数。各种声音同步方式的功能介绍如下：
> - 事件：这种同步方式要求声音必须在动画播放前完成下载，而且会持续播放直到有明确命令为止。
> - 开始：这种方式与事件同步方式类似，在设定声音开始播放后，需要等到播放完毕才会停止。
> - 停止：是一种设定声音停止播放的同步处理方式。
> - 数据流：这种方式可以在下载了足够的数据后就开始播放声音（即一边下载声音，一边播放声音），无须等待声音全部下载完毕再进行播放。

7.1.3　案例 3：自定义声音的效果

没有经过处理的声音会依照原来的模式进行播放。为了使声音更加符合动画设计，可以对声音设置各种效果。Flash CC 提供了多种预设声音效果，如淡入、淡出、左右声道等，如图 7-11 所示。各种声音预设效果说明如下：
- 左声道：声音由左声道播放，右声道为静音。

- 右声道：声音由右声道播放，左声道为静音。
- 向右淡出：声音从左声道向右声道转移，然后从右声道逐渐降低音量，直至静音。
- 向左淡出：声音从右声道向左声道转移，然后从左声道逐渐降低音量，直至静音。
- 淡入：左右声道从静音逐渐增加音量，直至最大音量。
- 淡出：左右声道从最大音量逐渐降低音量，直至静音。

如果 Flash 默认提供的声音效果不能适合设计需要，用户可以通过编辑声音封套的方式，对声音效果进行自定义编辑，以达到随意改变声音的音量和播放效果的目的。

如果要编辑声音封套，可以选择添加声音的关键帧（目的是选择到声音），然后打开【效果】列表框，并选择【自定义】选项，或者直接单击【效果】列表后的【编辑声音封套】按钮，如图 7-12 所示。打开【编辑封套】对话框后，可以在此对话框中自定义声音效果。【编辑封套】对话框的控件说明，如图 7-13 所示。

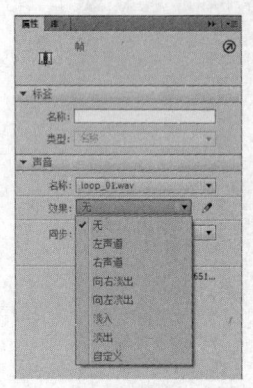

图 7-11　设置声音预设的效果　　　　图 7-12　编辑声音封套

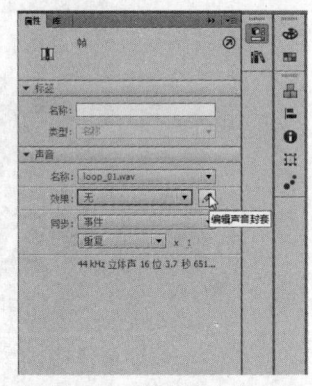

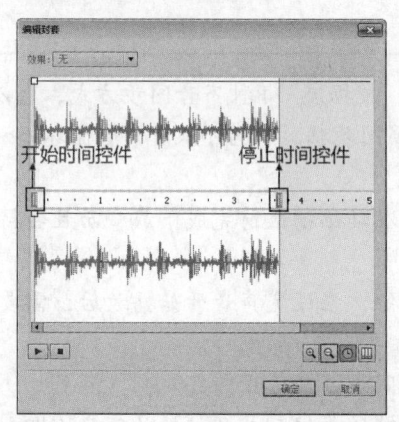

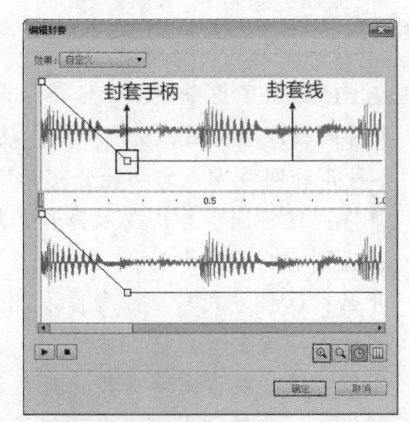

图 7-13　【编辑封套】对话框的控件说明

上机实战　自定义声音效果

1　打开光盘中的"..\Example\Ch07\7.1.3.fla"练习文件，选择图层 2 的第 1 帧，打开【属性】面板，然后单击【编辑声音封套】按钮，如图 7-14 所示。

2　打开【编辑封套】对话框后，单击多次【缩小】按钮，缩小窗口的显示，直至显示全部的声音，如图 7-15 所示。

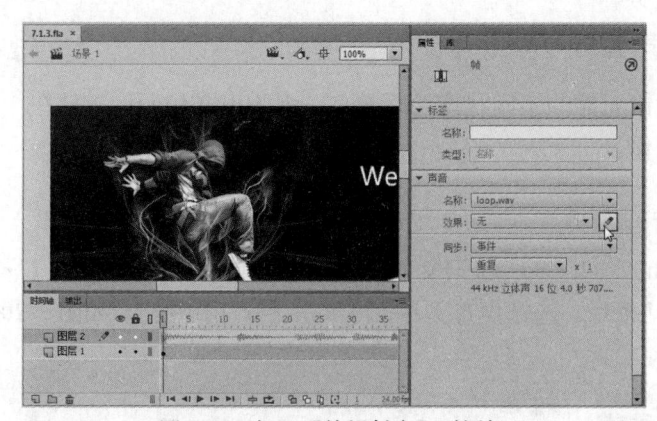

图 7-14 打开【编辑封套】对话框 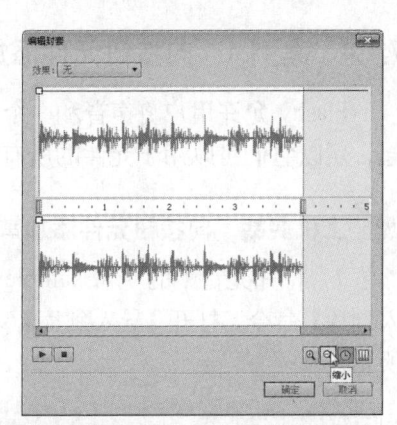   图 7-15 缩小窗口的显示

3 使用鼠标在封套线上单击，添加封套手柄。使用相同的方法，为封套线添加多个封套手柄，结果如图 7-16 所示。

4 选择左声道封套线上【开始时间】的封套手柄，然后拖到下方，设置左声音的音量为 0，如图 7-17 所示。

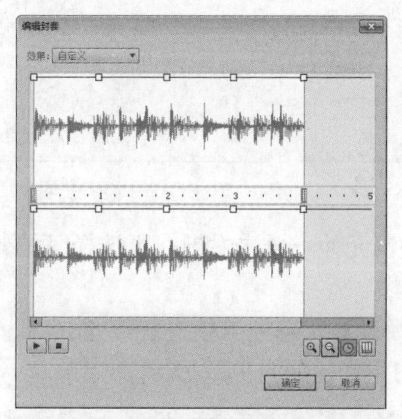

图 7-16 为封套线添加多个封套手柄 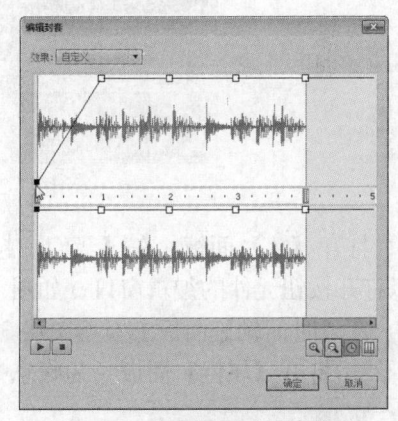   图 7-17 移动封套手柄的位置

5 使用步骤 4 的方法，分别调整左右声道的封套线上的封套手柄，以调整左右声道的声音效果，结果如图 7-18 所示。

6 单击【播放声音】按钮 ▶，可以预听声音的效果，如图 7-19 所示。

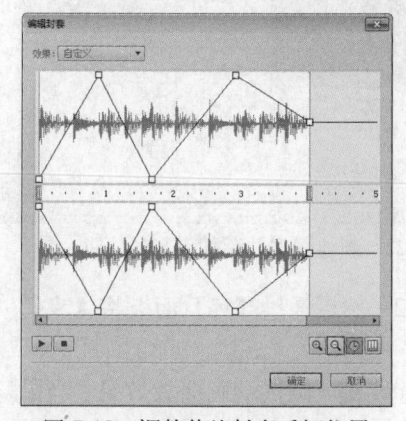

图 7-18 调整其他封套手柄位置 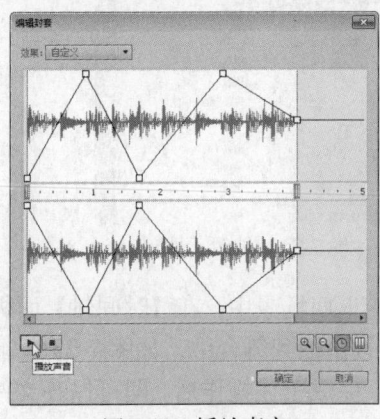   图 7-19 播放声音

7.1.4 案例 4：向按钮元件添加声音

Flashy 允许用户将声音和一个按钮元件的不同状态关联起来。因为声音和元件存储在一起，所以它们可以用于元件的所有实例。

上机实战　向按钮元件添加声音

1　打开光盘中的"..\Example\Ch07\7.1.4.fla"练习文件，选择【文件】|【导入】|【导入到库】命令，打开【导入到库】对话框后，选择声音文件，再单击【打开】按钮，如图 7-20 所示。

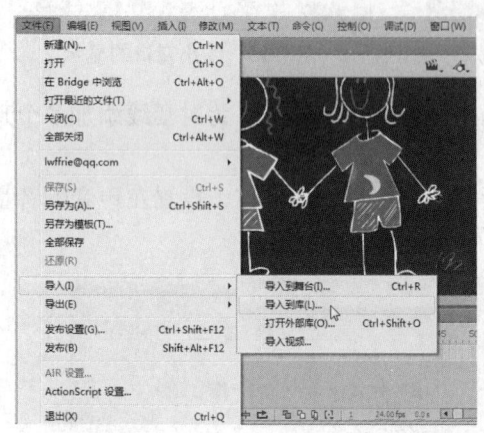

图 7-20　将声音导入到库

2　打开【库】面板，在【我们一起上学啦】按钮元件上单击右键，再选择【编辑】命令，以打开按钮元件的编辑窗口，如图 7-21 所示。

3　在【时间轴】面板上新增图层 3，在【指针经过】状态帧上单击 F7 功能键插入空白关键，然后打开【属性】面板，为状态帧指定添加的声音，如图 7-22 所示。

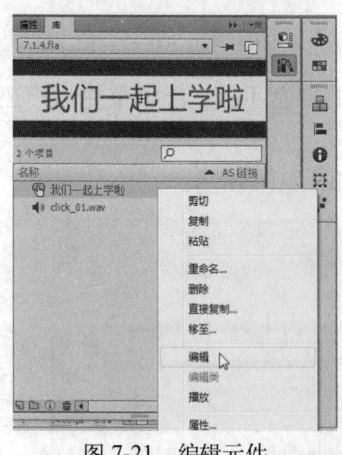

图 7-21　编辑元件 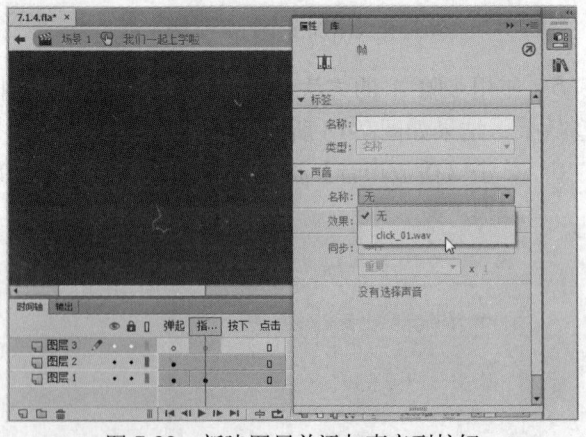　　　　　　　　图 7-22　新建图层并添加声音到按钮

4　返回场景中，在【时间轴】面板上新建图层 2，然后通过【库】面板将【我们一起上学啦】按钮拖到舞台中，如图 7-23 所示。

5　完成上述操作后，即可保存文件并按 Ctrl+Enter 键，测试动画播放效果。当鼠标没有移到按钮上时，按钮没有声音；当鼠标移到按钮上时，按钮即可发出声音，如图 7-24 所示。

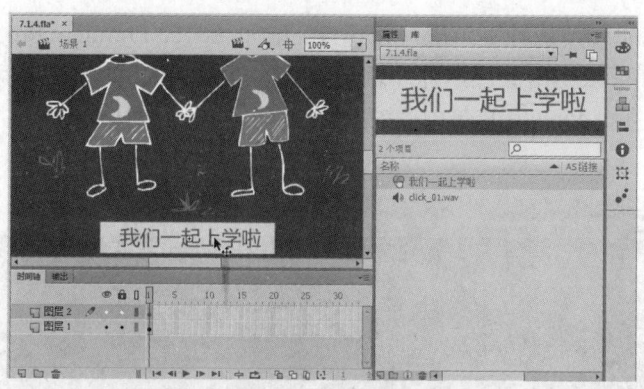

图 7-23　将按钮元件加入舞台

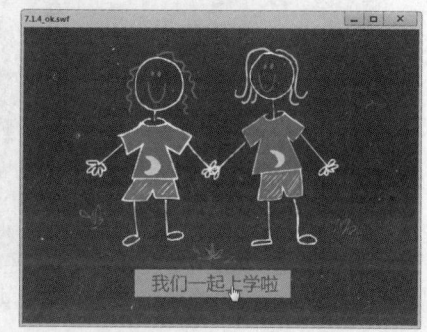

图 7-24　通过播放器测试按钮声音效果

7.1.5　案例 5：使用 Adobe Media Encoder 转换视频格式

　　Flash 支持视频播放，可以将多种格式的视频导入 Flash 中，包括 MOV、QT、AVI、MPG、MPEG-4、FLV、F4V、3GP、WMV 等。要直接将视频导入 Flash，必须使用以 FLV 或 H.264 格式编码（F4V）的视频。如果是其他格式的视频，则需要经过 Adobe Media Encoder 程序转换才可以直接导入到 Flash。

　　当导入视频时，Flash 的视频导入向导会检查选择导入的视频文件。如果视频不是 Flash 播放器可以播放的 FLV 或 F4V 格式，则向导会提醒使用 Adobe Media Encoder 以适当的格式对视频进行编码，如图 7-25 所示。

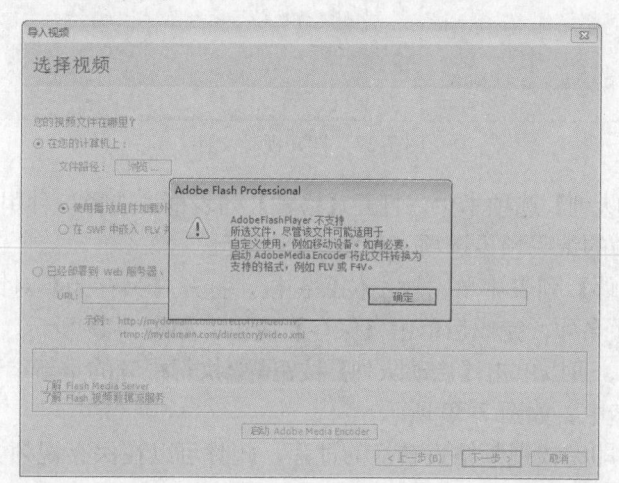

图 7-25　当导入非 FLV 或 F4V 格式的视频时弹出提示信息

Adobe Media Encoder 是独立编码应用程序，诸如 Adobe Premiere Pro、Adobe Soundbooth 和 Flash 之类的程序可以使用该应用程序输出到某些媒体格式。如图 7-26 所示为 Adobe Media Encoder 程序界面。在 Adobe 安装包中，安装 Flash CC 程序时可以选择一并安装 Adobe Media Encoder 应用程序。

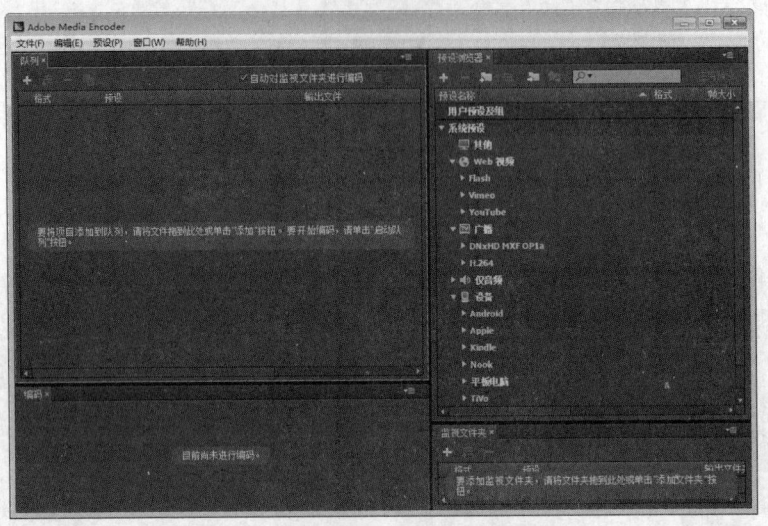

图 7-26　Adobe Media Encoder 程序界面

上机实战　使用 Adobe Media Encoder 转换视频格式

1　启动 Adobe Media Encoder 应用程序，选择【文件】|【添加源】命令，打开【打开】对话框后，选择需要转换格式的视频文件，然后单击【打开】按钮，如图 7-27 所示。

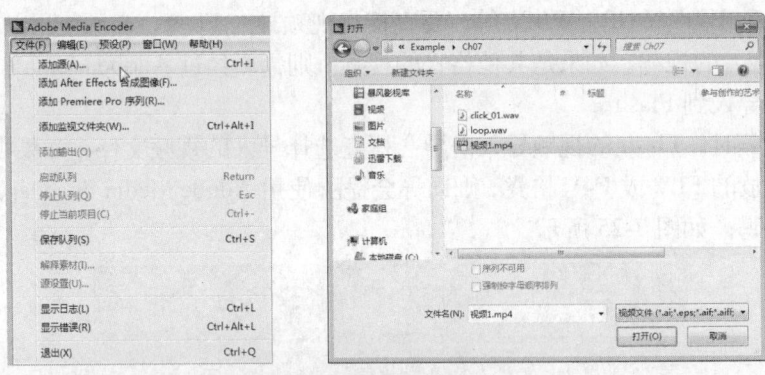

图 7-27　打开视频文件

2　在程序的【队列】选项卡中，打开【格式】列表框，选择一种用于导入 Flash 的视频格式，然后设置视频的编码预设选项，如图 7-28 所示。

3　在【输出文件】列表中单击输出位置链接，打开【另存为】对话框后，设置保存视频文件的位置和文件名称，完成后单击【保存】按钮，如图 7-29 所示。

4　完成设置后，可以单击【启动队列】按钮 ▶ 执行视频的重新编码，其编码过程会显示在【编码】选项卡中，如图 7-30 所示。

5　编码完成后即完成视频格式转换的过程，此时可以在保存视频文件的文件夹中查看视频转换格式后的结果，如图 7-31 所示。

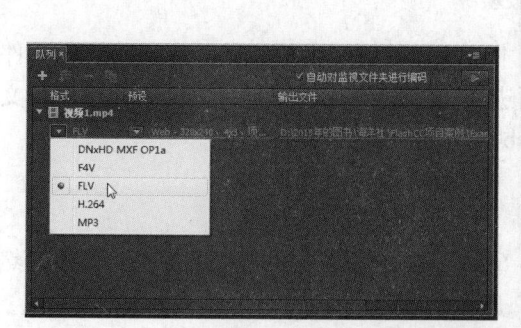

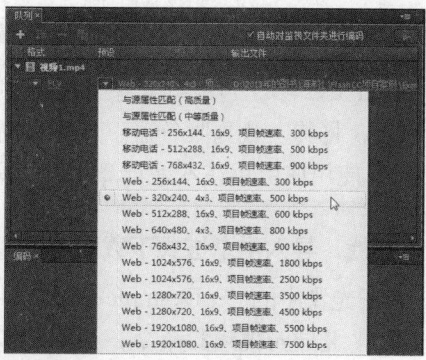

图 7-28　设置视频格式和编码预设选项

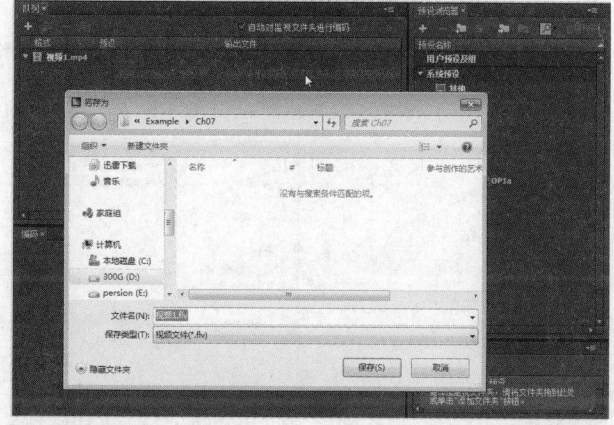

图 7-29　设置保存视频的位置和文件名称

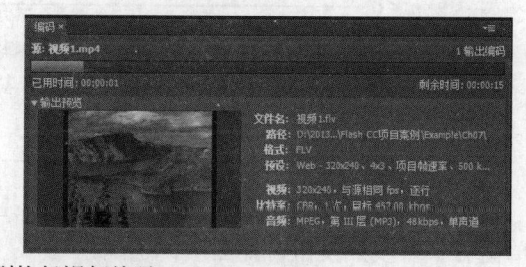

图 7-30　启动队列执行视频编码

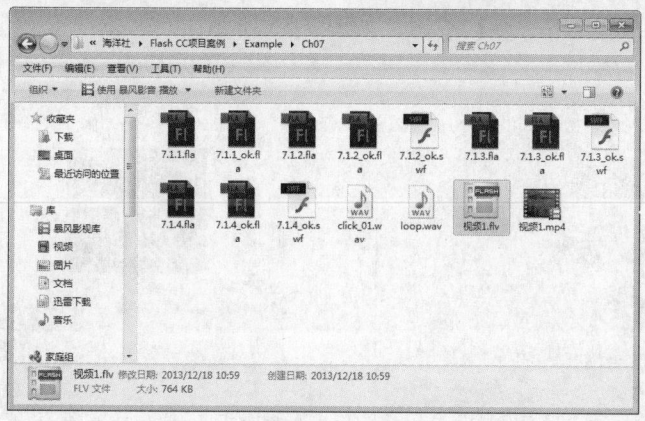

图 7-31　查看视频转换格式后的结果

7.1.6 案例 6：导入供渐进式下载的视频

在 Flash CC 中，可以导入在计算机中本地存储的视频文件，然后在将该视频文件导入 FLA 文件后，将其上载到服务器。当导入渐进式下载的视频时，实际上仅添加对视频文件的引用。Flash 使用该引用在本地计算机或 Web 服务器上查找视频文件。

上机实战　导入供渐进式下载的视频

1　打开光盘中的 "..\Example\Ch07\7.1.6.fla" 练习文件，再打开【文件】菜单，然后选择【导入】|【导入视频】命令，如图 7-32 所示。

2　打开【导入视频】对话框后，单击【浏览】按钮打开【打开】对话框，然后选择视频素材文件，再单击【打开】按钮，如图 7-33 所示。

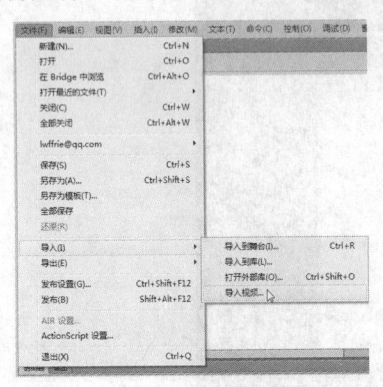

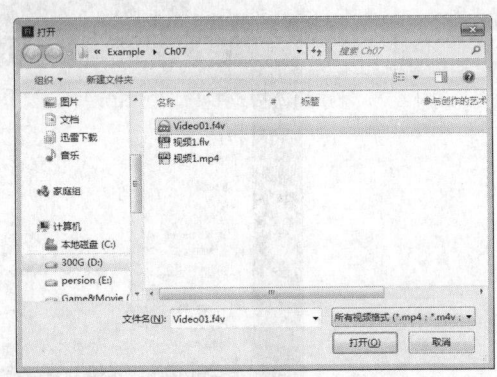

图 7-32　导入视频　　　　　图 7-33　选择视频文件并打开

技巧

使用供渐进式下载的导入方法导入视频后，导入时指定的视频文件不能变更位置和名称。如果该视频文件变更了位置或名称，将会导致 FLA 文件和对应发布的 SWF 文件无法对应链接视频，从而无法播放视频。

3　返回【导入视频】对话框后，选择【使用播放器组件加载外部视频】单选项，然后单击【下一步】按钮，如图 7-34 所示。

4　此时【导入视频】向导将进入外观设定界面，可以选择一种播放组件外观，并设置对应的颜色，然后单击【下一步】按钮，如图 7-35 所示。

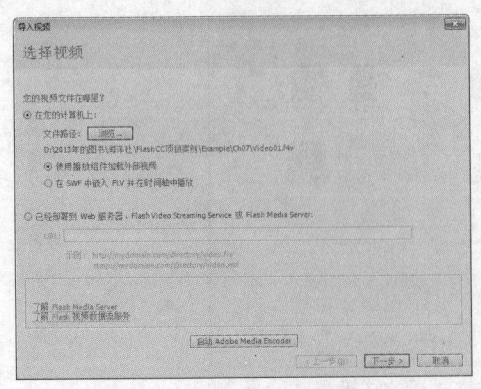

图 7-34　选择使用视频的方法　　　　　图 7-35　设定播放器外观

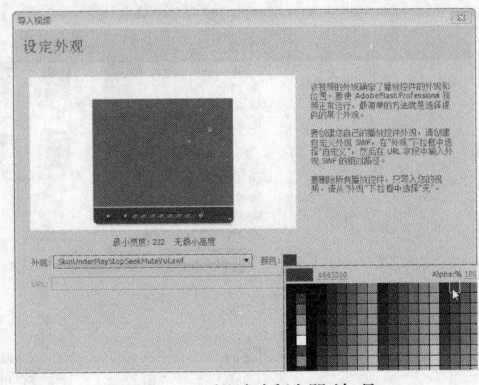

5　此时向导显示导入视频的所有信息，查看无误后，即可单击【完成】按钮，如图7-36所示。

6　导入视频后，选择视频对象，在【属性】面板上设置对象的X和Y的数值均为0，以便将视频放置在舞台内，如图7-37所示。

7　完成上述操作后，即可保存文件并按Ctrl+Enter键，测试动画播放效果。此时可以单击视频上的播放组件，播放视频，如图7-38所示。

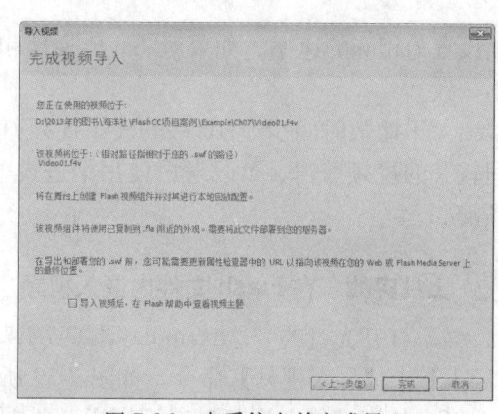

图7-36　查看信息并完成导入

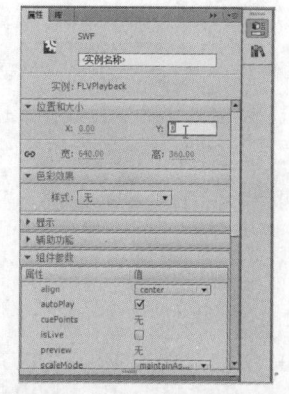

图7-37　设置视频对象的位置　　　　图7-38　播放视频

技巧

对于在时间轴中嵌入视频，渐进式下载具有下列优势：

（1）在创作期间，仅发布SWF文件即可预览或测试部分或全部Flash内容。因此能更快速地预览，从而缩短重复试验的时间。

（2）在播放期间，将第一段视频下载并缓存到本地计算机的磁盘驱动器后，即可开始播放视频。

（3）在运行时，Flash Player将视频文件从计算机的磁盘驱动器加载到SWF文件中，并且不限制视频文件大小或持续时间。不存在音频同步的问题，也没有内存限制。

（4）视频文件的帧速率可以与SWF文件的帧速率不同，从而允许在创作Flash内容时有更大的灵活性。

7.1.7　案例7：在Flash文件内嵌入视频

当在Flash中嵌入视频时，所有视频文件数据都将添加到Flash文件中，这导致Flash文件及随后生成的SWF文件数据比较大。

但另一方面，视频导入后被放置在时间轴中，可以在此查看在时间轴帧中显示的单独视频帧。由于每个视频帧都由时间轴中的一个帧表示，因此视频剪辑和SWF文件的帧速率必须设置为相同的速率。如果对 SWF 文件和嵌入的视频剪辑使用不同的帧速率，视频播放将不一致。

对于播放时间少于 10 秒的较小视频剪辑，嵌入视频的效果最好。如果正在使用播放时间较长的视频剪辑，可以考虑使用渐进式下载的视频，或者使用 Flash Media Server 传送视频流。

上机实战　在 Flash 文件内嵌入视频

1　打开光盘的 "..\Example\Ch07\7.1.7.fla" 练习文件，再打开【文件】菜单，然后选择【导入】|【导入视频】命令，如图 7-39 所示。

2　打开【导入视频】对话框后，单击【浏览】按钮打开【打开】对话框，然后选择视频 "视频 1.flv" 素材文件，再单击【打开】按钮，如图 7-40 所示。

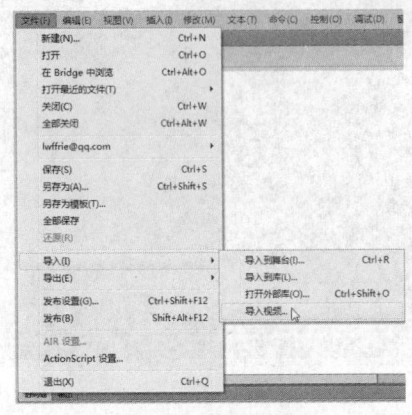

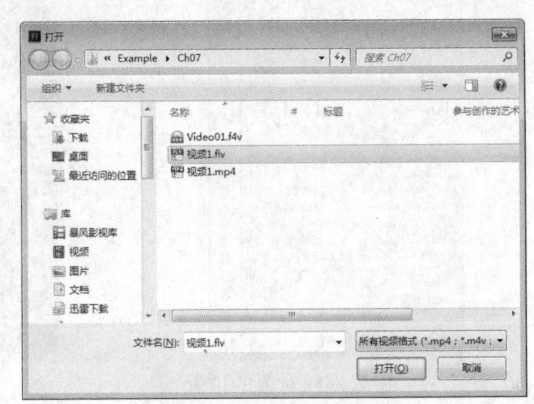

图 7-39　导入视频　　　　图 7-40　选择视频文件并打开

3　在【导入视频】对话框中选择【在 SWF 中嵌入 FLV 并在时间轴中播放】单选项，然后单击【下一步】按钮，如图 7-41 所示。

4　进入【嵌入】向导界面后，设置符号类型为【嵌入的视频】，然后全选向导界面上其他复选项，再单击【下一步】按钮，如图 7-42 所示。

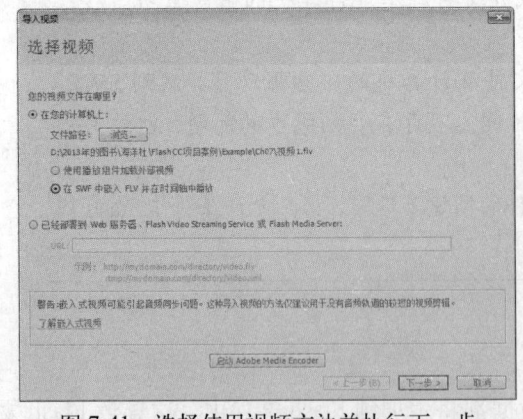

图 7-41　选择使用视频方法并执行下一步　　　　图 7-42　设置嵌入选项

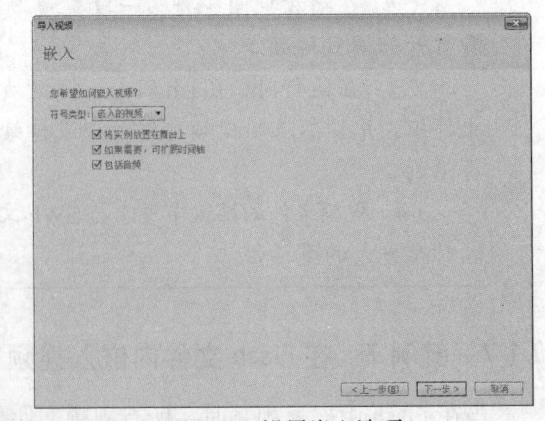

5　此时向导显示导入视频的所有信息，查看无误后，即可单击【完成】按钮，如图 7-43 所示。

6 返回 Flash 文件中，可以看到视频被导入到舞台，并且放置在时间轴上。可以单击【时间轴】面板的【播放】按钮▶，播放视频，如图 7-44 所示。

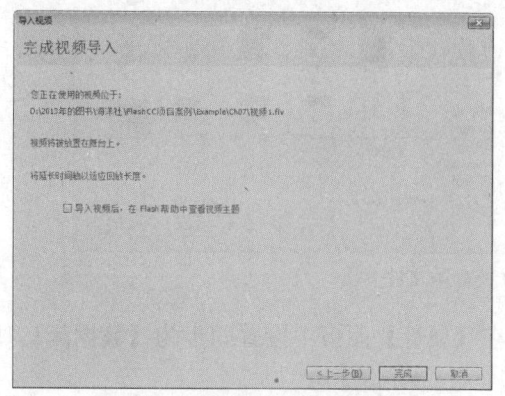

图 7-43 查看信息后完成导入

图 7-44 播放视频

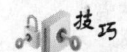

技巧

符号类型可以设置 3 个选项，它们的说明如下：
- 嵌入的视频：如果要使用在时间轴上线性播放的视频剪辑，那么最合适的方法就是将该视频导入时间轴。
- 影片剪辑：良好的习惯是将视频置于影片剪辑实例中，这样可以获得对内容的最大控制。视频的时间轴独立于主时间轴进行播放，因此不必为容纳该视频而将主时间轴扩展很多帧，但这样做会导致 FLA 文件难以使用。
- 图形：将视频嵌入为图形元件时，无法使用 ActionScript 与该视频进行交互。

7.2 综合项目训练

在上一节的讲解中，重点介绍了在 Flash 中应用声音和视频素材的各种基本技能。下面将通过两个综合项目训练，讲解在创作动画时，通过声音制作动画音效，以及在动画中应用组件控制仪视频的方法和技巧。

7.2.1 项目 1：设计有音乐的广告动画

本例将为一个广告动画添加背景音乐，并设置音乐淡入和淡出的效果。在本例中，首先将背景音乐导入文件，然后将音乐添加到动画中，并通过编辑声音封套的方法，设置音乐淡入和淡出的效果。

上机实战 设计带音乐的广告动画

1 打开光盘中的"..\Example\Ch07\7.2.1.fla"练习文件，选择【文件】|【导入】|【导入到库】命令，打开【导入到库】对话框后，选择声音文件，再单击【打开】按钮，如图 7-45 所示。

2 在【时间轴】面板上新建图层 7，然后选择图层 7 的第 1 帧，打开【属性】面板并选择添加到图层的声音，如图 7-46 所示。

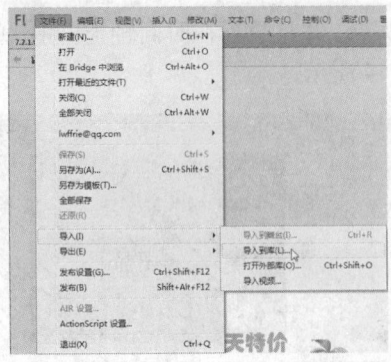

图 7-45 导入背景音乐文件

3 选择图层 7 的第 1 帧以选择声音对象，在【属性】面板中设置同步为【数据流】、声音循环为【循环】，如图 7-47 所示。

图 7-46 新增图层并加入声音　　　　　　　　图 7-47 设置声音的属性

4 在【属性】面板中单击【编辑声音封套】按钮，打开【编辑封套】对话框后，单击多次【缩小】按钮，缩小窗口以显示完整的声音，如图 7-48 所示。

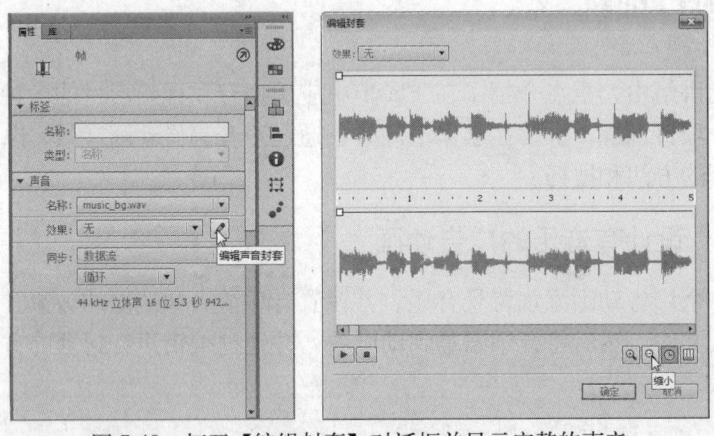

图 7-48 打开【编辑封套】对话框并显示完整的声音

5 使用鼠标在封套线上单击，添加封套手柄。使用相同的方法，为封套线添加多个封套手柄，结果如图 7-49 所示。

6 分别选择左声道和右声道封套线上【开始时间】的封套手柄，然后拖到下方，设置左右声道声音的音量均为 0，接着分别选择左右声道封套线上【结束时间】的封套手柄，并拖到下方，设置左右声道声音的音量均为 0，如图 7-50 所示。

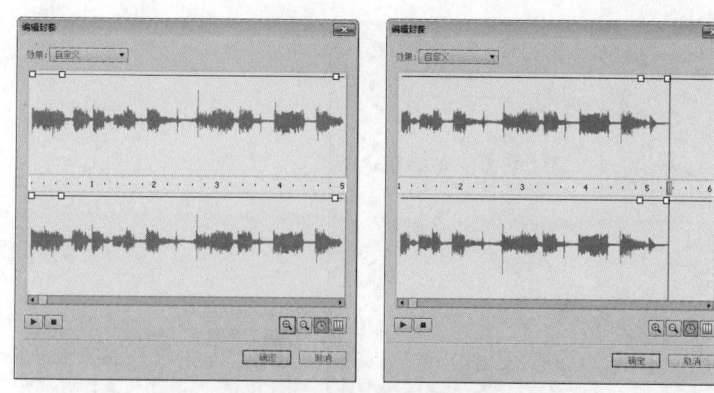

图 7-49 添加多个封套手柄

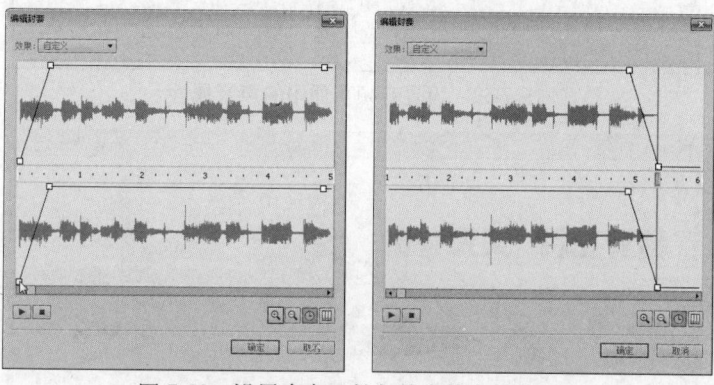

图 7-50 设置声音开始与结束的音量均为 0

7 选择【文件】|【发布设置】命令，然后单击【音频流】选项右侧的属性链接，通过打开的【声音设置】对话框设置声音压缩选项，如图 7-51 所示。

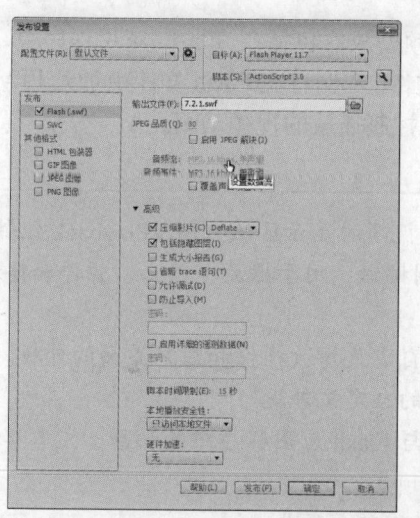

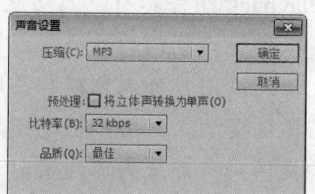

图 7-51 设置音频流中的声音属性

8 单击【音频事件】选项右侧的属性链接，通过打开的【声音设置】对话框设置声音压缩选项，接着单击【确定】按钮关闭全部对话框，如图 7-52 所示。

9 完成上述操作后，即可保存文件并按 Ctrl+Enter 键测试动画播放效果。此时可以通过播放器听到声音淡入和淡出的效果，如图 7-53 所示。

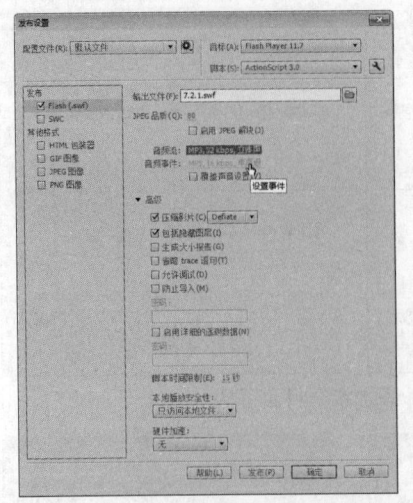

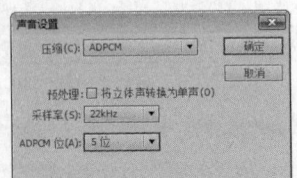

图 7-52　设置音频事件中的声音属性

图 7-53　通过播放器测试声音效果

7.2.2　项目 2：制作可控制播放的广告视频

通过 FLVPlayback 组件，可以将视频播放器包括在 Flash 应用程序中，以便播放通过 HTTP 渐进式下载的视频（FLV 或 F4V）文件。本例将在 Flash 文件中加入 FLVPlayback 组件，然后通过组件指定播放视频，制作出可以控制播放的视频动画。

技巧

FLVPlayback 组件可以用于查看视频的显示区域。FLVPlayback 组件包含 FLV 自定义用户界面控件，这是一组控制按钮，用于播放、停止、暂停和播放视频。

FLVPlayback 组件具有下列功能：

（1）提供一组预制的外观，以自定义播放控件和用户界面的外观。
（2）使高级用户可以创建自己的自定义外观。
（3）提供提示点，用于将视频与 Flash 应用程序中的动画、文本和图形同步。
（4）提供对自定义内容的实时预览。
（5）保持合理的 SWF 文件大小以便于下载。

上机实战　制作可控制播放的广告视频

1　启动 Adobe Media Encoder 应用程序，选择【文件】|【添加源】命令，打开【打开】对话框后，选择需要转换格式的广告视频文件（光盘中提供该素材），然后单击【打开】按

钮，如图 7-54 所示。

2 设置视频转换目标格式为 FLV，再打开【预设】项的选项列表框，选择【与源属性匹配（高质量）】选项，如图 7-55 所示。

图 7-54 将广告视频打开到 Adobe Media Encoder 应用程序

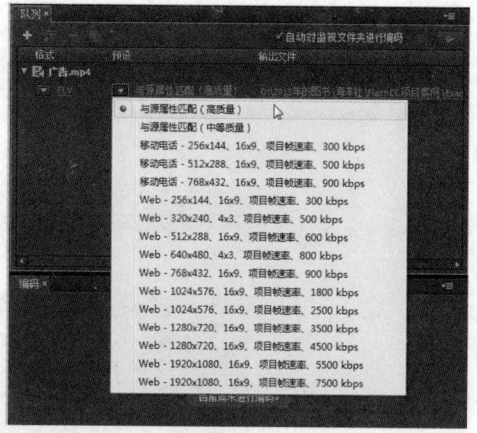

图 7-55 设置视频转换格式和预设选项

3 完成设置后，可以单击【启动队列】按钮 以执行视频的重新编码，如图 7-56 所示。

4 启动 Flash CC 应用程序并选择【文件】|【新建】命令，选择【ActionScript 3.0】类型，并设置舞台的宽、高，接着单击【确定】按钮，如图 7-57 所示。

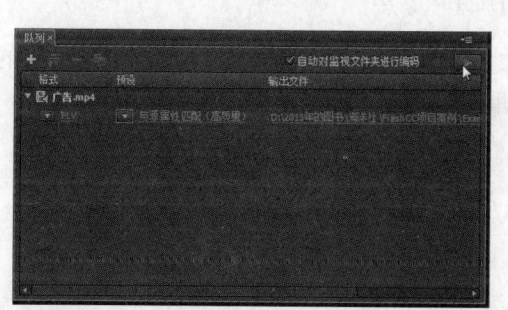

图 7-56 启动队列以执行视频重新编码

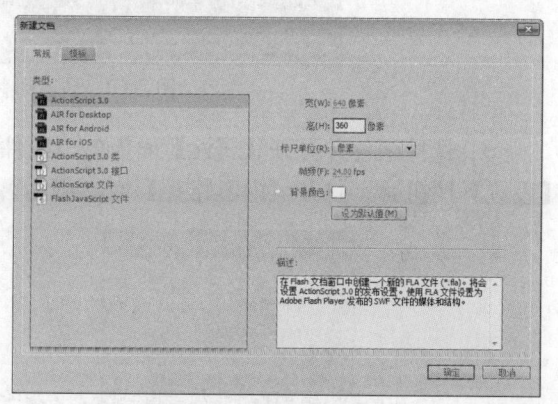

图 7-57 新建 Flash 文件

5 新建 Flash 文件后，按 Ctrl+S 键打开【另存为】对话框，然后设置保存文件的位置和文件名，再单击【保存】按钮，如图 7-58 所示。

6 选择【窗口】|【组件】命令（或按 Ctrl+F7 键），打开【组件】面板，选择【FLVPlayback 2.5】组件并将它拖到舞台上，如图 7-59 所示。

7 选择舞台上的组件对象，打开【属性】面板并设置 X/Y 位置均为 0，然后单击【将宽度值和高度值锁定在一起】按钮 解开锁定，接着设置组件对象的宽高，如图 7-60 所示。

图 7-58 保存新建的文件

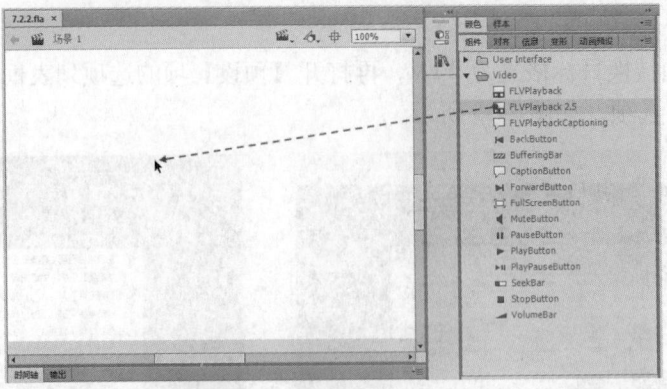

图 7-59 将组件拖到舞台上

图 7-60 设置组件的位置和大小

8 选择组件并打开【属性】面板的【组件参数】选项卡，然后单击【source】项右边的【设置】按钮，打开【内容路径】对话框后，再单击【浏览】按钮，如图 7-61 所示。

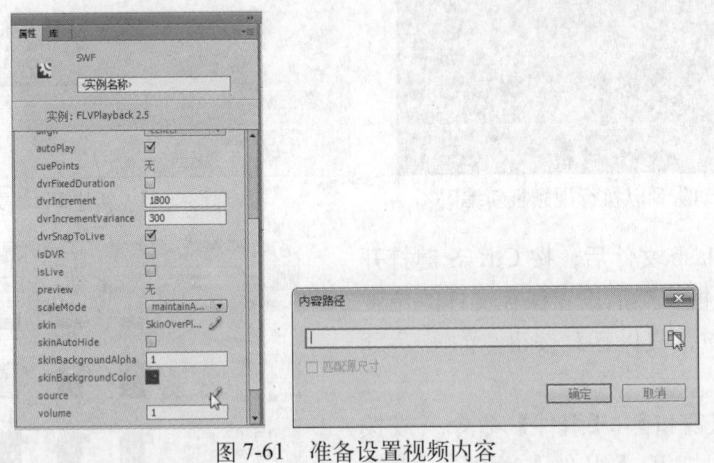

图 7-61 准备设置视频内容

9 打开【浏览源文件】对话框后，在"..\Example\Ch07\7.2.2"文件夹内选择视频文件，然后单击【打开】按钮，返回【内容路径】对话框后，选择【匹配源尺寸】复选项，再单击【确定】按钮，如图 7-62 所示。

10 单击【组件参数】选项卡【skin】项目右边的【设置】按钮，然后在【选择外观】对话框中选择一种回放组件外观并选择一种颜色，接着单击【确定】按钮，如图 7-63 所示。

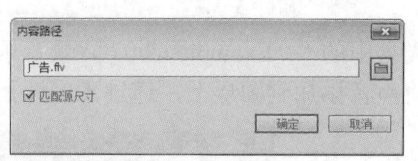

图 7-62 指定视频文件并匹配源尺寸

11 返回【组件参数】选项卡中，勾选【skinAutoHide】选项，设置回放组件可自动隐藏，如图 7-64 所示。

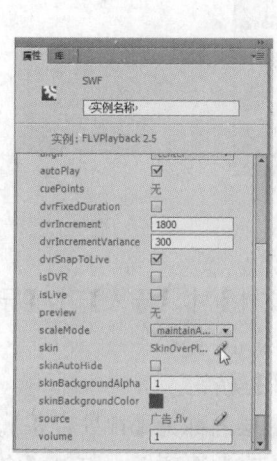

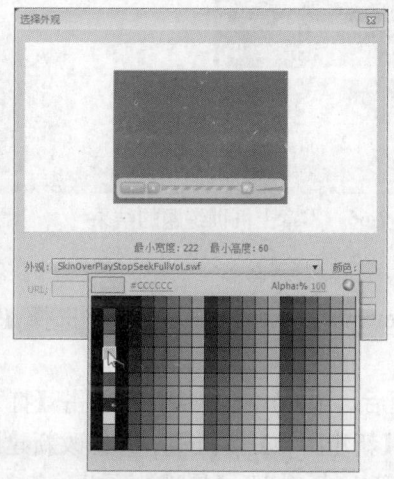

图 7-63 设置回放组件的外观 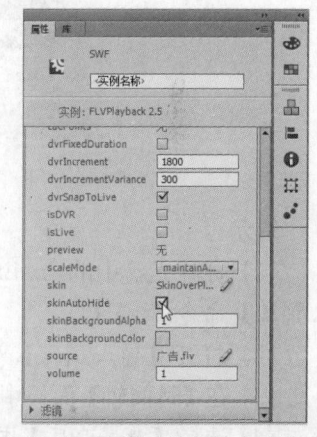　　　　　　　　　图 7-64 设置回放组件自动隐藏

12 完成上述操作后，即可保存文件并按 Ctrl+Enter 键，测试动画播放效果。广告视频动画刚打开时，回放组件处于隐藏状态，当鼠标没有移到组件上，即显示回放组件，如图 7-65 所示。

图 7-65 测试动画播放效果

7.3 本章小结

本章主要介绍了在 Flash 中导入和应用声音与视频的方法，包括导入与设置声音、应用

声音与定义声音效果、使用 Adobe Media Encoder 转换视频格式、导入使用与设置视频回放组件等内容。

7.4 课后训练

将光盘中的"..\Example\Ch07\背景音乐.mp3"练习文件，导入练习文件然后新建一个图层，并将声音添加到图层上，通过【属性】面板设置声音淡入的效果，结果如图 7-66 所示。

图 7-66 本章上机训练题的结果

提示

（1）打开光盘中的"..\Example\Ch07\7.4.fla"练习文件，选择【文件】|【导入】|【导入到库】命令。

（2）打开【导入到库】对话框后，选择声音文件，再单击【打开】按钮。

（3）在【时间轴】面板中单击【新建图层】按钮，并修改新建图层名称为【背景音乐】。

（4）选择【背景音乐】图层的第 1 帧，打开【属性】面板，在【声音】选项框中打开【名称】列表框，选择声音项目。

（5）打开【属性】面板，再设置声音的同步为【数据流】、重复次数为 1、效果为【淡入】，此时可以单击【时间轴】面板的【播放】按钮，播放时间轴以预览声音效果。

第 8 章　应用滤镜与 ActionScript

教学提要

ActionScript 是 Flash 的脚本撰写语言，使用 ActionScript 可以让 Flash 以灵活的方式播放动画，并可以制作各种无法以时间轴表示的复杂的功能。本章将有针对性地讲解 ActionScript 在滤镜、声音和视频处理上的应用。

教学重点

> 掌握添加与设置滤镜效果的方法
> 掌握禁止、启用与删除滤镜的方法
> 掌握使用 ActionScript 3.0 语言加载与播放声音的方法
> 掌握使用 ActionScript 3.0 语言加载视频与控制视频播放的方法
> 掌握使用【代码片断】面板添加代码的方法

8.1　入门应用技能训练

本节将从滤镜和 ActionScript 3.0 脚本语言的入门应用技能讲起，逐步带领读者掌握在 Flash 中使用滤镜制作元件和文本的效果，再使用 ActionScript 3.0 脚本语言创作更丰富的动画效果的方法。

8.1.1　案例 1：添加与设置滤镜效果

利用 Flash 的滤镜功能，可以为文本、按钮和影片剪辑制作特殊的视觉效果，并且可以将投影、模糊、发光和斜角等图形效果应用于图形对象。通过该功能，不但可以使对象产生特殊效果，还可以利用补间动画让使用的滤镜效果活动起来。

例如，使用滤镜功能为一个运动的文本对象，其添加投影效果后，然后利用补间动画效果使文本与其投影一起运动，则文本的运动动画效果将更加逼真，如图 8-1 所示。

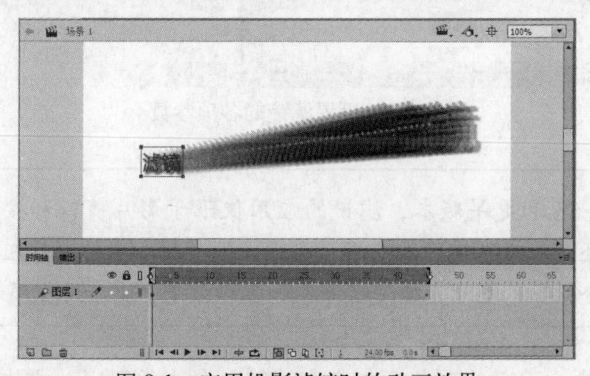

图 8-1　应用投影滤镜时的动画效果

技巧

要让时间轴中的滤镜活动起来，需要由一个补间接合不同关键帧上的各个对象，并且都有在中间帧上补间的相应滤镜的参数。如果某个滤镜在补间的另一端没有相匹配的滤镜（相同类型的滤镜），则会自动添加匹配的滤镜，以确保在动画序列的末端出现该效果。

上机实战　添加与设置滤镜效果

1 打开光盘中的"..\Example\Ch08\8.1.1.fla"练习文件，选择舞台上的文本对象，然后打开【属性】面板切换到【滤镜】选项组，此时可以单击【添加滤镜】按钮 ，在打开的菜单中选择需要应用的【投影】滤镜，如图8-2所示。

图8-2　为文本添加投影滤镜

2 添加【投影】滤镜后，设置滤镜的强度、品质、角度、距离、颜色等参数，设置参数后滤镜的效果，如图8-3所示。

图8-3　设置滤镜的各项参数

技巧

对于Flash CS6和更早版本，滤镜的应用仅限于影片剪辑和按钮元件。而对于Flash CC，如今还可以将滤镜额外应用于已编译的剪辑和影片剪辑组件。这样通过单击（或双击）一个按钮，便可直接向组件添加各种效果，使应用程序看起来更为直观。

3 在Flash CC中，可以为对象添加多个滤镜。如本例可以为文本对象再添加一个【斜角】滤镜，并设置各项斜角滤镜的参数，如图 8-4 所示。

图 8-4　为文本添加【斜角】滤镜并设置参数

技巧

Flash CC 提供了"投影"、"模糊"、"发光"、"斜角"、"渐变发光"、"渐变斜角"、"调整颜色" 7 种滤镜，可以为对象应用其中的一种，也可以应用全部滤镜。关于上述滤镜的说明如下：

- "投影"滤镜：模拟对象投影到一个表面的效果。利用这种滤镜，可以制作出对象投影的效果，可以让对象更具有立体感。
- "模糊"滤镜：可以柔化对象的边缘和细节。将模糊滤镜应用于对象后，可以使对象看起来好像位于其他对象的后面，或者使对象看起来好像是运动的。
- "发光"滤镜：可以为对象的边缘应用颜色。利用发光滤镜可以制作出光晕字效果，或者为对象制作出发光的动画效果。
- "斜角"滤镜：可以向对象应用加亮效果，使其看起来凸出于背景表面。使用斜角滤镜可以创建内侧斜角、外侧斜角或者整个斜角效果，从而让对象具有更强烈的凸出三维立体效果。
- "渐变发光"滤镜：可以在发光表面产生带渐变颜色的发光效果。渐变发光要求渐变开始处颜色的 Alpha 值为 0，不能移动此颜色的位置，但可以改变该颜色。
- "渐变斜角"滤镜：可以产生一种凸起效果，使对象看起来好像从背景上凸起，且斜角表面有渐变颜色。同样，"渐变斜角"滤镜要求渐变的中间有一种颜色的 Alpha 值为 0，无法移动此颜色的位置，但可以改变该颜色。
- "调整颜色"滤镜：可以调整所选影片剪辑、按钮或者文本对象的高度、对比度、色相和饱和度。

8.1.2 案例 2：禁止、启用与删除滤镜

如果不想删除滤镜，但需要暂不显示滤镜效果时，则可以禁止滤镜，当需要显示滤镜效果时，只需将滤镜重新启用即可。如果是根本不需要某个或全部滤镜，则可以直接将滤镜删除。

上机实战　禁止、启用与删除滤镜

1　打开光盘中的 "..\Example\Ch08\8.1.2.fla" 练习文件，当需要禁止文本对象中的【斜

角】滤镜时,可以在滤镜列表中选择【斜角】滤镜,然后单击该【滤镜】选项组右方的【启用或禁用滤镜】按钮即可,如图 8-5 所示。

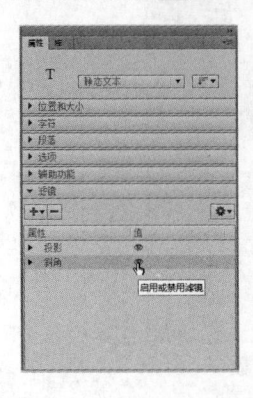

图 8-5 禁止【斜角】滤镜

2 如果要启用被禁止的滤镜,再次单击该【滤镜】选项组右方的【启用或禁用滤镜】按钮即可。如果要启用或禁止全部滤镜,可以单击【添加滤镜】按钮,然后在打开的菜单中选择【启用全部】命令或【禁止全部】命令,如图 8-6 所示。

3 如果需要删除滤镜,则可以在【滤镜】列表中选择滤镜项目,然后单击【删除滤镜】按钮即可。如果要将所有应用的滤镜都删除,可以单击【添加滤镜】按钮,然后在打开的菜单中选择【删除全部】命令,如图 8-7 所示。

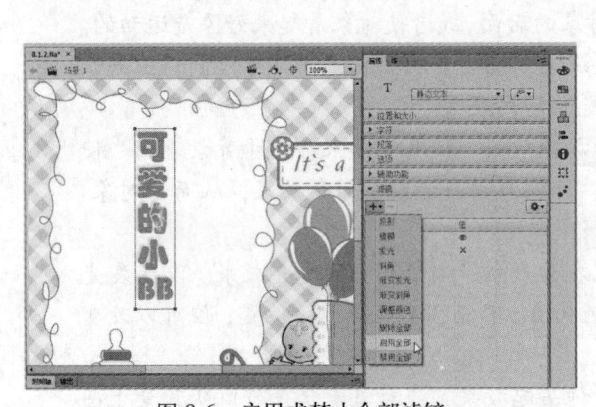

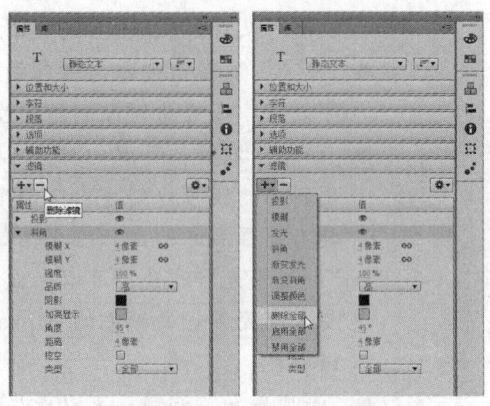

图 8-6 启用或禁止全部滤镜　　　　图 8-7 删除选定的滤镜或删除全部滤镜

> **技巧**
>
> 应用于对象的滤镜类型、数量和质量会影响 SWF 文件的播放性能。应用于对象的滤镜越多,Flash 播放器要正确显示创建的视觉效果所需的处理量也就越大,因此播放延时就越长。

8.1.3 案例 3:为影片剪辑设置混合模式

使用混合模式,可以创建复合图像。复合是改变两个或两个以上重叠对象的透明度或者颜色相互关系的过程。使用混合,可以混合重叠影片剪辑中的颜色,从而创造独特的效果。

混合模式包含以下元素:

- 混合颜色：应用于混合模式的颜色。
- 不透明度：应用于混合模式的透明度。
- 基准颜色：混合颜色下面的像素的颜色。
- 结果颜色：基准颜色上混合效果的结果。

上机实战　为影片剪辑设置混合模式

1 打开光盘中的"..\Example\Ch08\8.1.3.fla"练习文件，在【时间轴】面板上新建图层2，然后打开【库】面板，将【卡通】影片剪辑元件拖到舞台上，如图8-8所示。

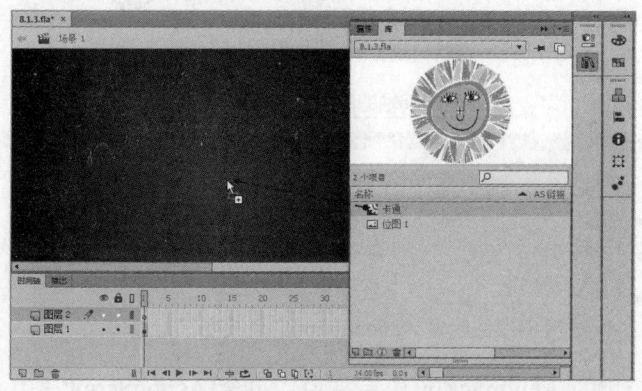

图 8-8　新建图层并加入影片剪辑元件

2 选择舞台上的【卡通】影片剪辑元件实例，使用【任意变形工具】等比例缩小元件实例，如图8-9所示。

3 选择舞台上的【卡通】影片剪辑元件实例，打开【属性】面板的【显示】选项组，再打开【混合】列表框，选择【减去】选项，为影片剪辑设置【减去】混合模式，如图8-10所示。

图 8-9　缩小影片剪辑元件实例 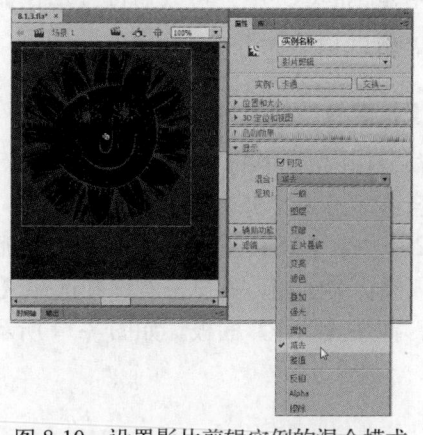　　　　图 8-10　设置影片剪辑实例的混合模式

8.1.4　案例4：使用 ActionScript 3.0

ActionScript 是 Flash 专用的一种编程语言，它的语法结构类似于 JavaScript 脚本语言，都是采用面向对象化的编程思想。ActionScript 脚本撰写语言允许用户向 Flash 添加复杂的交互性、回放控制和数据显示。

举例说，在默认的情况下 Flash 动画按照时间轴的帧数播放，如图 8-11 所示。为时间轴的第 40 帧添加"返回第 15 帧并播放"（gotoAndPlay(15);）的 ActionScript 后，当时间轴播放到第 40 帧时，即触发 ActionScript，从而返回时间轴第 15 帧重新播放，如图 8-12 所示。

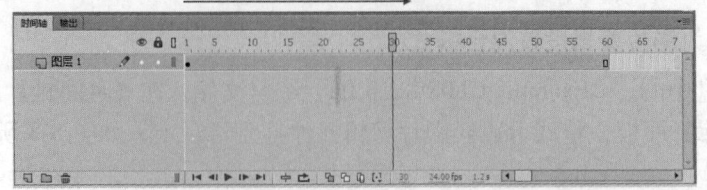

图 8-11 默认情况下，时间轴按照帧顺序播放

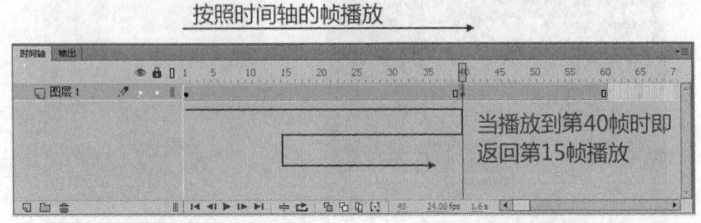

图 8-12 触发 ActionScript 后，改变了播放方式

对于 Flash 所应用的 ActionScript 语言来说，包含 ActionScript 1.0、ActionScript 2.0、ActionScript 3.0 这 3 个版本。

ActionScript 3.0 版本执行速度极快，与其他两个 ActionScript 版本相比，此版本要求开发人员对面向对象的编程概念有更深入的了解。ActionScript 3.0 完全符合 ECMAScript 规范，提供了更出色的 XML 处理、改进的事件模型以及用于处理屏幕元素的改进的体系结构。不过需要注意，使用 ActionScript 3.0 的 Flash 文件不能包含 ActionScript 的早期版本。

在 Flash CC 中，可以通过【动作】面板亲自编写 ActionScript 代码，或者将相关的 ActionScript 语法插入，并设置参数即可。

上机实战 使用 ActionScript 3.0

1 打开光盘中的"..\Example\Ch08\8.1.4.fla"练习文件，在图层 6 上方新建一个图层，再命名该图层为【AS】，如图 8-13 所示。

2 选择【AS】图层第 150 帧，然后按 F7 键插入空白关键帧，再单击右键并选择【动作】命令，打开【动作】面板，如图 8-14 所示。

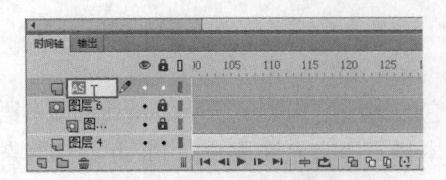

图 8-13 新建图层并命名图层

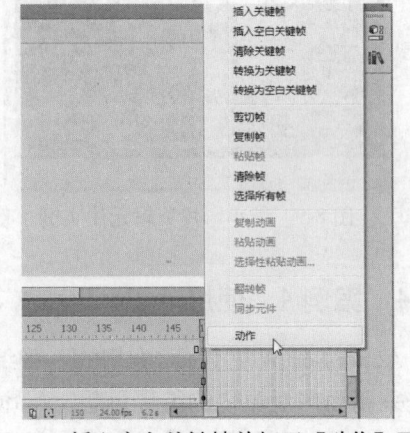

图 8-14 插入空白关键帧并打开【动作】面板

3 打开【动作】面板后，在【脚本】窗格中输入脚本代码"gotoAndPlay(40);"，目的是使时间轴播放到第 150 帧时即跳转到第 40 帧并继续播放，如图 8-15 所示。

4 完成上述操作后，即可保存文件，按 Ctrl+Enter 键，或者选择【控制】|【测试】命令，测试动画播放效果，如图 8-16 所示。

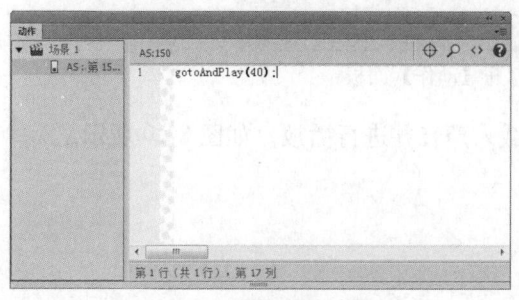

图 8-15 输入脚本代码

图 8-16 通过播放器测试动画效果

8.1.5 案例 5：加载并播放外部声音

在 Flash 中，可以使用 ActionScript 来加载和控制声音。当要加载外部的声音文件时，可以应用 ActionScript 3.0 脚本语言中的 Sound 类。

Sound 类的每个实例都可以加载并触发特定声音资源的播放。应用程序无法重复使用 Sound 对象来加载多种声音。如果它要加载新的声音资源，则应创建一个新的 Sound 对象，并使其自动加载该声音文件，代码编写如下：

```
var req:URLRequest = new URLRequest("click.mp3");
var s:Sound = new Sound(req);
```

Sound()构造函数接受一个 URLRequest 对象作为其第一个参数。在提供 URLRequest 参数的值后，新的 Sound 对象将自动开始加载指定的声音资源。

上机实战 加载并播放外部声音

1 打开光盘中的"..\Example\Ch08\8.1.5.fla"练习文件，然后将用于载入的声音文件放置在练习文件同一个目录里，如图 8-17 所示。

图 8-17 将练习文件与声音文件放置在同一目录里

2 在【时间轴】面板中新建图层并命名为【AS】，然后在【AS】图层第 1 帧上单击右键，再选择【动作】命令，如图 8-18 所示。

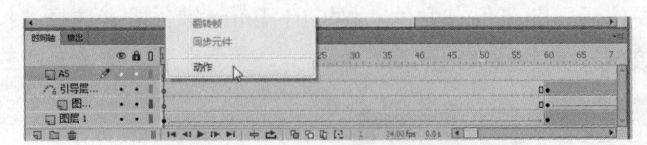

图 8-18　新增图层并打开【动作】面板

3 打开【动作】面板后，输入以下代码，载入声音并进行播放，如图 8-19 所示。

```
import flash.events.Event;
import flash.media.Sound;
import flash.net.URLRequest;
var s:Sound = new Sound();
s.addEventListener(Event.COMPLETE, onSoundLoaded);
var req:URLRequest = new URLRequest("8.1.2.mp3");
s.load(req);
function onSoundLoaded(event:Event):void
{
var localSound:Sound = event.target as Sound;
localSound.play();
}
```

技巧

代码解析：

首先，创建一个新的 Sound 对象，但没有为其指定 URLRequest 参数的初始值。

然后，它通过 Sound 对象侦听 Event.COMPLETE 事件，该对象导致在加载完所有声音数据后执行 onSoundLoaded()方法。接着，它使用新的 URLRequest 值为声音文件调用 Sound.load()方法。

在加载完声音后，将执行 onSoundLoaded()方法。Event 对象的 target 属性是对 Sound 对象的引用。如果调用 Sound 对象的 play()方法，则会启动声音播放。

4 完成上述操作后，即可保存文件，按 Ctrl+Enter 键，或者选择【控制】|【测试】命令，测试动画播放效果。当动画打开时，即加载外部声音并播放，如图 8-20 所示。

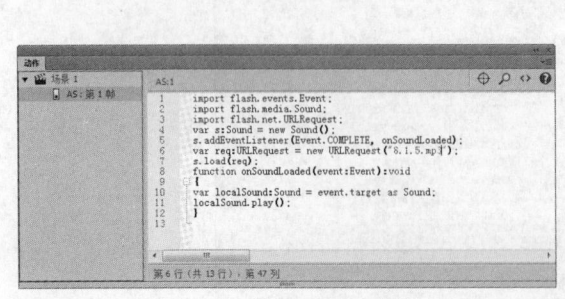

图 8-19　编写 AS 3.0 代码

图 8-20　播放 SWF 动画时，声音将执行加载并随即播放

8.1.6 案例6：为ActionScript导出库声音

Flash可导入多种声音格式的声音并将其作为元件存储在库中，然后可以直接将其分配给时间轴上的帧或按钮状态的帧，或直接在ActionScript代码中使用它们。

上机实战　为ActionScript导出库声音

1 打开光盘中的"..\Example\Ch08\8.1.6.fla"练习文件，选择【文件】|【导入】|【导入到库】命令，打开【导入到库】对话框后，选择声音文件，再单击【打开】按钮，如图8-21所示。

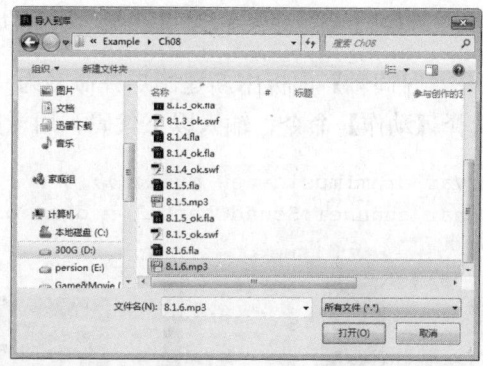

图8-21　导入声音文件到库

2 打开【属性】面板，在声音对象上单击右键并选择【属性】命令，打开【声音属性】对话框后选择【ActionScript】选项卡，然后选择【为ActionScript导出】复选框，再设置类名称和基类，接着单击【确定】按钮，如图8-22所示。

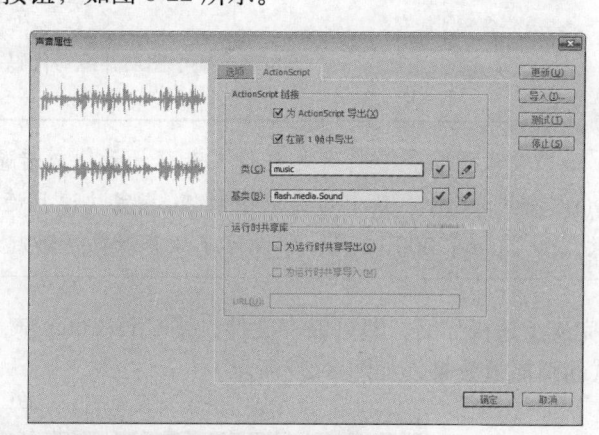

图8-22　设置声音的ActionScript属性

技巧

默认情况下，类名称将使用声音文件的名称。如果文件名包含句点（如名称"loop_bg.mp3"），则必须将其更改为类似于"loop_bg"这样的名称。

3 此时出现一个对话框，指出无法在类路径中找到该类的定义。只需单击【确定】继续即可，如图8-23所示。因为如果输入的类名称与应用程序的类路径中任何类的名称都不匹配，则会自动生成从flash.media.Sound类继承的新类。

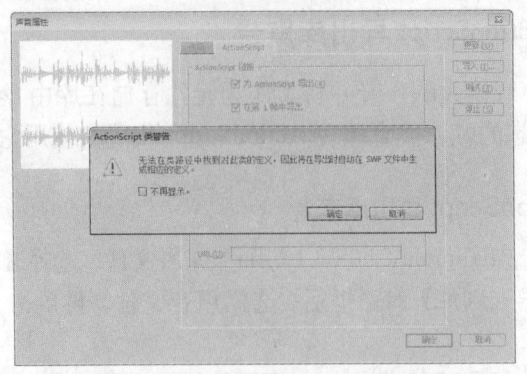

图 8-23 弹出提示对话框后单击【确定】按钮

4 在【时间轴】面板中新建图层并命名为【AS】,然后在【AS】图层第 1 帧上单击右键,再选择【动作】命令,输入以下代码,用于播放已经导入到库的声音,如图 8-24 所示。

```
var drum:music=new music();
var channel:SoundChannel = drum.play();
```

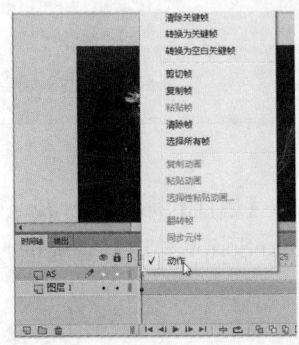

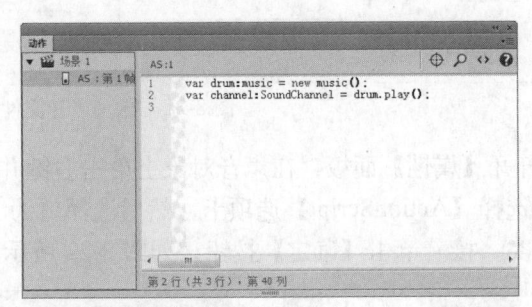

图 8-24 新增图层并编写代码

技巧

如果要设置从声音特定起始位置开始播放,或者重复播放声音,可以通过在 play()方法的 loops 参数中传递一个数值,指定快速且连续地将声音重复播放固定的次数,如 "play(2000,10);",即设置了从声音第 2 秒起连续播放 10 次。

5 完成上述操作后,即可保存文件,按 Ctrl+Enter 键,或者选择【控制】|【测试】命令,测试动画播放效果,如图 8-25 所示。

图 8-25 播放 SWF 动画时,将播放声音

8.1.7 案例 7：通过按钮控制声音播放与停止

如果应用程序播放很长的声音，可能需要提供让用户暂停和恢复播放这些声音。实际上，无法在 ActionScript 的播放期间暂停声音，而只能将其停止。但是，可以从任何位置开始播放声音。所以，可以在停止播放声音时记录声音停止时的位置，并随后从该位置开始重放声音，从而达到暂停的效果。

上机实战　通过按钮控制声音播放与停止

1　打开光盘中的"..\Example\Ch08\8.1.7.fla"练习文件，然后将用于载入的声音文件放置在练习文件同一个目录里。

2　选择舞台上的【播放】按钮元件，打开【属性】面板并设置实例名称为【playButton】，再选择【停止】按钮元件，设置实例名称为【stopButton】，如图 8-26 所示。

图 8-26　设置按钮元件的实例名称

3　在【时间轴】面板中新建图层并命名为【AS】，然后在【AS】图层第 1 帧上单击右键，再选择【动作】命令，如图 8-27 所示。

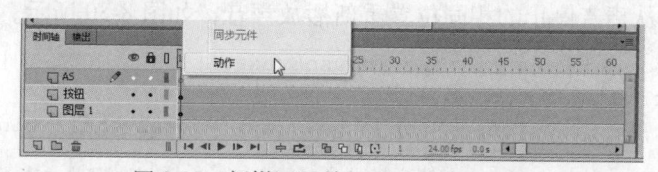

图 8-27　新增图层并打开【动作】面板

4　打开【动作】面板后，输入以下代码，用于载入声音并进行播放，其中播放次数为 1 次，如图 8-28 所示。

```
var snd:Sound = new Sound(new URLRequest("8.1.7.mp3"));
var channel:SoundChannel = snd.play(0,1);
```

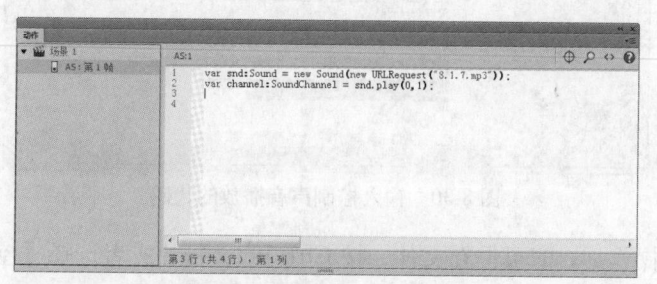

图 8-28　输入加载声音的代码

5 输入以下代码,在播放声音的同时指示当前播放到的声音文件的位置。当单击【暂停】按钮时,即可停止播放声音并存储当前位置,如图 8-29 所示。

```
stopButton.addEventListener(MouseEvent.CLICK,
fl_ClickToPlayStopSound_1);
function fl_ClickToPlayStopSound_1(evt:MouseEvent):void
{
var pausePosition:int = channel.position;
channel.stop();
}
```

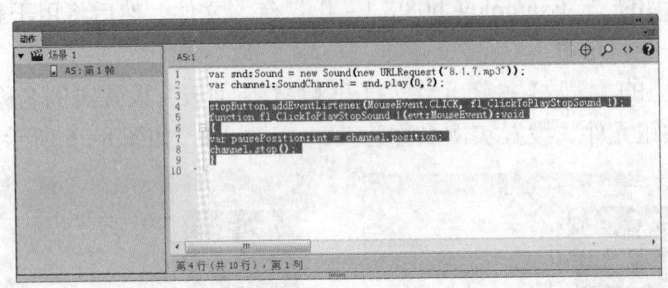

图 8-29 输入控制声音停止的代码

技巧

```
var pausePosition:int = channel.position;
channel.stop();
```

代码解析:在播放声音的同时,SoundChannel.position 属性指示当前播放到的声音文件位置。应用程序可以在停止播放声音之前存储位置值。

6 输入以下代码,为【播放】按钮设置动作:当单击【播放】按钮后,即传递以前存储的位置值,以便从声音停止的相同位置重新播放声音,如图 8-30 所示。

```
playButton.addEventListener(MouseEvent.CLICK,
fl_ClickToPlayStopSound_2);
function fl_ClickToPlayStopSound_2(evt:MouseEvent):void
{
var pausePosition:int = channel.position;
channel = snd.play(pausePosition);
}
```

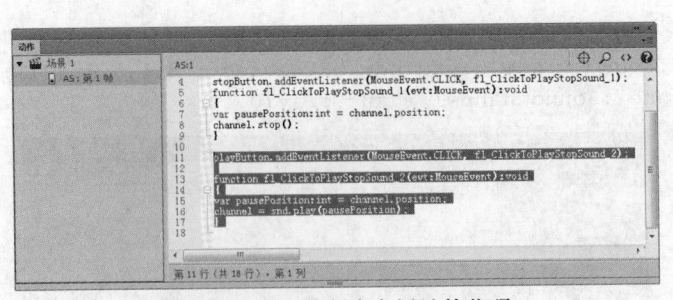

图 8-30 输入控制声音播放的代码

7 完成上述操作后,即可保存文件,按 Ctrl+Enter 键,或者选择【控制】|【测试】命令,测试动画播放效果,如图 8-31 所示。

图 8-31　播放 SWF 时，单击【暂停】按钮可暂停声音，单击【播放】按钮可继续播放

```
channel = snd.play(pausePosition);
```

代码解析：如果要恢复播放声音，可以传递以前存储的位置值，以便从声音以前停止的相同位置重新启动声音。

8.1.8　案例 8：将外部视频加载到 Flash

在 ActionScript 中处理视频涉及多个类的联合使用，这些类的说明如下：

- Video 类：舞台上的传统视频内容框是 Video 类的一个实例。Video 类是一种显示对象，因此可以使用适用于其他显示对象的同样的技术（比如定位、应用变形、应用滤镜和混合模式等）进行操作。
- StageVideo 类：Video 类通常使用软件解码和呈现。当设备上的 GPU（图形处理器，简单指显卡的中央处理器芯片）硬件加速可用时，应用程序可以切换到 StageVideo 类以利用硬件加速呈现。StageVideo API 包括一组事件，这些事件可提示代码何时在 StageVideo 和 Video 对象之间进行切换。
- NetStream 类：当加载将由 ActionScript 控制的视频文件时，NetStream 实例表示视频内容的源（即是视频数据流）。使用 NetStream 实例也涉及 NetConnection 对象的使用，该对象是到视频文件的连接，它好比是视频数据馈送的通道。
- Camera 类：当使用的视频数据来自与用户计算机相连接的摄像头时，Camera 实例表示视频内容的源，即用户的摄像头以及它所提供的视频数据。

使用 NetStream 和 NetConnection 类可以将外部视频（即 Video 对象）加载到 Flash 文件中。对于将 Video 对象添加到显示列表、将 NetStream 对象附加到 Video 实例以及调用 NetStream 对象的 play()方法，都可以参考下例的顺序执行相关步骤。

上机实战　将外部视频加载到 Flash

1　打开光盘的 "..\Example\Ch08\8.1.8.fla" 练习文件，然后将用于载入的声音文件放置在练习文件同一个目录里，如图 8-32 所示。

2　在【时间轴】面板中选择图层，然后在该图层第 1 帧上单击右键，再选择【动作】命令，打开【动作】面板。

3　在【动作】面板上输入下列代码，目的是创建一个 NetConnection 对象，再将 null 传给 connect()方法，以连接到本地视频文件，且从本地驱动器上播放视频文件。输入代码的结

果如图 8-33 所示。

```
var nc:NetConnection = new NetConnection();
nc.connect(null);
```

图 8-32 将练习文件与声音文件放置在同一目录里

4 输入下列代码，以创建一个用来显示视频的新 Video 对象，并将其添加到舞台显示列表，如图 8-34 所示。

```
var vid:Video = new Video();
addChild(vid);
```

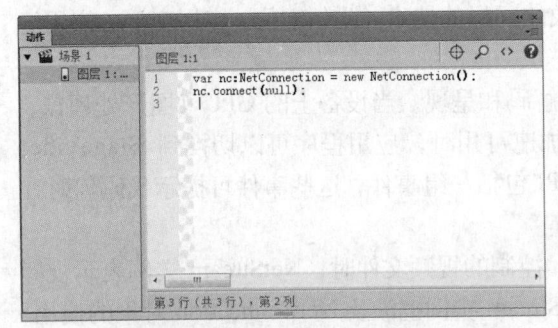

图 8-33 输入创建类对象的代码 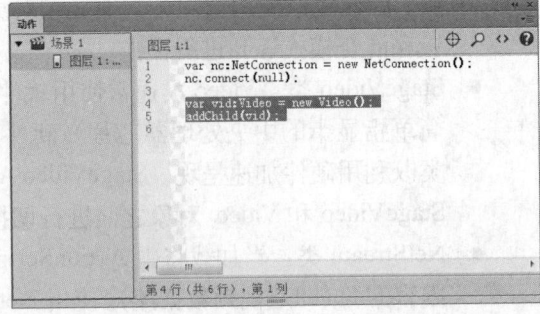　　　　图 8-34 输入创建新 Video 对象的代码

5 此时需要创建一个 NetStream 对象，将 NetConnection 对象作为一个参数传递给构造函数。输入以下代码，将 NetStream 对象连接到 NetConnection 实例并设置该流的事件处理函数，如图 8-35 所示。

```
var ns:NetStream = new NetStream(nc);
ns.addEventListener(NetStatusEvent.NET_STATUS,netStatusHandler);
ns.addEventListener(AsyncErrorEvent.ASYNC_ERROR, asyncErrorHandler);
function netStatusHandler(event:NetStatusEvent):void
{
//处理 netStatus 事件描述
}
function asyncErrorHandler(event:AsyncErrorEvent):void
{
//忽略错误
}
```

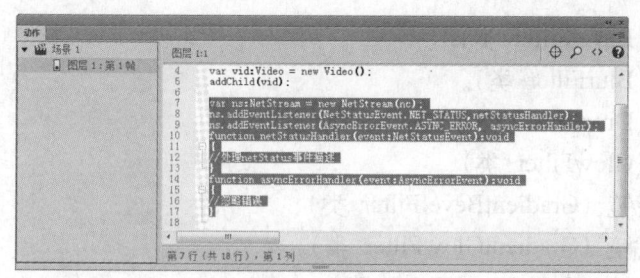

图 8-35 输入创建 NetStream 对象并设置处理函数的代码

6 输入以下代码，以使用 Video 对象的 attachNetStream()方法将 NetStream 对象附加到 Video 对象，如图 8-36 所示。

```
vid.attachNetStream(ns);
```

7 输入以下代码，以调用 NetStream 对象的 play()方法，同时指定视频文件的位置为开始视频播放的参数，如图 8-37 所示。

```
ns.play("ad_Movie.mp4");
```

图 8-36 输入附加到 Video 对象的代码 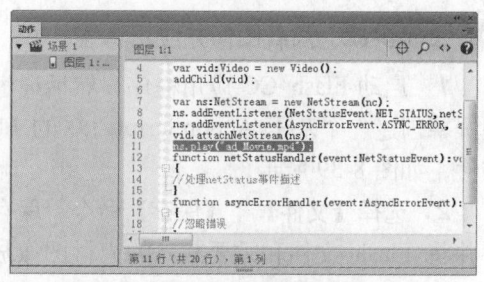　　　图 8-37 输入播放指定视频的代码

8 完成上述操作后，即可保存文件，按 Ctrl+Enter 键，或者选择【控制】|【测试】命令，打开 SWF 文件观看视频播放，如图 8-38 所示。

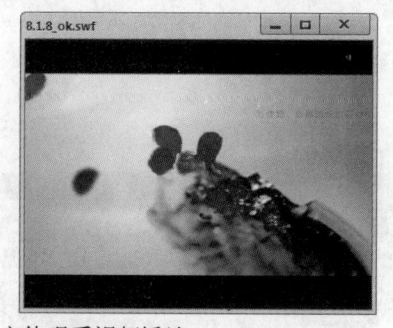

图 8-38 打开 SWF 文件观看视频播放

8.1.9 案例 9：使用 ActionScript 为位图应用滤镜

ActionScript 3.0 包括 flash.filters 包，其中包含一系列位图效果滤镜类。使用这些效果，可以使用编程方式对位图应用滤镜并显示对象，以达到制作许多不同的效果。

ActionScript 3.0 包括 10 种可应用于任何显示对象或 BitmapData 实例的滤镜。内置滤镜的范围从基本滤镜（如投影和发光滤镜）到复杂滤镜（如置换图滤镜和卷积滤镜）。10 种滤镜类如下：

- 斜角滤镜（BevelFilter 类）。
- 模糊滤镜（BlurFilter 类）。
- 投影滤镜（DropShadowFilter 类）。
- 发光滤镜（GlowFilter 类）。
- 渐变斜角滤镜（GradientBevelFilter 类）。
- 渐变发光滤镜（GradientGlowFilter 类）。
- 颜色矩阵滤镜（ColorMatrixFilter 类）。
- 卷积滤镜（ConvolutionFilter 类）。
- 置换图滤镜（DisplacementMapFilter 类）。
- 着色器滤镜（ShaderFilter 类）。

在 Flash CC 中，可以通过调用所选的滤镜类的构造函数的方法来创建滤镜，例如，要创建 BlurFilter 类的滤镜实例，则可以使用以下代码来实现：

```
import flash.filters.BlurFilter;
var myFilter: BlurFilter = new BlurFilter();
```

上机实战　加载图像并应用滤镜

1 启动 Flash CC 应用程序，然后通过欢迎屏幕创建一个基于 ActionScript 3.0 的 Flash 文件，如图 8-39 所示。

2 选择【文件】|【保存】命令，保存文件并将 Flash 文件和需要载入的素材图像放置在同一个目录里，如图 8-40 所示。

3 选择图层上的第 1 帧，然后按 F9 键打开【动作】面板，接着输入以下代码，如图 8-41 所示。

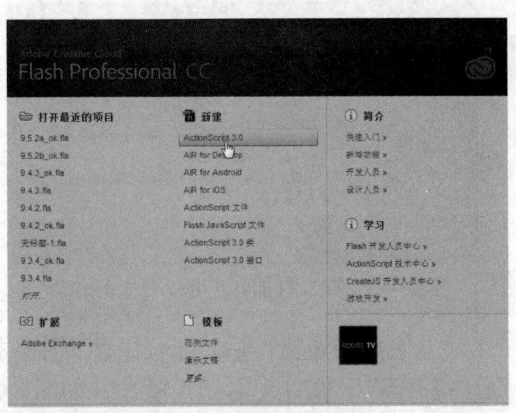

图 8-39　新建 Flash 文件

图 8-40　将 Flash 文件与图像保存在同一目录里

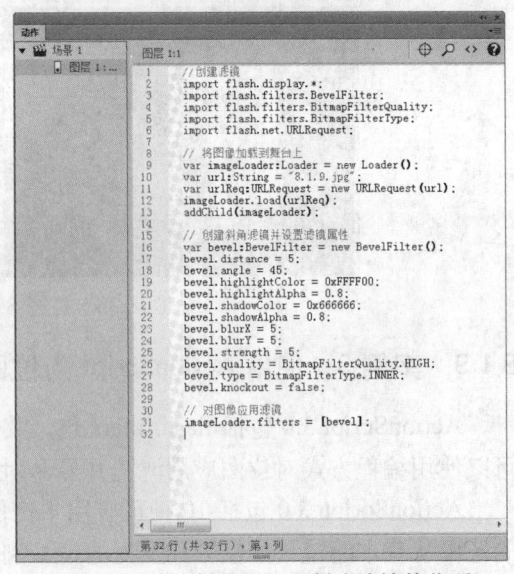

图 8-41　编写加载位图和创建滤镜的代码

```
//创建滤镜
import flash.display.*;
import flash.filters.BevelFilter;
import flash.filters.BitmapFilterQuality;
import flash.filters.BitmapFilterType;
import flash.net.URLRequest;

// 将图像加载到舞台上
var imageLoader:Loader = new Loader();
var url:String = "8.1.9.jpg";
var urlReq:URLRequest = new URLRequest(url);
imageLoader.load(urlReq);
addChild(imageLoader);

// 创建斜角滤镜并设置滤镜属性
var bevel:BevelFilter = new BevelFilter();
bevel.distance = 5;
bevel.angle = 45;
bevel.highlightColor = 0xFFFF00;
bevel.highlightAlpha = 0.8;
bevel.shadowColor = 0x666666;
bevel.shadowAlpha = 0.8;
bevel.blurX = 5;
bevel.blurY = 5;
bevel.strength = 5;
bevel.quality = BitmapFilterQuality.HIGH;
bevel.type = BitmapFilterType.INNER;
bevel.knockout = false;

// 对图像应用滤镜
imageLoader.filters = [bevel];
```

4 打开【属性】面板，设置舞台大小为 640×435，以便可以完全显示加载的位图，如图 8-42 所示。

5 完成操作后，可选择【控制】|【测试影片】命令，或者按 Ctrl|Enter 键打开播放器，测试载入位图并应用滤镜的效果，如图 8-43 所示。

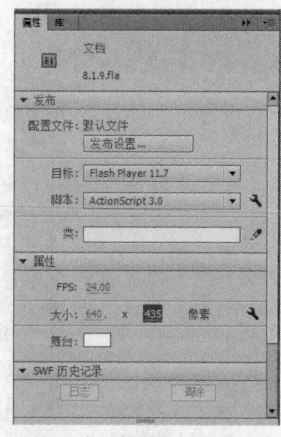

图 8-42　设置舞台的大小　　　　图 8-43　通过播放器查看应用滤镜的结果

8.1.10 案例10：使用【代码片断】面板添加代码

【代码片断】面板可以使非编程人员能够快速、轻松地开始使用简单的 ActionScript 3.0。借助该面板，可以将 ActionScript 3.0 代码添加到 Flash 文件以启用常用功能。可以选择【窗口】|【代码片断】命令，打开【代码片断】面板，如图 8-44 所示。

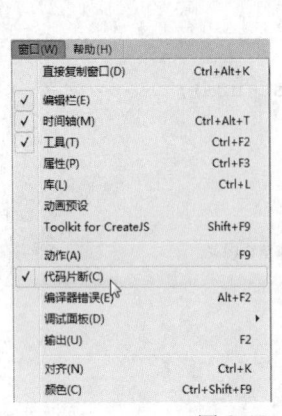

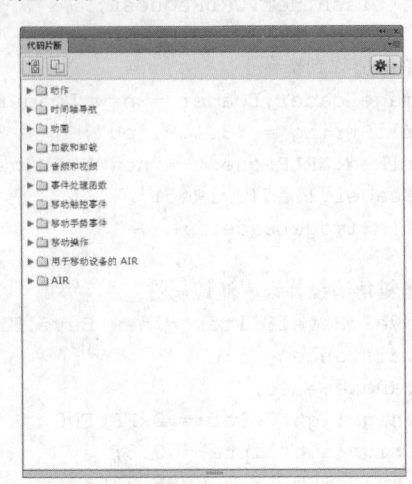

图 8-44　打开【代码片断】面板

上机实战　使用【代码片断】面板添加代码

1　打开光盘中的"..\Example\Ch08\8.1.10.fla"练习文件，选择【窗口】|【代码片断】命令，打开【代码片断】面板。

2　选择舞台上的按钮元件实例。如果选择的对象不是元件实例或文本对象，则当应用该代码片断时，Flash 会将该对象转换为影片剪辑元件。如果选择的对象还没有实例名称，Flash 在应用代码片断时添加一个实例名称，如图 8-45 所示。

图 8-45　要求创建实例名称

3　选择按钮元件实例后，打开【属性】面板，并设置按钮实例名称为【button】，如图 8-46 所示。

4　选择按钮元件实例，在【代码片断】面板中双击要应用的代码片断，如图 8-47 所示。

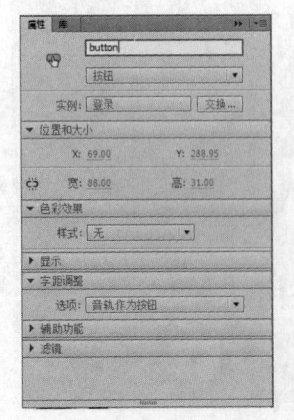

图 8-46　为按钮元件实例设置名称 　　　图 8-47　为按钮元件实例添加代码

5　在【动作】面板中，查看新添加的代码片断并根据开头的说明替换任何必要的项。如图 8-48 所示为代码修改 URL 链接地址参数。

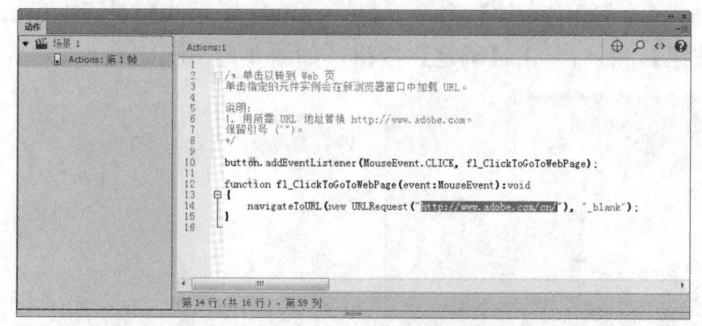

图 8-48　修改代码中的 URL 链接地址

6　完成操作后，可以选择【控制】|【测试影片】命令，或者按 Ctrl+Enter 键打开播放器，此时可以单击【登录网站】按钮，使按钮执行代码以打开 URL 地址，如图 8-49 所示。

图 8-49　单击按钮执行代码以打开 URL 地址的网页

8.2　综合项目训练

在 8.1 一节的讲解中，重点介绍了在 Flash 中使用滤镜和 ActionScript 3.0 脚本语言的各种基本技能。下面将通过两个综合实例训练，讲解在创作动画时，利用 ActionScript 3.0 脚本语言设计用户交互功能的方法。

8.2.1　项目1：设计可控制的广告影片

本例将设计一个可以通过按钮控制视频播放的广告影片动画。在本例中，首先创建一个 Flash 文件，再通过编辑按钮元件的方法创建 4 个用于控制视频播放的按钮，接着分别为 4 个按钮元件设置实例名称，最后通过【动作】面板编写加载外部视频并通过按钮控制视频播放的 ActionScript 3.0 代码。

上机实战　设计可控制的广告影片

1　启动 Flash CC 应用程序，选择【文件】|【新建】命令，打开【新建文档】对话框后

选择【ActionScript 3.0】类型，再设置文件舞台的宽高和背景颜色，然后单击【确定】按钮，如图 8-50 所示。

2 选择【插入】|【新建元件】命令，打开【创建新元件】对话框后，设置名称为【播放】、类型为【按钮】，然后单击【确定】按钮，如图 8-51 所示。

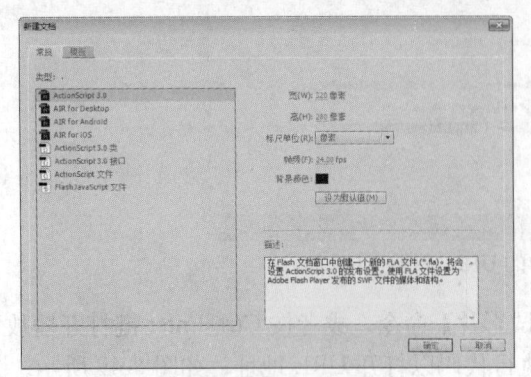

图 8-50 新建 Flash 文件 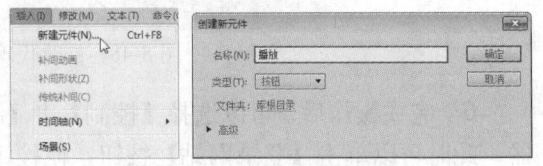　　　　图 8-51 新建按钮元件

3 创建按钮元件后，在时间轴上选择【弹起】状态帧，然后选择【矩形工具】，设置工具的笔触颜色为【无】、填充颜色为【淡灰色】、矩形边角半径为 10，接着绘制一个圆角矩形对象，如图 8-52 所示。

4 选择【指针经过】状态帧并插入关键帧，选择该关键帧上的圆角矩形对象，再修改对象的填充颜色，如图 8-53 所示。

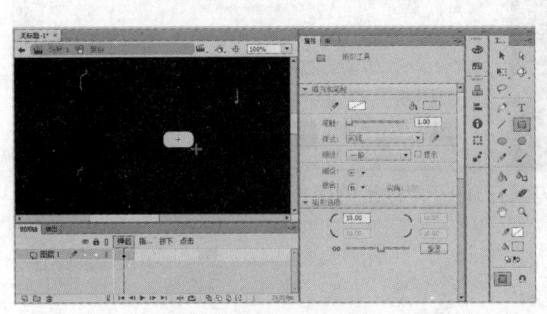

图 8-52 在【弹起】状态帧上绘制一个圆角矩形 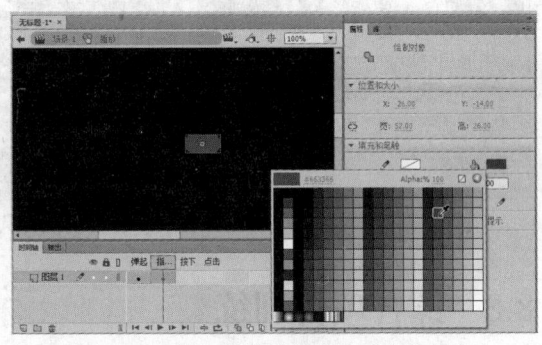　　　　图 8-53 插入关键帧并修改对象的颜色

5 在图层 1 上方新建图层 2，选择【文本工具】，再打开【属性】对话框，设置文本的属性，然后在圆角矩形对象上输入按钮文本，如图 8-54 所示。

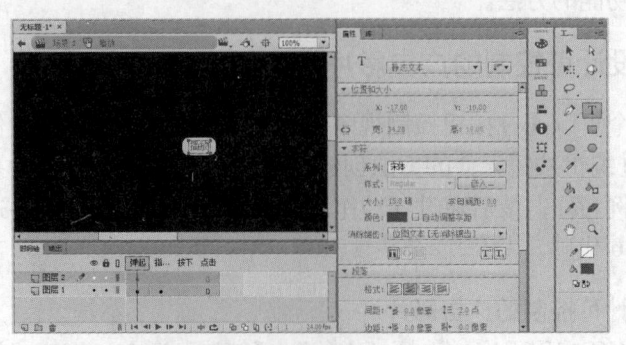

图 8-54 新增图层并输入文本

6　打开【库】面板并选择【播放】按钮，单击右键从弹出菜单中选择【直接复制】命令，弹出对话框后设置元件名称为【暂停】，接着单击【确定】按钮，如图8-55所示。

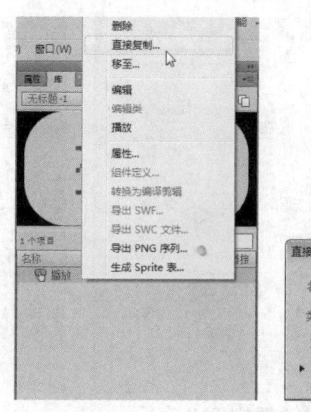

图8-55　直接复制按钮元件

7　复制按钮元件后，在【库】面板中双击【暂停】按钮元件打开编辑窗口，然后使用【文本工具】修改按钮文本为【暂停】，如图8-56所示。

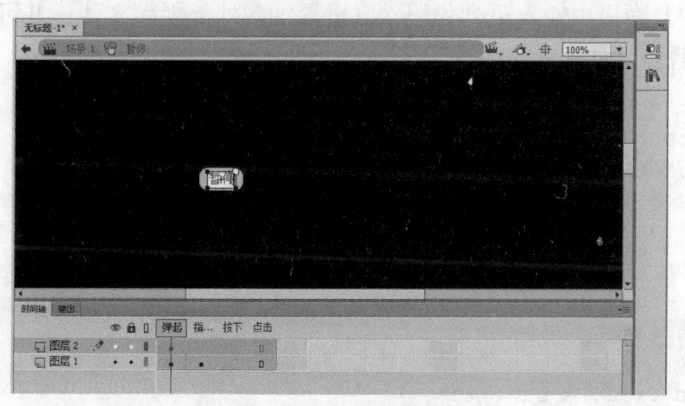

图8-56　修改按钮元件的文本

8　使用步骤6和步骤7的方法，直接复制出【结束】按钮和【切换暂停】按钮，并修改对应按钮的文本内容，结果如图8-57所示。

9　返回场景中，将【库】面板中的4个按钮元件分别加入到舞台，并排列在舞台的下方，如图8-58所示。

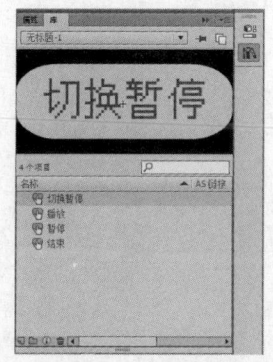

图8-57　直接复制并修改其他按钮元件 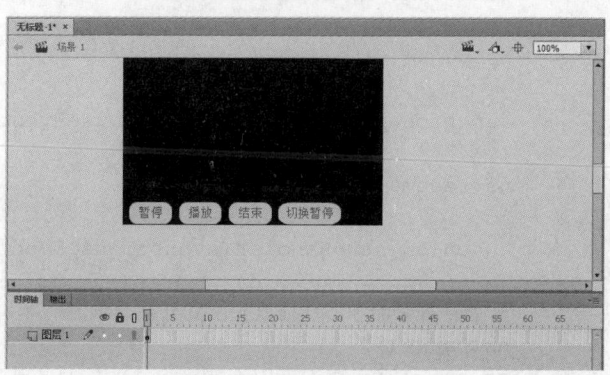　　　　　图8-58　将按钮添加到场景中

10 在舞台内从左到右有 4 个按钮实例，分别为它们设置实例名称为 pauseBtn、playBtn、stopBtn、togglePauseBtn，如图 8-59 所示。

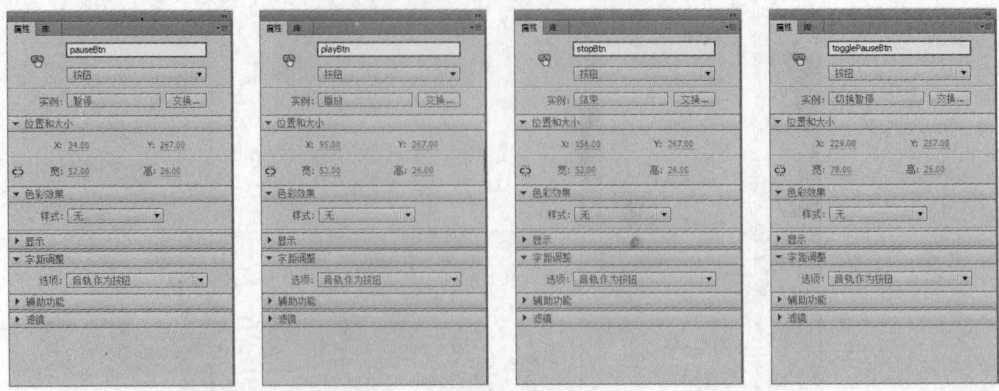

图 8-59 为按钮元件设置实例名称

11 在【时间轴】面板中新建图层并命名为【AS】，然后在【AS】图层第 1 帧上单击右键，再选择【动作】命令。

12 在【动作】面板中输入下列代码，以设置加载外部视频文件，并可以使 4 个按钮控制视频的播放与暂停，如图 8-60 所示。

```
var nc:NetConnection = new NetConnection();
nc.connect(null);
var ns:NetStream = new NetStream(nc);
ns.addEventListener(AsyncErrorEvent.ASYNC_ERROR, asyncErrorHandler);
ns.play("ad.mp4");
function asyncErrorHandler(event:AsyncErrorEvent):void
{
//忽略错误
}
var vid:Video = new Video();
vid.attachNetStream(ns);
addChild(vid);
pauseBtn.addEventListener(MouseEvent.CLICK, pauseHandler);
playBtn.addEventListener(MouseEvent.CLICK, playHandler);
stopBtn.addEventListener(MouseEvent.CLICK, stopHandler);
togglePauseBtn.addEventListener(MouseEvent.CLICK, togglePauseHandler);
function pauseHandler(event:MouseEvent):void
{
ns.pause();
}
function playHandler(event:MouseEvent):void
{
ns.resume();
}
function stopHandler(event:MouseEvent):void
{
//暂停视频流和移动播放头回到开始视频流
ns.pause();
ns.seek(0);
```

```
}
function togglePauseHandler(event:MouseEvent):void
{
ns.togglePause();
}
```

13 选择【文件】|【保存】命令，将文件保存在与本例所加载的"ad.mp4"视频文件的同一个目录里，如图 8-61 所示。

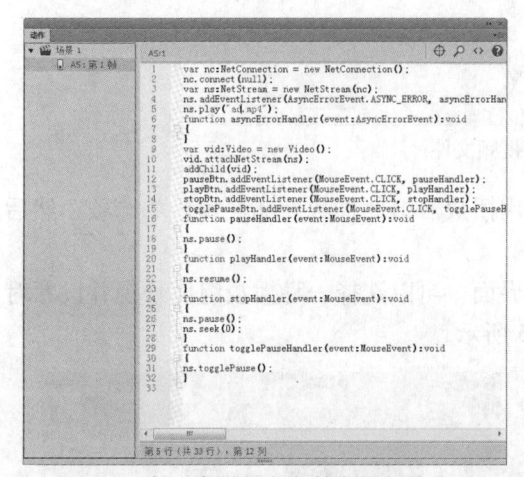

图 8-60　输入加载视频与控制视频的代码 　　　图 8-61　将 Flash 文件与视频文件保存在同一目录里

14 完成上述操作后，即可保存文件，按 Ctrl+Enter 键，或者选择【控制】|【测试】命令，打开 SWF 文件观看视频并通过按钮控制视频，如图 8-62 所示。

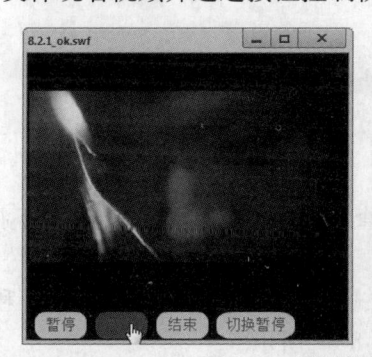

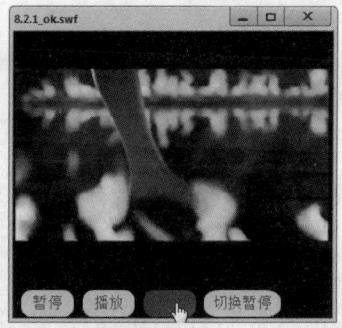

图 8-62　通过按钮控制视频播放

8.2.2　项目 2：设计可切换的广告影片

本例将通过导入的方法为 Flash 文件嵌入视频文件，并通过回放组件控制视频播放，然后利用一个按钮元件实例添加 ActionScript 代码，以通过按钮实现切换视频的效果。

上机实战　设计可切换的广告影片

1 打开光盘中的"..\Example\Ch08\8.2.2.fla"练习文件，再打开【文件】菜单，选择【导入】|【导入视频】命令。

2 打开【导入视频】对话框后，单击【浏览】按钮打开【打开】对话框，选择视频素材文件，单击【打开】按钮，如图 8-63 所示。

图 8-63 导入视频文件

3 返回【导入视频】对话框后，选择【使用播放器组件加载外部视频】单选项，然后单击【下一步】按钮，如图 8-64 所示。

4 此时【导入视频】向导将进入外观设定界面，可以选择一种播放组件外观并设置对应的颜色，然后单击【下一步】按钮，如图 8-65 所示。

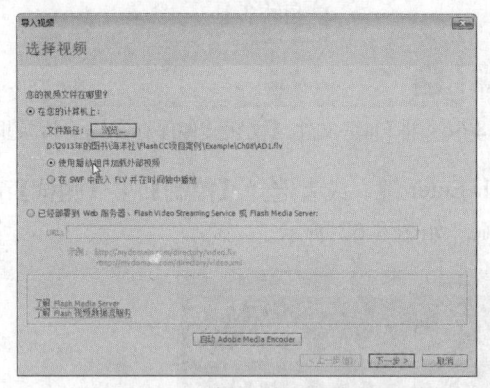

图 8-64 选择使用视频的方法 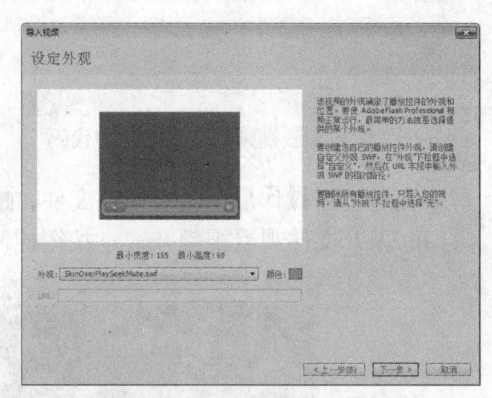　　　　　　图 8-65 设置回放组件的外观

5 此时向导显示导入视频的所有信息，查看无误后，即可单击【完成】按钮，如图 8-66 所示。

6 导入视频后，选择回放组件对象，在【属性】面板上设置对象的 X 和 Y 的数值均为 0，再设置组件实例名称为【playBack】，如图 8-67 所示。

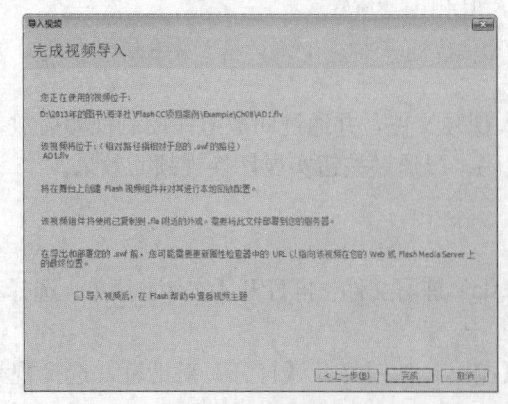

图 8-66 查看信息后单击【完成】按钮 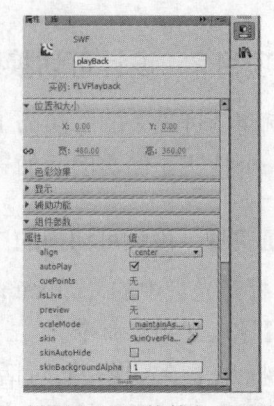　　　　图 8-67 设置回放组件的位置和实例名称

7 选择舞台上的按钮元件实例,打开【属性】面板,再设置按钮实例的名称为【myButton】,如图 8-68 所示。

8 选择按钮元件实例,打开【代码片断】面板的【音频和视频】列表,双击【单击以设置视频源】项目,以添加 ActionScript 代码,如图 8-69 所示。

图 8-68 设置按钮实例名称 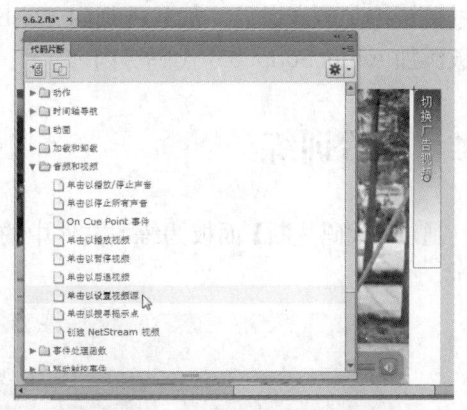　　　　　　图 8-69 为按钮添加代码片断

9 打开【动作】面板,然后将 {} 内的代码修改成如图 8-70 所示,以便在单击按钮时将视频切换成另外一个。

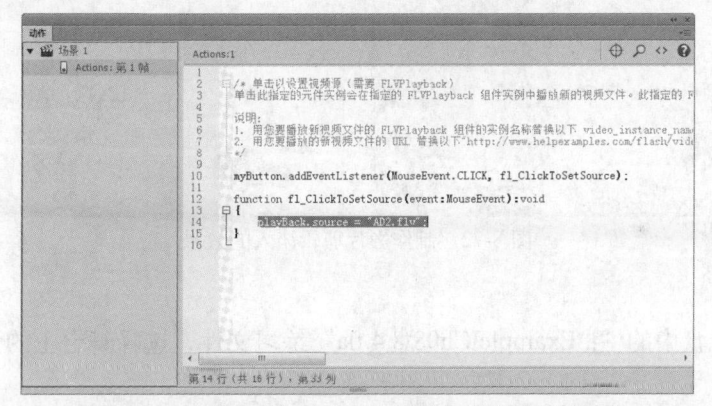

图 8-70 修改代码以指定回放组件和切换的目标文件

10 完成上述操作后,即可保存文件,按 Ctrl+Enter 键,或者选择【控制】|【测试】命令,打开 SWF 文件观看视频并通过按钮切换视频,如图 8-71 所示。

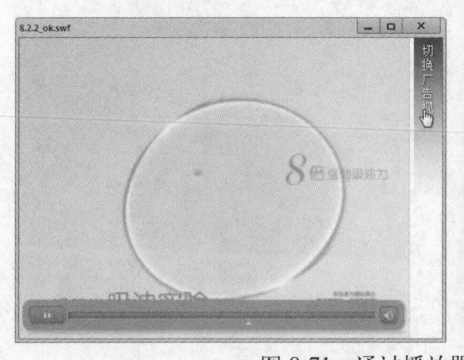

图 8-71 通过播放器上的按钮切换视频

8.3 本章小结

本章主要介绍了在 Flash CC 中通过使用 ActionScript 3.0 脚本语言制作滤镜效果和加载与控制声音、视频的方法。其中包括使用 ActionScript 3.0 创建与设置滤镜、加载并播放声音、通过按钮控制声音播放、加载视频到 Flash 中、通过按钮控制视频播放、使用【代码片断】面板添加 ActionScript 3.0 代码等内容。

8.4 课后训练

通过【代码片断】面板为练习文件中的【标题】影片剪辑制作淡入的效果，效果如图 8-72 所示。

图 8-72　制作影片剪辑淡入的效果

提示

（1）打开光盘中的"..\Example\Ch08\8.4.fla"练习文件，选择舞台上的【标题】影片剪辑元件。

（2）打开【属性】面板，设置【标题】影片剪辑元件实例名称为【title】。

（3）选择【窗口】|【代码片断】命令，显示【代码片断】面板后打开【动画】列表。

（4）选择【标题】影片剪辑元件，双击【淡入影片剪辑】代码片断，添加制作淡入影片剪辑的代码。

第9章 卡哇伊风格插画设计

教学提要

现今,插画已经遍布于平面和电子媒体。现代设计领域的插画,不但能突出主题的思想,而且还会增强艺术的感染力,已经成为一种重要的艺术形式。Flash CC 是一款动画创作程序,它支持各种类型的矢量绘图和颜色应用功能。因此,本章将通过一个插画设计,重点介绍 Flash CC 在绘画和颜色处理上的应用。

教学重点

- 掌握使用工具绘制各种形状的方法
- 掌握为形状和线条设置颜色的方法
- 掌握使用工具修改对象形状的方法
- 掌握使用文本工具输入文本和分离文本的方法
- 掌握为对象添加和设置滤镜效果的方法

插画,简单地说就是平常所看的报纸、杂志、各种刊物或儿童图画书里,在文字间所加插的图画。因此,插画又称插图,它原来是用于增加刊物中文字所给予的趣味性,使文字部分能更生动、更具象地活跃在读者的心中。

9.1 插画的分类

插画在现代艺术设计中应用广泛,因此插画的分类繁多。下面按照市场定位、制作方法以及绘画风格三方面来区分插画的分类。

1. 按市场定位分类

如果按照市场的定位来分类,插画一般分为矢量时尚类、卡通低幼类、写实唯美类、韩漫类、概念类等类型,如图 9-1 所示。

2. 按制作方法分类

如果按照制作方法分类,插画大致可以分为手绘、矢量、商业、新锐(2D 平面、UI 设计、3D)、像素等类型,如图 9-2 所示。

3. 按绘画风格分类

如果按照绘画风格分类,插画大致可以分为日式卡通插画、欧美插画、香港插画、韩国游戏插画、台湾小说封面插画等类型,由于现在插画的风格太多样化,因此插画风格类型还可以细分,在此不再详说。

图 9-1 各种类型的插画

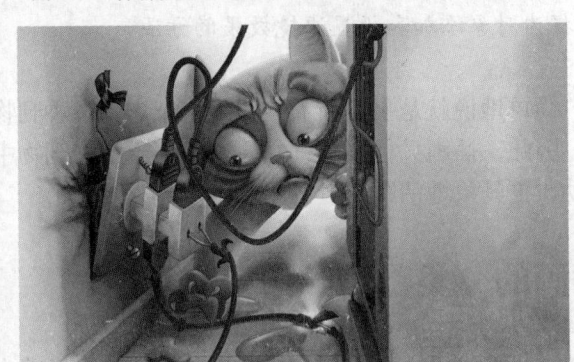

图 9-2 手绘插画与 3D 插画

9.2 插画设计的应用

在现代设计领域中，插画设计与绘画艺术有着非常相似的地方，因此插画艺术的许多表现技法都是借鉴了绘画艺术的表现技法。

从某种意义上讲，插画就是一门应用学科。作为现代设计的一种重要的视觉传达形式，插画以其直观的形象性、真实的生活感和美的感染力，在现代设计中占有特定的地位，已广泛用于现代设计的多个领域，涉及文化活动、社会公共事业、商业活动、影视文化等方面。其中典型的应用范围有以下几个：

- 出版物：包括书籍的封面、书籍的内页、书籍的外套、书籍的内容辅助等。
- 商业广告：包括报纸广告、杂志广告、招牌、海报、宣传单、电视广告等。
- 包装设计及说明图解：包括消费指导、商品说明、使用说明书、图表、目录、商品外包装等。

- 影视和游戏：包括影视剧、广告片、界面设计、游戏宣传插画、游戏人物、场景等。
- 生活用品：包括T恤、茶杯、坐垫、沙发图案、挂画等。

9.3 案例展示与设计

本章将以一个卡哇伊（可爱）风格的假期卡通插画为例，介绍在 Flash CC 中绘制插画的方法。在本例中，首先通过线条、圆形和矩形等形状的绘制构成插画的背景，然后通过绘制圆形、椭圆形、线条形状，再修改图形形状的方法，绘制出插画主体形象——小猴子，为了丰富插画的视觉效果，还添加了昆虫图形和文本内容，最终的效果如图 9-3 所示。

9.3.1 案例1：绘制插画的背景

本小节将绘制插画的背景。首先创建一个 Flash 文件并设置舞台背景颜色，再通过绘制和复制线条的方法，制作出填满舞台的黄色和白色相间的竖直线条，然后在舞台上方绘制一个矩形并修改矩形下边缘路径形状，接着在矩形上方绘制多个白色圆形作为装饰，删除部分线条的下边缘部分，制作出背景的下部分效果，最后将所有形状对象分离，删除超出舞台部分的形状，结果如图 9-4 所示。

图 9-3　卡通插画的效果

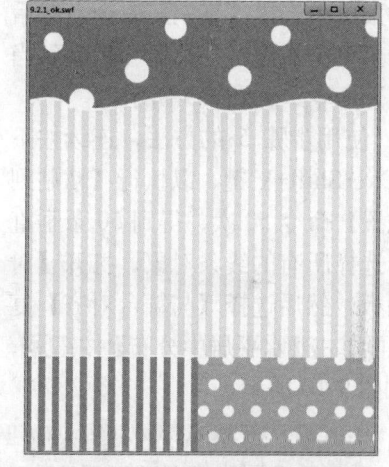

图 9-4　设计插画背景的效果

上机实战　绘制插画背景

1　启动 Flash CC 应用程序，选择【文件】|【新建】命令，打开【新建文档】对话框后选择【ActionScript 3.0】类型，然后设置舞台的宽、高，再单击【确定】按钮，如图 9-5 所示。

2　新建 Flash 文件后，打开【属性】面板，在【属性】选项组中打开【舞台】的调色板，选择一种颜色作为背景色，如图 9-6 所示。

3　选择【线条工具】 ，再打开【属性】

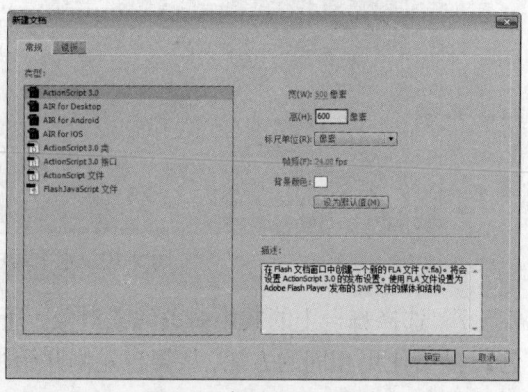

图 9-5　新建 Flash 文件

面板，设置笔触颜色为【#FFFF66】、笔触高度为10、线条端点为【无】，如图9-7所示。

4　按下【工具】面板的【对象绘制】按钮，在舞台左侧绘制一条垂直的线条，如图9-8所示。

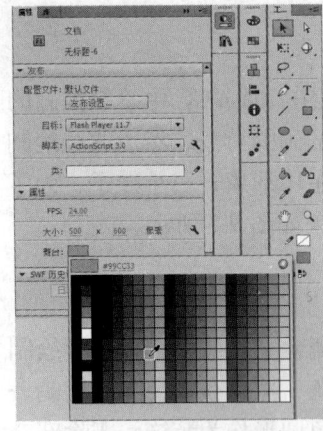

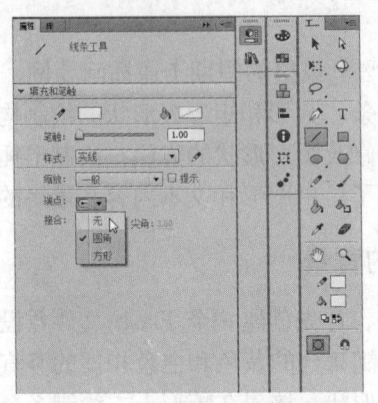

图9-6　设置舞台的颜色　　　图9-7　设置线条工具的属性　　　图9-8　绘制垂直的线条

5　选择线条对象并单击右键，从弹出的菜单中选择【复制】命令，然后在舞台上单击右键，并选择【粘贴到当前位置】命令，如图9-9所示。

6　使用步骤5的方法，连续按下50次Ctrl+Shift+V键，以执行【粘贴到当前位置】命令50次，得到50条垂直线条。选择所有的线条对象，打开【对齐】面板，然后选择【与舞台对齐】复选框，再单击【水平居中分布】按钮，结果如图9-10所示。

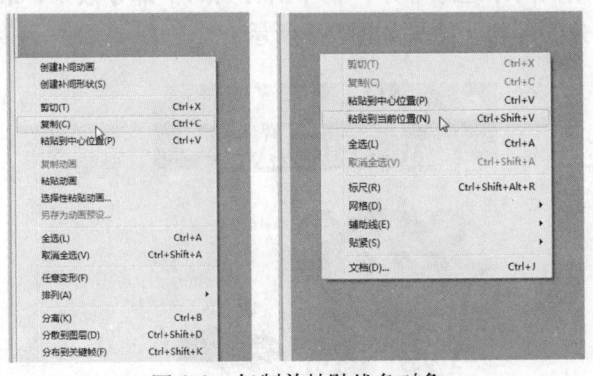

图9-9　复制并粘贴线条对象

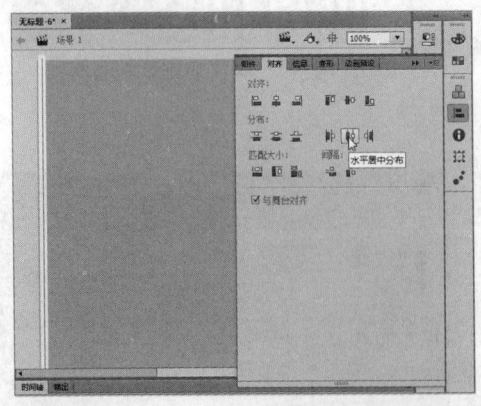

图9-10　水平居中分布所有线条对象

7　选择舞台上的其中一条线条对象，通过【工具】面板的调色板将线条颜色修改为【白色】，然后使用相同的方法，从舞台左侧开始将所有偶数的线条全部修改为【白色】，如图9-11所示。

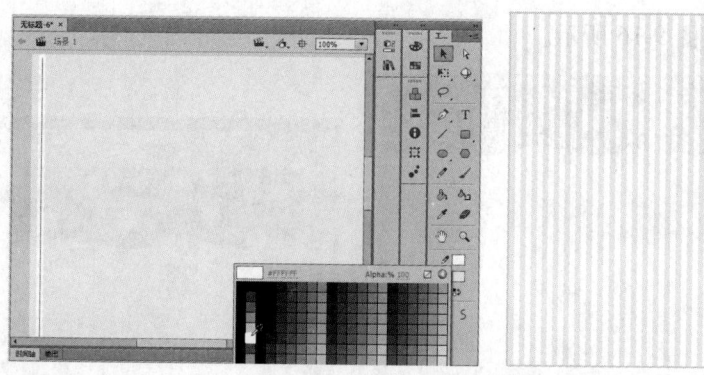

图 9-11　修改部分线条的颜色

8 选择【矩形工具】■，打开【属性】面板设置笔触颜色为【白色】、填充颜色为【#8EC51F】、笔触高度为 5，然后在舞台上方绘制一个矩形对象，如图 9-12 所示。

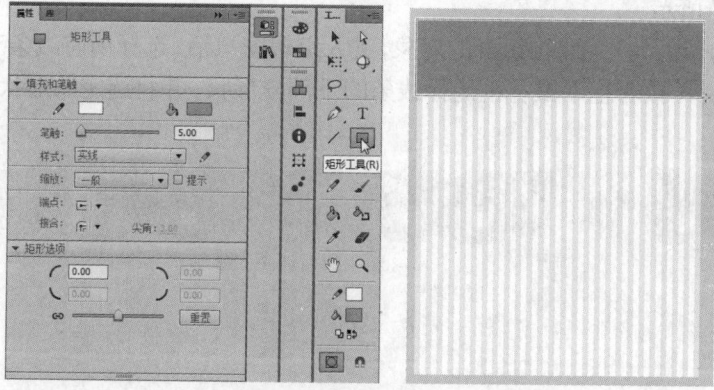

图 9-12　使用矩形工具绘制一个矩形对象

9 选择【部分选取工具】，再使用此工具选择矩形，然后选择【添加锚点工具】，在矩形对象下边缘路径上添加 5 个锚点，如图 9-13 所示。

10 在【工具】面板中选择【转换锚点工具】，然后使用此工具按住锚点并拖动拉出锚点的方向手柄，从而使直线的路径变成弯曲，结果如图 9-14 所示。

图 9-13　显示矩形路径并添加锚点 　　　图 9-14　通过编辑锚点让直线变成曲线

11 选择【选择工具】，双击矩形对象进入对象编辑窗口，然后分别选择矩形除下边缘外的其他三条边，并删除这三条边，如图 9-15 所示。

12 选择【椭圆工具】●，设置笔触颜色为【无】、填充颜色为【白色】，然后在舞台上方绘制多个圆形,如图 9-16 所示。

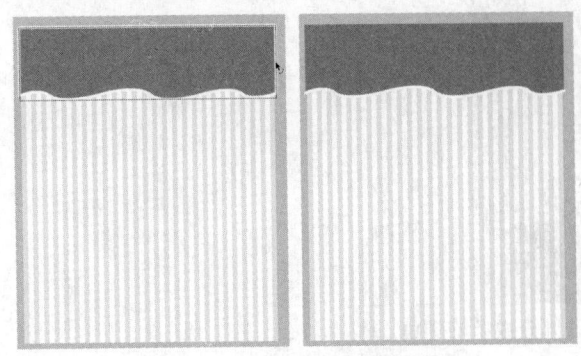

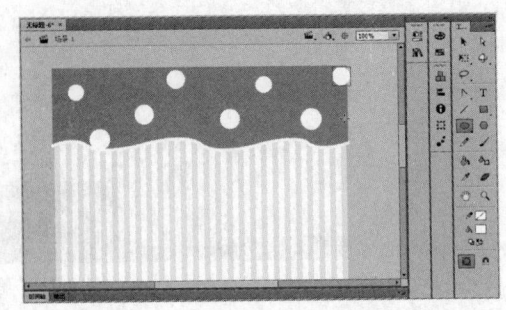

图 9-15 删除矩形的三条边　　　　　图 9-16 绘制多个白色的圆形对象

13 按住 Shift 键选择左半部分舞台上的黄色线条对象,然后按 Ctrl+G 键组合选定的线条对象,如图 9-17 所示。

14 使用【选择工具】▶双击组合的对象,进入编辑窗口后,选择所有线条对象并按 Ctrl+B 键分离对象成形状,接着拖动鼠标框选线条的下部分形状,并将选定的形状删除,如图 9-18 所示。

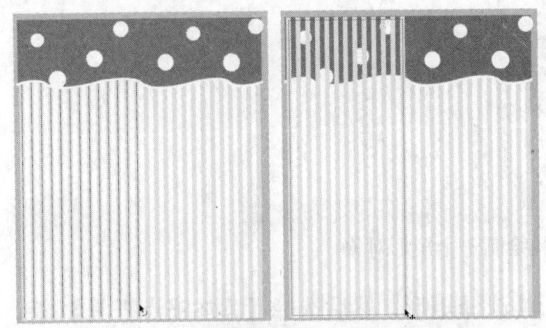

图 9-17 选择部分线条对象并组合对象　　　　　图 9-18 删除部分线条形状

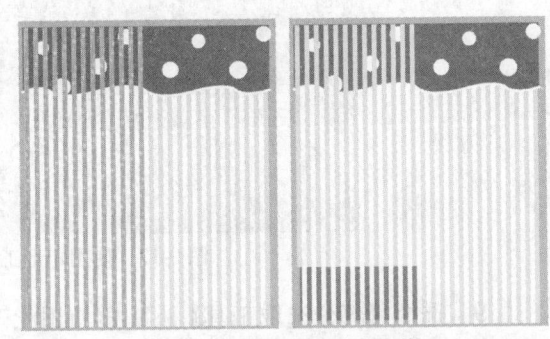

15 返回场景中,选择【线条工具】☑,设置笔触颜色为【白色】、笔触高度为 5,然后在被删除部分形状的线条下端绘制一条水平白色直线,如图 9-19 所示。

16 选择【矩形工具】■,设置笔触颜色为【无】、填充颜色为【#FBD200】(橙黄色),然后在舞台右下方绘制一个矩形对象,如图 9-20 所示。

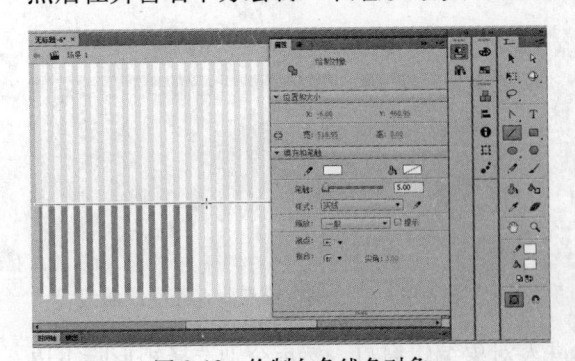

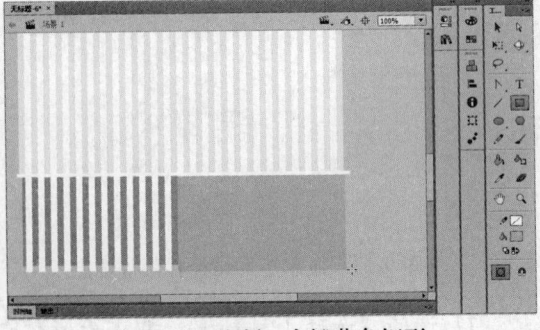

图 9-19 绘制白色线条对象　　　　　图 9-20 绘制一个橙黄色矩形

17 选择【椭圆工具】◯,设置笔触颜色为【无】、填充颜色为【白色】,然后在舞台右下方的橙黄色矩形对象上绘制多个大小一样圆形，如图9-21所示。

18 选择步骤13中组合的线条对象，然后单击右键并选择【排列】|【移至底层】命令，将组合对象移到最底层，如图9-22所示。

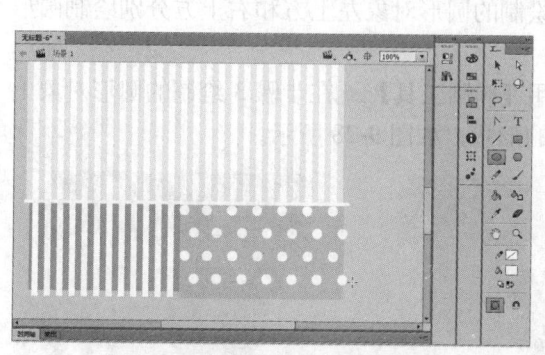

图 9-21 绘制多个白色圆形对象

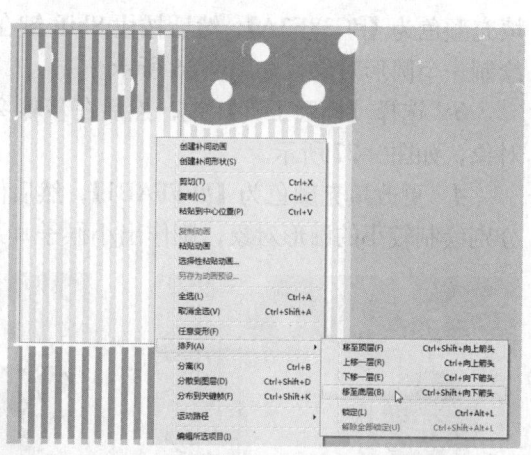

图 9-22 将组合对象移到最底层

19 选择舞台上所有的对象，然后按Ctrl+B键将所有对象分离成形状，然后将超出舞台的形状框选并删除，如图9-23所示。

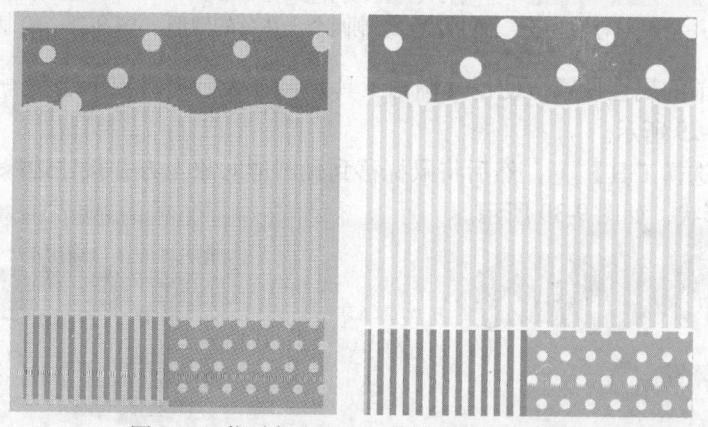

图 9-23 将对象分离成形状并删除多余部分

9.3.2 案例 2：绘制卡通动物形象

本小节将绘制插画中最重要的元素，就是插画中的卡通动物形象——小猴子。在本例的操作中，通过多个圆形和椭圆形对象组合成小猴子的脸部和身体，再绘制三边形和半圆环形状并经过修改制成猴子的鼻子和嘴巴形状，接着通过绘制和修改椭圆形，制作出猴子的手脚部位，最后绘制一条直线并通过添加和编辑锚点让直线变成曲线，作为猴子的尾巴，结果如图9-24所示。

上机实战 绘制卡通动物形象

1 打开光盘中的"..\Example\Ch09\9.2.2.fla"练习文

图 9-24 绘制小猴子动物形象的结果

件，在【时间轴】面板中锁定图层 1 并新建图层 2，如图 9-25 所示。

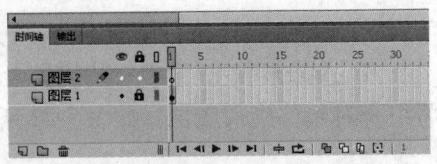

2　选择【椭圆工具】，设置笔触颜色为【无】、填充颜色为【#C38E3A】，然后按住 Shift 键在舞台上绘制一个圆形对象，如图 9-26 所示。

图 9-25　锁定图层并新增图层

3　选择【椭圆工具】，然后在步骤 2 绘制的圆形对象左上方和右上方分别绘制圆形对象，如图 9-27 所示。

4　更改填充颜色为【#FFFAB1】，然后使用【椭圆工具】在步骤 3 绘制的圆形对象上分别绘制较小的圆形对象，制作出小猴子耳朵的形状，如图 9-28 所示。

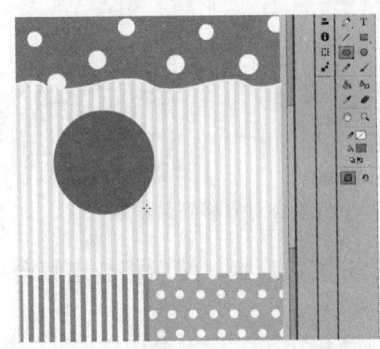

图 9-26　绘制一个圆形对象 　　图 9-27　绘制两个土黄色的圆形 　　图 9-28　绘制两个浅黄色的圆形

5　维持当前的属性设置，使用【椭圆工具】在大圆形对象上绘制一个浅黄色的椭圆形对象，如图 9-29 所示。

6　选择【选择工具】，然后将鼠标移到椭圆形对象上方并按住边缘，再向下拖动，修改椭圆形的形状，如图 9-30 所示。

图 9-29　绘制一个较大的浅黄色椭圆形 　　图 9-30　修改椭圆形对象的形状

7　再次使用【椭圆工具】在舞台外绘制一个较小的浅黄色椭圆形对象，然后将绘制完成的椭圆形对象移到被修改的椭圆形的上方，以构成小猴子的脸部形状，如图 9-31 所示。

8　继续选择【椭圆工具】，打开【属性】面板，设置笔触颜色为【白色】、填充颜色为【黑色】、笔触高度为 5，然后在小猴子脸部形状上绘制两个圆形对象，作为小猴子的眼睛部分，如图 9-32 所示。

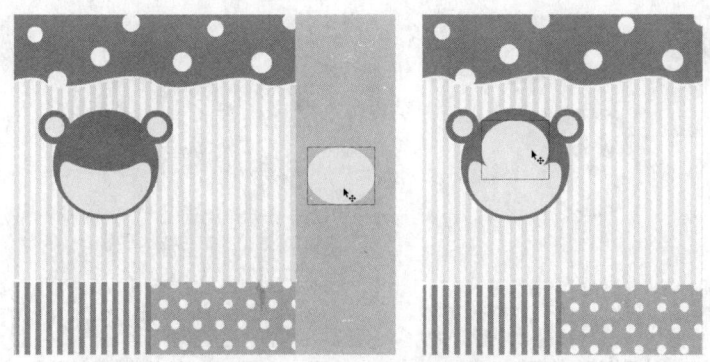

图 9-31　绘制椭圆形并调整位置构成小猴子脸部形状

图 9-32　绘制两个圆形作为小猴子的眼睛形状

9 选择【多边星形工具】，打开【属性】面板并设置笔触颜色为【无】、填充颜色为【#CC0000】，然后打开【工具设置】对话框，设置边数为 3，接着在小猴子脸部形状上绘制一个三边形对象，如图 9-33 所示。

图 9-33　绘制一个三边形

10 选择【选择工具】，然后使用该工具修改三边形对象的三条边的形状，如图 9-34 所示。

11 选择【椭圆工具】，打开【属性】面板，设置笔触颜色为【黑色】、填充颜色为【无】、笔触高度为 4，然后在小猴子脸部位置上绘制一个圆环对象，如图 9-35 所示。

12 选择【选择工具】，双击圆环对象进入编辑窗口，拖动鼠标框选圆环上半部分，然后按 Delete 键删除该部分的形状，接着返回场景中即可，如图 9-36 所示。

图 9-34　修改三边形边缘的形状 　　　　　　图 9-35　绘制一个黑色圆环对象

13 选择【椭圆工具】 ◎ ，设置笔触颜色为【无】、填充颜色为【#C38E3A】，然后绘制一个椭圆形对象，接着更改填充颜色为【#FFFAB1】，并在原来绘制的椭圆形对象上绘制一个较小的椭圆形对象，如图 9-37 所示。

图 9-36　删除上半部分圆环形状 　　　　　　图 9-37　分别绘制大小不一的两个椭圆形对象

14 按住 Shift 键选择步骤 13 中绘制的两个椭圆形对象，单击右键并选择【排列】|【移至底层】命令，作为小猴子的身体形状，如图 9-38 所示。

15 选择【椭圆工具】 ◎ ，设置笔触颜色为【无】、填充颜色为【#C38E3A】，然后在小猴子身体形状左右下方分别绘制大小一样的椭圆形对象，作为小猴子两个脚的形状，如图 9-39 所示。

图 9-38　将椭圆形对象移至底层 　　　　　　图 9-39　绘制椭圆形对象作为小猴子的两脚形状

16 设置舞台显示比例为 400%，再选择【椭圆工具】，设置笔触颜色为【无】、填充颜色为【#990000】，然后在小猴子两个脚形状上分别绘制多个椭圆形对象，作为小猴子的脚趾形状，如图 9-40 所示。

17 选择【椭圆工具】，设置笔触颜色为【无】、填充颜色为【#C38E3A】，然后在猴子身体形状一侧绘制一个椭圆形对象，选择【选择工具】，再使用此工具拖动椭圆形的边缘，修改其形状，最后使用相同的方法，制作另一个图形作为小猴子的手部形状，如图 9-41 所示。

18 选择【线条工具】，设置笔触颜色为【#C38E3A】、笔触高度为 8，然后在舞台左侧绘制一条直线直到小猴子身体形状下方，如图 9-42 所示。

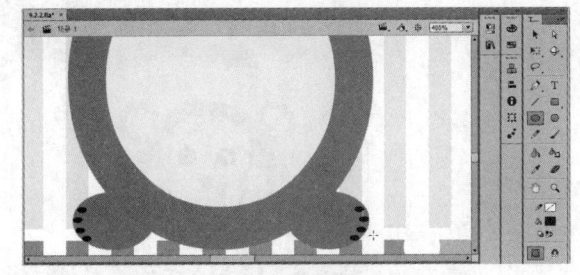

图 9-40　绘制小猴子脚趾形状对象

图 9-41　绘制椭圆形对象并修改形状

图 9-42　绘制一条直线对象

19 选择【添加锚点工具】，在直线对象的路径上添加锚点，然后选择【转换锚点工具】，使用此工具按住锚点并拖动以拉出锚点的方向手柄，从而使直线的路径变成弯曲，如图 9-43 所示。

20 选择【部分选取工具】，然后使用此工具调整锚点的位置，再通过拖动锚点方向手柄调整线条的弧度，使线条变成圆滑的曲线，作为小猴子的尾巴形状，如图 9-44 所示。

图 9-43　添加锚点并转换锚点

图 9-44　修改线条的形状

21 选择【椭圆工具】，设置笔触颜色为【无】、填充颜色为【白色】，然后在小猴子两个眼睛形状上分别绘制一大一小的圆形对象，作为眼睛的亮光点，如图 9-45 所示。

22 选择图层 2 的第 1 帧，选择猴子的所有形状对象，然后按 Ctrl+G 键组合对象，接着适当调整组合对象的位置即可，如图 9-46 所示。

图 9-45 绘制眼睛的亮光点形状

图 9-46 组合对象并调整位置

9.3.3 案例 3：制作装饰元素与标题

本小节将为前面设计的卡通插画制作一些装饰图形，并制作具有缤纷色彩的标题效果。在本例中，首先通过绘制和组合两个椭圆形对象和绘制圆形对象的方法，制作小昆虫图形，然后绘制多个椭圆形再加一个三边形，制作云朵形状的文本框背景，再输入文本，接着使用【文本工具】输入插画的标题文本并分离，最后为分离的文本对象设置不同的颜色并添加发光滤镜，结果如图 9-47 所示。

上机实战 制作装饰元素与中标题

1 打开光盘中的 "..\Example\Ch09\9.2.3.fla" 练习文件，在【时间轴】面板中锁定图层 2 并新建图层 3，如图 9-48 所示。

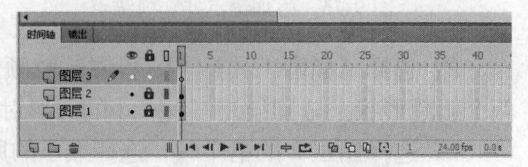

2 选择【椭圆工具】，设置笔触颜色为【白色】、填充颜色为【#8EC51F】、笔触高度为 4，如图 9-49 所示。

3 使用【椭圆工具】在舞台外绘制一个椭圆形对象，选择该椭圆形对象，然后复制并

图 9-47 制作插画装饰元素和标题的结果

图 9-48 锁定图层并新增图层

粘贴对象，如图9-50所示。

4 选择【选择工具】，然后双击其中一个椭圆形对象进入编辑窗口，再拖动鼠标框选大半部分椭圆形，然后按 Delete 键删除选定的形状，修改剩余形状的填充颜色为【黑色】，如图9-51所示。

5 返回场景中，使用【选择工具】双击另外一个椭圆形对象，进入编辑窗口后，框选椭圆形左侧的小部分形状并删除，如图9-52所示。

6 返回场景中，将黑色的形状对象移到绿色的形状对象上，使它们重合成一个椭圆形，然后使用【选择工具】稍微修改黑色图形边缘的形状，制作昆虫身体形状，如图9-53所示。

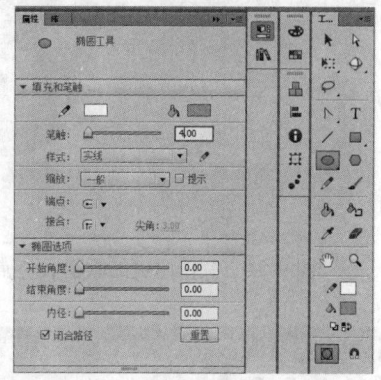

图9-49 设置椭圆工具的属性

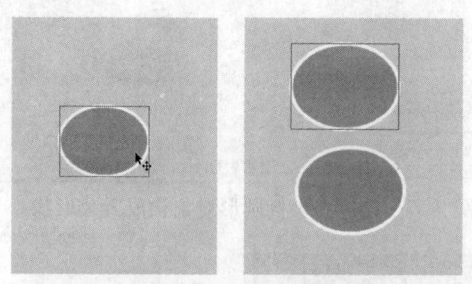

图9-50 绘制椭圆形并复制和粘贴对象

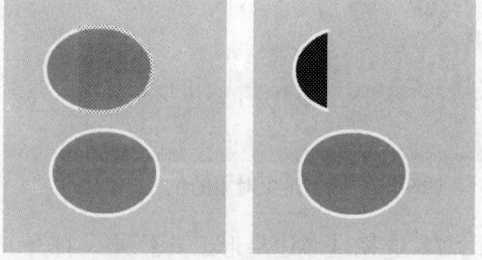

图9-51 删除其中一个椭圆形的部分形状并修改填充颜色

图9-52 删除另外一个椭圆形对象的部分形状

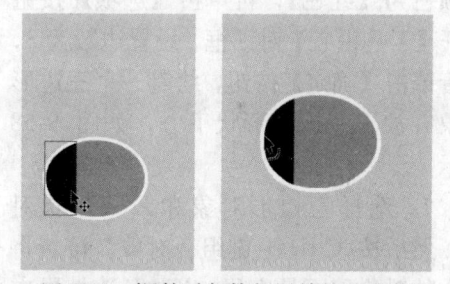

图9-53 调整对象的位置并修改形状

7 选择【椭圆工具】，设置笔触颜色为【白色】、填充颜色为【黑色】、笔触高度为4，然后绘制两个圆形对象并放置在昆虫身体形状的左侧，修改填充颜色为【白色】、笔触颜色为【无】，分别在圆形对象上绘制大小不一的圆形对象，制作昆虫的眼睛和亮点形状，如图9-54所示。

8 选择【椭圆工具】，在昆虫身体形状上绘制多个大小不一的圆形对象，以作为昆虫的图案，然后选择所有昆虫形状对象并组合起来，再使用【任意变形工具】旋转昆虫，如图9-55所示。

9 将昆虫组合对象移到小猴子形状的右侧，然后适当调整昆虫组合对象的大小，如图9-56所示。

10 选择【椭圆工具】，打开【属性】面板，设置笔触颜色为【无】、填充颜色为【红色】，然后在昆虫形状下方绘制多个椭圆形对象，以构成一个云朵的形状，如图9-57所示。

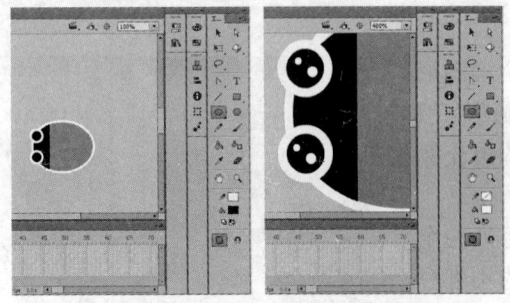

图 9-54 制作昆虫的眼睛和亮点形状 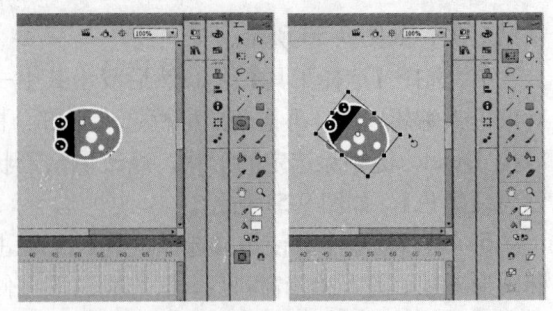　　　　图 9-55 绘制昆虫图案并旋转昆虫图形

图 9-56 调整昆虫对象的位置和大小 　　　　图 9-57 绘制多个椭圆形对象构成云朵形状

11 选择【多边星形工具】，打开【属性】面板并设置笔触颜色为【无】，填充颜色为【红色】，再单击【选项】按钮打开【工具设置】对话框，设置边数为3，接着单击【确定】按钮，绘制一个三边形对象并放置在云朵形状下方，如图 9-58 所示。

12 选择三边形对象和云朵形状对象，然后按 Ctrl+G 键组合对象，接着将组合的对象移至最底层，以避免遮挡昆虫对象，如图 9-59 所示。

图 9-58 绘制三边形对象

图 9-59 组合三边形和云朵对象并移至底层

13 选择【文本工具】，打开【属性】面板并设置文本属性，再设置文本颜色为【白

色】，然后在云朵形状上输入"Have a nice day"文本，如图9-60所示。

图9-60 输入文本内容

14 选择【文本工具】 T ，打开【属性】面板并设置文本属性，再设置文本颜色为【白色】，然后输入标题文本"HOLIDAY"，如图9-61所示。

图9-61 输入标题文本

15 选择标题文本对象并按 Ctrl+B 键分离文木，然后使用【文本工具】 T 逐一选择分离的文本并修改不同的颜色，如图9-62所示。

图9-62 分离文本并修改文本颜色

16 选择其中一个文本对象,然后打开【属性】面板并为文本添加【发光】滤镜,再设置滤镜的各项参数,接着使用相同的方法为其他文本对象添加【发光】滤镜,结果如图 9-63 所示。

图 9-63 为标题文本对象添加发光滤镜

9.4 本章小结

本章以一个带有背景、主体动物、装饰和标题的插画为例,介绍了在 Flash CC 中使用绘图工具和颜色功能绘制卡通插画的方法。在整个插画设计中,运用了简单的形状来组成插画的图形,再配合出色的颜色处理,让整个插画看起来非常可爱。

9.5 课后训练

将所有标题文本对象转换成一个影片剪辑元件,然后为影片剪辑元件添加【斜角】和【发光】滤镜,设计出更丰富的标题效果,结果如图 9-64 所示。

提示

(1) 打开光盘中的"..\Example\Ch09\9.4.fla"练习文件,选择所有标题文本对象。

(2) 在选定的文本对象上单击右键并选择【转换为元件】命令,弹出对话框后设置名称为【标题】、类型为【影片剪辑】,然后单击【确定】按钮。

(3) 选择影片剪辑元件,打开【属性】面板并添加【斜角】滤镜,维持【斜角】滤镜默认设置并修改斜角类型为【外侧】。

(4) 再次为影片剪辑元件添加【发光】滤镜,维持【发光】滤镜的默认设置并修改颜色为【橙黄色】。

图 9-64 设计插画标题的效果

第 10 章　网上商城广告动画设计

教学提要

伴随着电子商务的发展和互联网应用范围的扩大及网络技术的成熟，越来越多商务贸易从传统销售模式向网上销售模式转变和发展。对于网上商城来说，促销的方式多种多样，其中最常见的就是通过设计广告动画来宣传与吸引潜在客户群体，从而达到商品促销的目的。本章将以网上商城常见的广告动画效果为范例，介绍使用 Flash CC 设计网上商城广告动画的方法。

教学重点

- 掌握创建各种元件的方法
- 掌握将各种元件应用到文件中的方法
- 掌握导入声音和应用声音的方法
- 掌握操作时间轴和创建补间动画的方法
- 掌握简单使用 ActionScript 3.0 脚本语言的方法
- 掌握创建遮罩动画效果的方法

如今，网上商城是一种流行的营销渠道，它并非一定要取代传统店铺的渠道，而是利用信息技术的发展，来创新与重组营销渠道。不论是传统店铺还是网上商城，营销的目标是为商品促销。在传统店铺中，最常见的促销方式是通过广告海报进行商品宣传，而网上商城则常用广告动画来进行商品促销。

10.1　关于网络广告动画

网络广告动画就是在互联网上传播，利用网站上的广告横幅、多媒体视窗等方法，在互联网刊登或发布动画广告，通过网络传递到互联网用户的一种高科技广告运作方式。

网络广告动画制作技术的日趋成熟，基于交互技术平台，在其设计制作的过程中应合理增加广告用户的互动环节，达到与用户的积极互动，产生广告的最大化效果。这项交互特征也日渐成为其最先进的特征之一，它使得原有的广告效果大幅度的提高，也将广告中用户被动位置逐渐转向主动，紧密建立起企业或机构和用户甚至用户与用户之间的纽带，这也是此类型的广告相比于传统广告形式受人关注、吸引眼球的重要原因。

网络广告动画作为具有公益或商业传播功能的动画形式，使用的广告媒体上也与传统广告具有很大不同。如今，经过十余年的快速发展，网络广告动画已逐步成为了独立的具有广阔市场的动画应用形式。而且它具有许多传统广告所无法比拟的优势，例如，传播速度快，辐射面积广，成本低廉，延伸性强等。所以网络广告动画的发展也吸引了越来越多专业人士的目光。如图 10-1 所示为著名的淘宝网和京东网所出现的商品广告。

图 10-1　淘宝网和京东网首页的商品广告

10.2　网络广告动画的分类

　　网络广告动画从产生之日起,就有许多不同的表现形式,而伴随着网络技术的发展,网页设计水平的提升,网络广告动画的表现形式也更加丰富多彩。

　　根据网页设计的规则,一般来说我们可以将网络广告动画分为网页按钮(Button)式、横幅(Banner)式、游戏(Game)式、浮动(Free)式、伴随(Accompany)式以及一些其他形式的广告动画。

　　1. 网页按钮式

　　按钮式广告动画是交互界面如网页、网络软件界面中常见的广告动画形式,一般出现在网页按钮形式的广告动画往往承载更多的信息,宣传效果也比一般形式的广告动画具有优势。

　　2. 横幅式

　　横幅式广告动画一般出现在交互界面的上部,偶尔也会根据网页形式的不同出现在网页的中部或者下部,一般循环播放内容时间不超过 10 秒,这种形式的广告动画也是最常见的广告动画形式之一。

　　一般来说,横幅式广告动画所在位置往往是人们浏览网页时最容易观察到的部分,也使得横幅式广告成为最简单、最直接的广告动画形式。此类广告动画往往具有画面新颖、内容丰富、信息量大等特征,还可以通过一些简单的鼠标动作,例如,鼠标悬停或鼠标点击直接连接到该广告的主页,有时这样的动画中还会增加一些交互式游戏吸引浏览者进行点击。

　　3. 游戏式

　　不同于其他形式的广告动画以直白的宣传作为主要内容,游戏式广告动画往往将所需传播的信息融入某些操作简单的交互式游戏中，使用软性推广的方式进行宣传。这样的方式可以有效地吸引用户的关注，促使其参与到游戏之中，从而潜移默化地进行信息的推广。

4．浮动式

浮动式广告动画是指尺寸较小的并且跟随网页卷动而浮动的广告动画形式，这类动画一般循环播放 6 秒以内的动画内容，其特征是画面小巧，内容精致。但由于此类动画的浮动性质，无论浏览者如何卷动网页，该动画仍能够迅速出现在画面中，会引起浏览者的视觉疲劳，造成心理上的反感情绪，所以浮动式广告动画的使用需要格外谨慎，也有不少网站撤销了浮动式广告的投放，以减少网页浏览者的反感。

5．伴随式

伴随式广告动画通常是指以伴随网络视频、网络新闻、网络游戏等界面出现的广告动画形式。此类动画常常出现在在线视频播放器两侧，由于网络在线视频目标用户人群十分广泛，所以伴随式广告动画特别是网络在线视频伴随式广告动画的使用越来越普及。

此类广告动画宣传内容比较广泛，以网络游戏、数码产品、网络零售居多。由于用户的浏览时间较长，此类动画时长也比其他类型的广告动画多上数倍，所以动画效果、宣传力明显强于其他类型的广告动画。

10.3　Flash 广告动画的应用

Flash 广告是一种以通过网络媒体发布广告信息为主的新型广告形式，它通过在网站上播放广告内容来传播相关的信息，吸引网友单击 Flash 广告进入商家指定的网页，从而达到全面介绍信息、展示产品和及时获得网友反馈等目的。

Flash 可以将音乐、声效、动画以及富有新意的界面融合在一起，通过 Flash 制作出的高品质动画效果，常常应用在广告上。可以说，Flash 广告是目前广泛流行的广告形式，已经为众多企业所采用。在网站中，Flash 广告多应用在公告版、产品展示、企业演示、网站片头、网站横幅等设计上。如图 10-2 所示为网上商城页面上的 Flash 广告。

Flash 广告的流行主要基于以下几个特点：

（1）体积小但效果好。Flash 广告采用矢量图形和流式播放技术，保证了图形的质量和观看速度。通过使用关键帧和图符使得所生成的动画（.swf）文件非常小，因此适合在网站中插入。

（2）跨媒体性强，制作、改动成本低廉。Flash 广告除了可以在互联网上进行传播，还可以在电视、楼宇广告、手机等载体上进行发布、传播。目前完整的 Flash 广告多以几百元（不少于 10 秒情节，动画整体风格及脚本设计 Flash 动画效果）起价。而且改动起来也比传统电视广告方便很多，也便宜很多。

（3）视觉冲击力比其他的广告形式要强。同一个产品的广告，如果采用 Flash 形式会更容易吸引受众的注意。

（4）Flash 的广告形式具有亲和力和交互性优势。这是与网络的开放性结合在一起的，使其可以更好地满足受众的需要，让欣赏者的动作成为动画的一部分，通过点击、选择等动作决定动画的运行过程和结果，使广告的传达更加人性化、更有趣味，比起传统的广告和公关宣传，通过 Flash 进行产品宣传有着信息传递效率高、受众接受度高、宣传效果好的显著优势。

图 10-2　网上商城页面上的 Flash 广告

10.4　案例展示与设计

本章将以一个服装网上商城网站的商品广告动画为例,介绍在 Flash CC 中创建和编辑元件、创建动画、使用 ActionScript 脚本语言的方法。在本例中,首先将广告图片导入文件并添加到影片剪辑元件中,然后制作广告图从透明到显示的传统补间动画,再创建按钮元件,制作按钮元件的变化和声音效果,接着将广告影片剪辑和按钮元件添加到一个影片剪辑的时间轴上,通过【代码片断】面板为按钮应用 ActionScript 3.0 代码,用于通过按钮控制时间轴播放并变换广告图,最后创建一个遮罩动画作为广告的开场效果,最终的效果如图 10-3 所示。

图 10-3　广告动画效果

10.4.1　案例 1:制作广告图影片剪辑

本小节将先制作出广告图的影片剪辑元件。在本例中,首先将广告图片导入到新建的 Flash 文件中,并分别为每个广告图创建对应的影片剪辑元件,制作广告图从透明到显示的传统补间动画,然后通过交换元件的方式,制作其他广告图的影片剪辑,结果如图 10-4 所示。

图 10-4　制作广告图影片剪辑的结果

上机实战　制作广告图影片剪辑

1 启动 Flash CC 应用程序,选择【文件】|【新建】命令,打开【新建文档】对话框后选择【ActionScript 3.0】类型项目,然后设置舞台的宽高等属性,并单击【确定】按钮,如图 10-5 所示。

2　新建文件后，选择【文件】|【保存】命令，将文件保存起来，如图10-6所示。

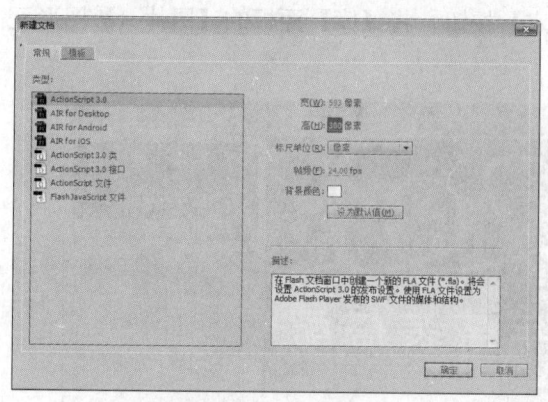

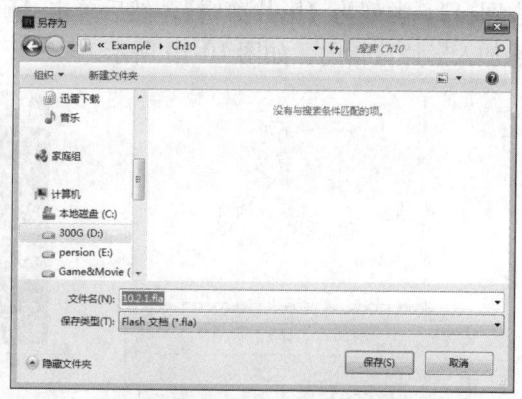

图10-5　新建Flash文件　　　　　　　　图10-6　保存Flash文件

3　选择【文件】|【导入】|【导入到库】命令，打开【导入到库】对话框后选择需要导入的广告图片，然后单击【打开】按钮，如图10-7所示。

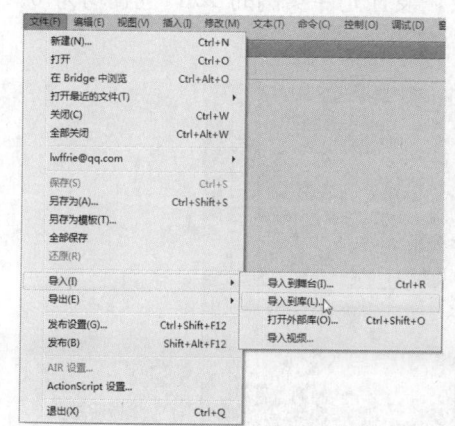

图10-7　导入广告图片

4　选择【插入】|【新建元件】命令，打开【创建新文件】对话框后，设置名称为【图片1】，类型为【图形】，然后单击【确定】按钮，如图10-8所示。

5　创建图形元件后，通过【库】面板将"pic01.jpg"图像加入到编辑窗口，然后选择该图像并打开【属性】面板，设置X/Y位置均为0，如图10-9所示。

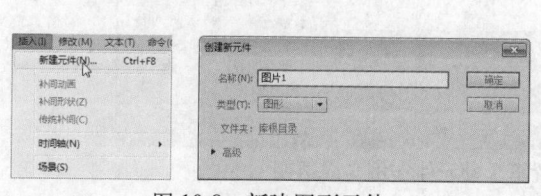

图10-8　新建图形元件　　　　　　　　图10-9　加入图像并设置位置

6　选择【插入】|【新建元件】命令，打开【创建新文件】对话框后，设置名称为【广告图 1】、类型为【影片剪辑】，然后单击【确定】按钮，将【库】面板的【图片 1】图形元件加入影片剪辑内，如图 10-10 所示。

图 10-10　创建影片剪辑元件并加入图形元件

7　选择窗口上的图形元件，打开【属性】面板，设置元件实例的 X/Y 位置均为 0，如图 10-11 所示。

图 10-11　设置元件实例的位置

8　在图层 1 的第 10 帧上插入关键帧，然后选择图层 1 的第 1 帧，再选择图形元件实例，打开【属性】面板并设置 Alpha 为 0%，使图形元件实例变成透明，如图 10-12 所示。

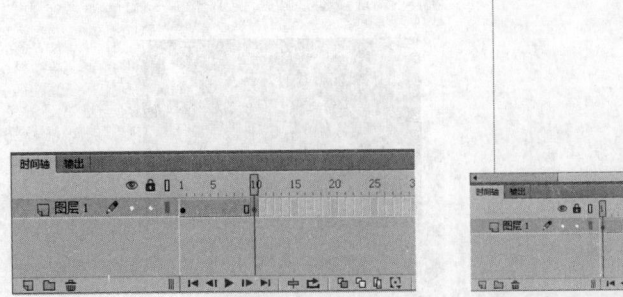

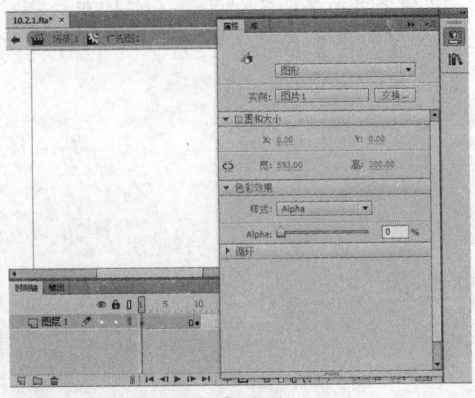

图 10-12　插入关键帧并设置第 1 帧元件实例变成透明

9　选择图层 1 的第 1 帧，单击右键并从打开菜单中选择【创建传统补间】命令，如图

10-13 所示。

10 在图层 1 上方新建图层 2，在图层 2 的第 10 帧上插入关键帧，打开【动作】面板并输入停止动作代码，如图 10-14 所示。

图 10-13　创建传统补间

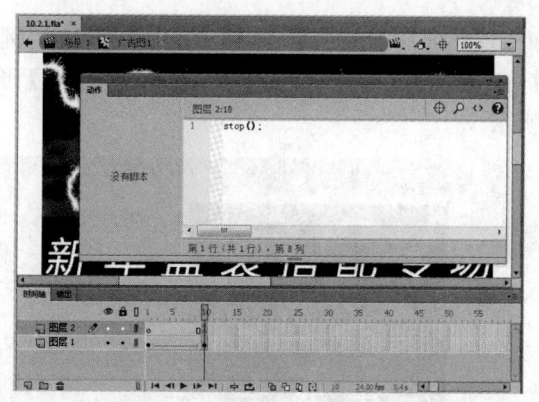

图 10-14　新建图层并添加停止动作

11 使用步骤 4 和步骤 5 的方法，分别创建名为【图片 2】、【图片 3】、【图片 4】的图形元件，然后分别将"pic02.jpg"、"pic3.jpg"、"pic04.jpg"图像加入到对应的图形元件内，结果如图 10-15 所示。

12 打开【库】面板，选择【广告图 1】影片剪辑元件并单击右键，从打开的菜单中选择【直接复制】命令，打开【直接复制元件】对话框后，修改名称为【广告图 2】，接着单击【确定】按钮，如图 10-16 所示。

图 10-15　制作其他图形元件的结果

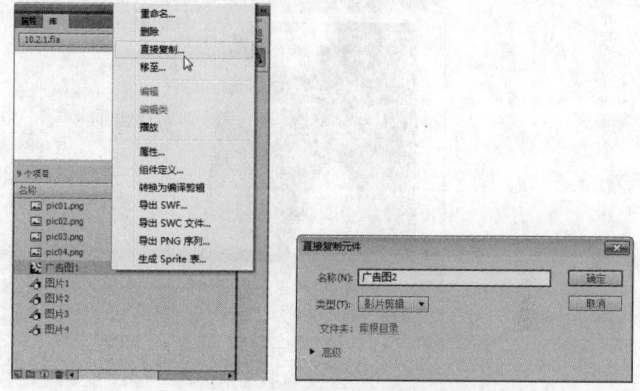

图 10-16　直接复制出影片剪辑元件

13 在【库】面板中双击步骤 12 复制出的【广告图 2】影片剪辑元件，打开编辑窗口后，选择第 1 帧上的图形元件实例，然后打开【属性】面板并单击【交换】按钮，打开【交换元件】对话框后，选择【图片 2】图形元件，单击【确定】按钮，如图 10-17 所示。

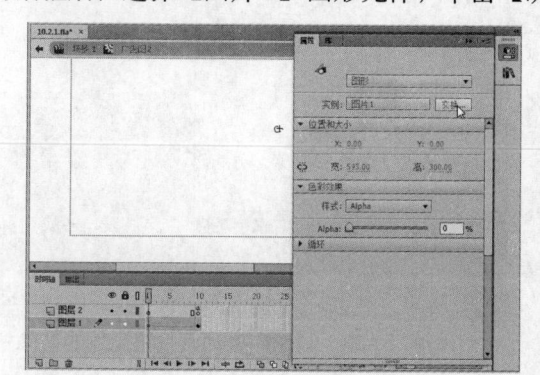

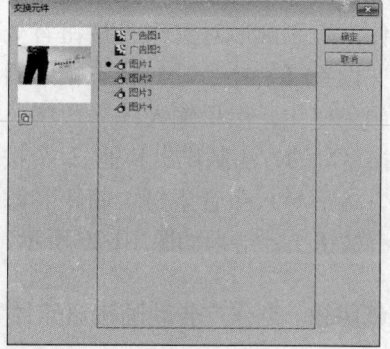

图 10-17　编辑新影片剪辑并交换第 1 帧上的图形元件

14 选择图层 1 第 10 帧上的图形元件实例，再次打开【属性】面板并单击【交换】按钮，打开【交换元件】对话框后，选择【图片 2】图形元件，然后单击【确定】按钮，如图 10-18 所示。

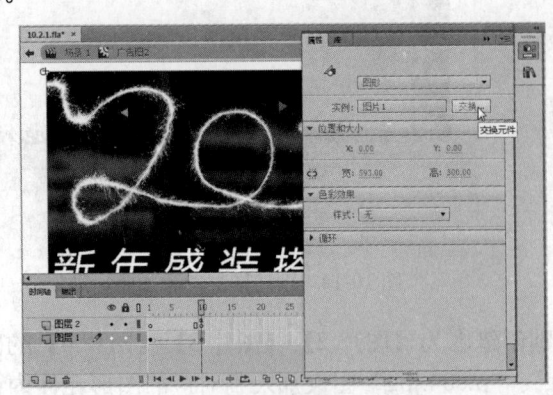

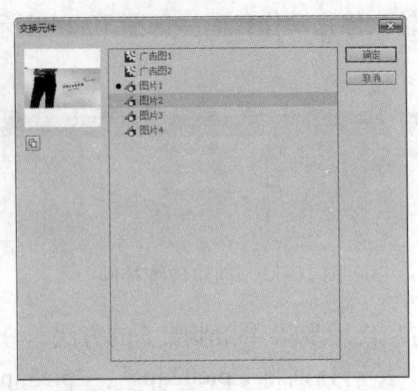

图 10-18 交换第 10 帧上的图形元件实例

15 用步骤 12 到步骤 14 的方法，直接复制出新影片剪辑，然后分别交换影片剪辑中第 1 帧和第 10 帧上的图形元件实例，从而制作出另外两个广告图的影片剪辑，如图 10-19 所示。

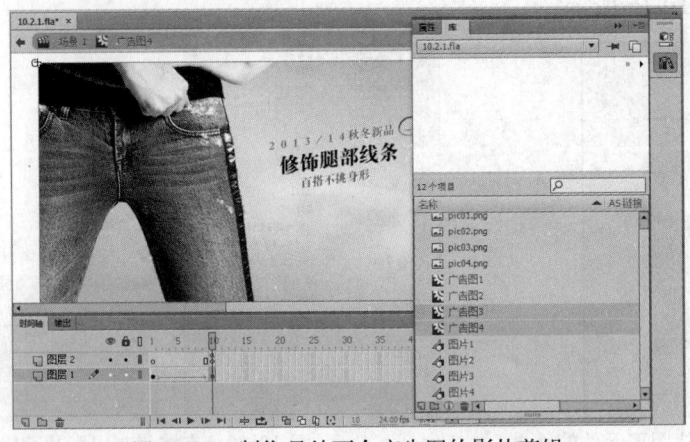

图 10-19 制作另外两个广告图的影片剪辑

10.4.2 案例 2：制作广告动画按钮元件

本小节将制作用于控制广告图切换的按钮元件。在本例中，首先新建一个按钮元件，绘制圆形对象作为按钮背景图形，并设置【指针经过】状态帧的圆形产生颜色变化，然后输入编号数字，通过直接复制的方法制作出其他 3 个按钮元件，最后导入声音素材，将声音添加到所有按钮上，结果如图 10-20 所示。

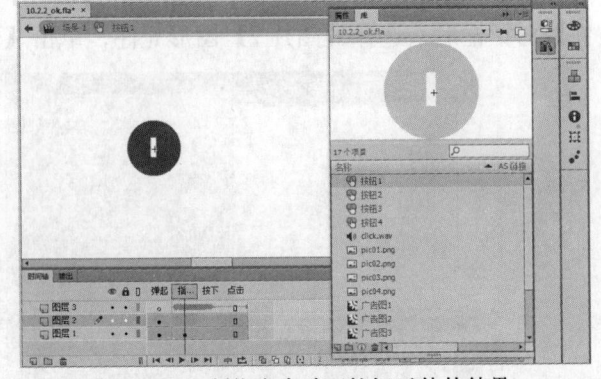

图 10-20 制作广告动画按钮元件的结果

上机实战 制作广告动画按钮元件

1 打开光盘中的"..\Example\Ch10\10.2.2.fla"练习文件，选择【插入】|【新建元件】

命令，打开【创建新元件】对话框后，设置名称为【按钮1】、类型为【按钮】，接着单击【确定】按钮，如图10-21所示。

2　选择【椭圆工具】，设置笔触颜色为【无】、填充颜色为【浅灰色】，然后按住Shift键在【弹起】状态帧上绘制一个圆形，接着在【指针经过】状态帧上插入关键帧，在【点击】状态帧上按F5键插入帧，如图10-22所示。

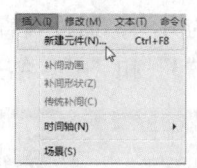

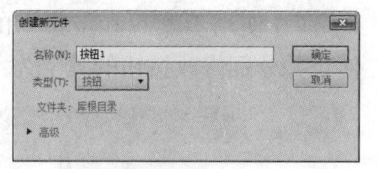

图10-21　新建按钮元件

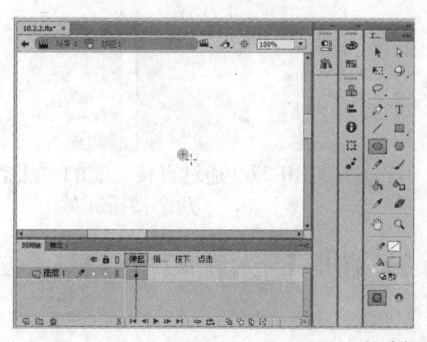

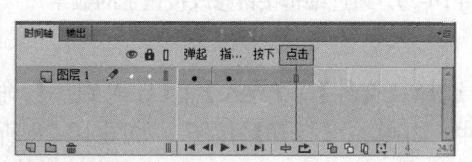

图10-22　绘制圆形对象并插入关键帧

3　选择【指针经过】状态帧，然后选择该状态帧下的圆形对象，修改填充颜色为【红色】，如图10-23所示。

4　在【时间轴】面板上新建图层2，选择【文本工具】，然后打开【属性】面板并设置文本属性，接着选择图层2的【弹起】状态帧，在圆形对象上输入数字"1"，如图10-24所示。

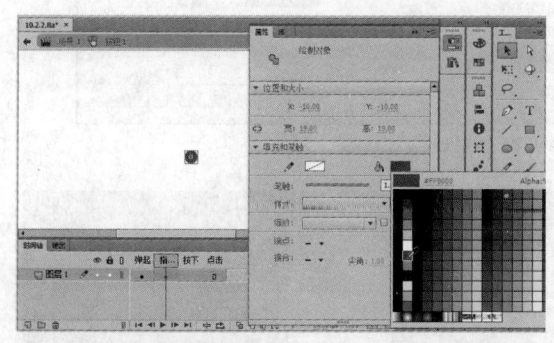

图10-23　修改【指针经过】状态帧圆形对象的颜色

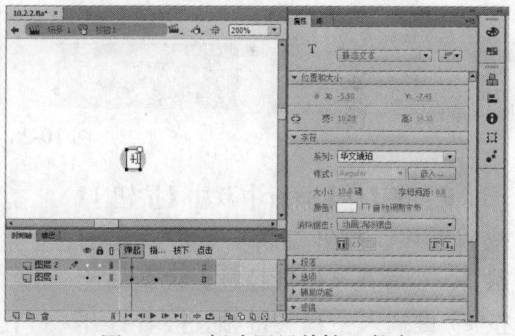

图10-24　新建图层并输入数字

5　打开【库】面板，在【按钮1】按钮元件上单击右键，从打开的菜单中选择【直接复制】命令，打开【直接复制元件】对话框后，修改名称为【按钮2】，接着单击【确定】按钮，如图10-25所示。

6　打开【库】面板并双击【按钮2】按钮元件，打开编辑窗口后，使用【文本工具】修改数字为"2"，如图10-26所示。

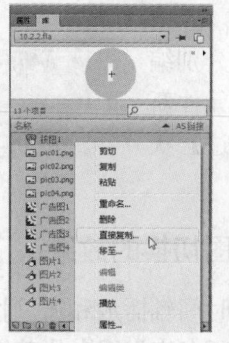

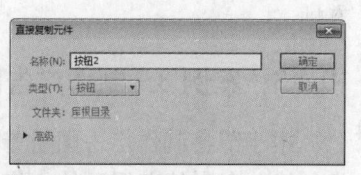

图10-25　直接复制出第二个按钮元件

7 使用步骤 5 和步骤 6 的方法，通过【直接复制】命令创建出第三个和第四个按钮元件，并分别修改按钮的数字为 "3" 和 "4"，结果如图 10-27 所示。

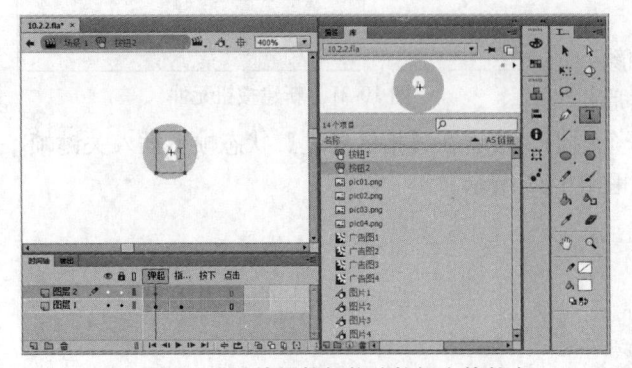

图 10-26 通过编辑按钮修改按钮上的数字

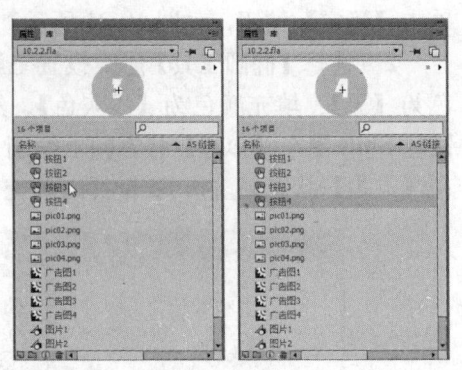

图 10-27 通过直接复制的方法创建另外两个按钮元件

8 选择【文件】|【导入】|【导入到库】命令，打开【导入到库】对话框后，选择声音素材文件，再单击【打开】按钮，如图 10-28 所示。

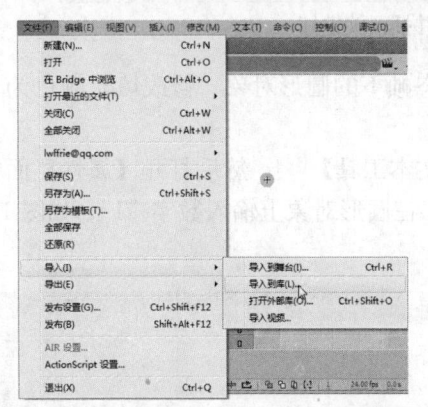

图 10-28 导入声音素材

9 在【库】面板中双击【按钮1】按钮元件，打开编辑窗口后新建图层3，然后在【指针经过】状态帧上按 F7 键插入空白关键帧，接着打开【属性】面板并添加声音到图层，如图 10-29 所示。

10 使用步骤 9 的方法，分别编辑其他 3 个按钮元件，为按钮元件新建图层并添加声音到【指针经过】状态帧。

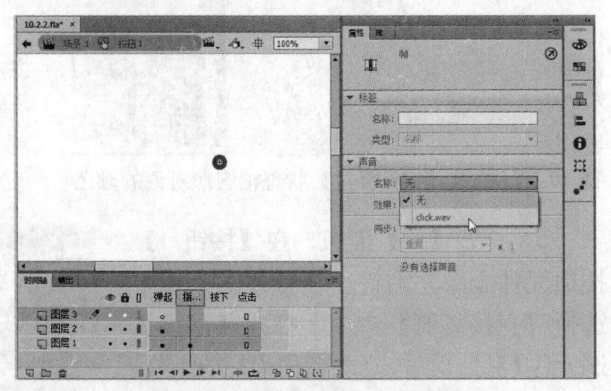

图 10-29 新建图层并添加声音

10.4.3 案例 3：制作广告图切换的效果

本小节将制作广告图随着时间轴播放和通过按钮控制而进行切换的效果。在本例中，首先创建一个影片剪辑元件，将所有广告图影片剪辑加入该元件内，依照先后顺序在时间轴上排列，以便让时间轴播放时顺序切换广告图，接着将 4 个按钮添加到影片剪辑元件内，并设置各自的实例名称，然后通过【代码片断】面板分别为按钮元件应用【单击以转到帧并播放】代码片断，最后将影片剪辑元件加入到舞台即可，结果如图 10-30 所示。

图 10-30 制作广告图切换效果

上机实战　制作广告图切换效果

1 打开光盘中的"..\Example\Ch10\10.2.3.fla"练习文件，选择【插入】|【新建元件】命令，打开【创建新元件】对话框后，设置名称为【广告剪辑】、类型为【影片剪辑】，接着单击【确定】按钮，如图 10-31 所示。

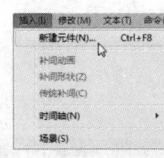

图 10-31 创建影片剪辑元件

2 打开【库】面板并将【广告图 1】影片剪辑元件拖到编辑窗口，再设置元件的 X/Y 位置均为 0，如图 10-32 所示。

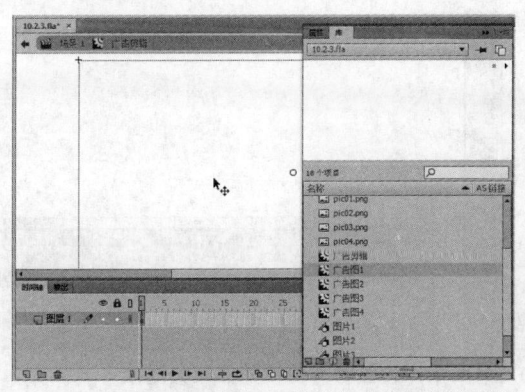

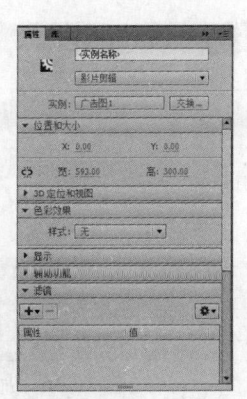

图 10-32 加入第一个广告图影片剪辑并设置位置

3 在图层 1 的第 70 帧上插入关键帧，然后在第 71 帧上插入空白关键帧，如图 10-33 所示。

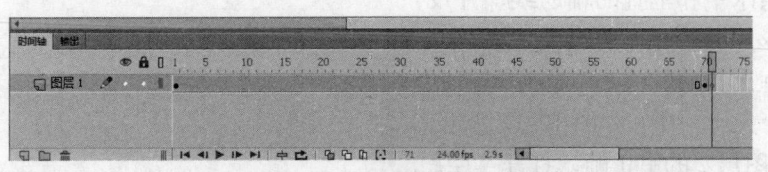

图 10-33 插入关键帧和空白关键帧

4 选择图层 1 的第 71 帧，然后将【广告图 2】影片剪辑元件加入编辑窗口，并设置元件的 X/Y 位置均为 0，如图 10-34 所示。

5 在图层 1 的第 140 帧上插入关键帧，然后在第 141 帧上插入空白关键帧，接着设置显示比例为 50%，再将【广告图 3】影片剪辑元件加入编辑窗口，并设置元件的 X/Y 位置均为 0，如图 10-35 所示。

6 在图层 1 的第 210 帧上插入关键帧，然后在第 211 帧上插入空白关键帧，接着将【广告图 4】影片剪辑元件加入编辑窗口，并设置元件的 X/Y 位置均为 0，然后在图层 1 第 280 帧上插入关键帧，如图 10-36 所示。

图 10-34　加入第二个广告图影片剪辑

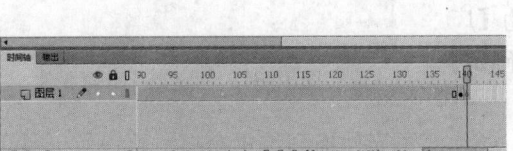

图 10-35　加入第三个广告图影片剪辑

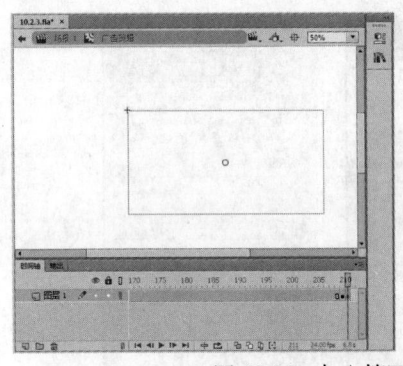

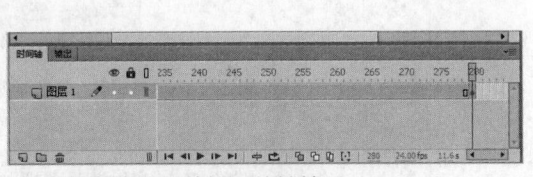

图 10-36　加入第四个广告图影片剪辑并插入关键帧

7 在图层 1 上新建图层 2，选择【视图】|【标尺】命令，然后使用鼠标按住标尺并拖出两条水平和垂直的辅助线，并设置辅助线与影片剪辑元件的边缘重叠，以通过辅助线框出舞台的大小（影片剪辑元件尺寸与舞台大小一样），如图 10-37 所示。

8 选择图层 2 的第 1 帧，打开【库】面板，分别将【按钮 1】、【按钮 2】、【按钮 3】、【按钮 4】按钮元件加入编辑窗口辅助线构成矩形的右下方，如图 10-38 所示。

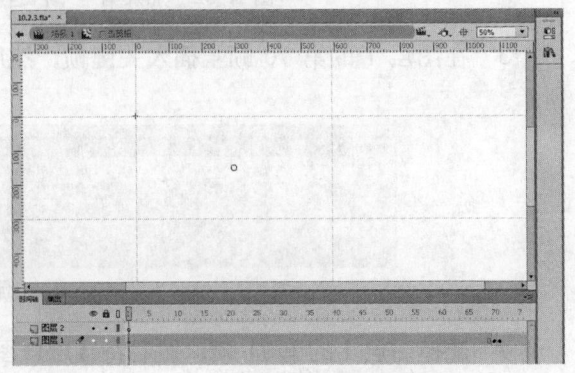

图 10-37　新建图层并拉出辅助线

9 选择所有的按钮元件，打开【对齐】面板，再单击【顶对齐】按钮和【水平居中分布】按钮，排列好按钮元件，如图 10-39 所示。

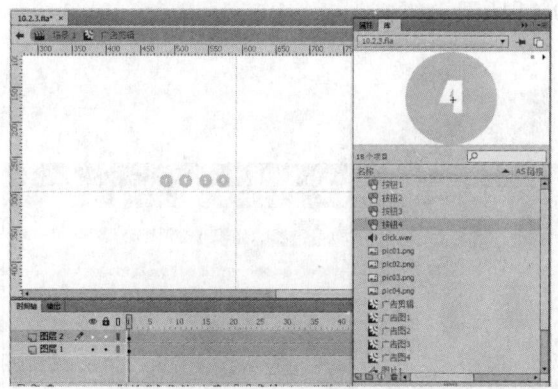

图 10-38 将按钮元件添加到图层 2

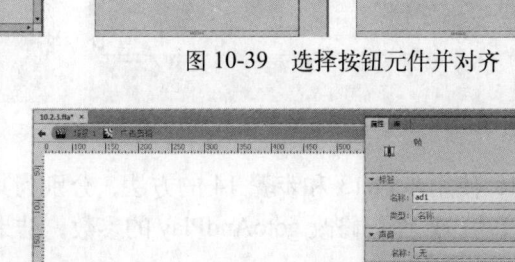

图 10-39 选择按钮元件并对齐

10 在图层 2 上方新建图层 3，选择图层 3 第 1 帧，打开【属性】面板，再设置帧标签为【ad1】，如图 10-40 所示。

11 使用步骤 10 的方法，分别在图层 3 的第 71 帧、第 141 帧和第 211 帧添加名称为【ad2】、【ad3】、【ad4】的帧标签，如图 10-41 所示。

12 选择数字为 1 的按钮元件，然后打开【属性】面板并设置实例名称为【btn1】，再使用相同的方法为其他按钮元件分别设置实例名称为【btn2】、【btn3】、【btn4】，如图 10-42 所示。

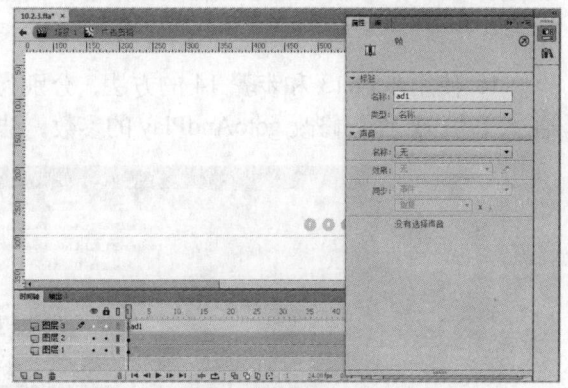

图 10-40 新增图层并设置第 1 帧的帧标签

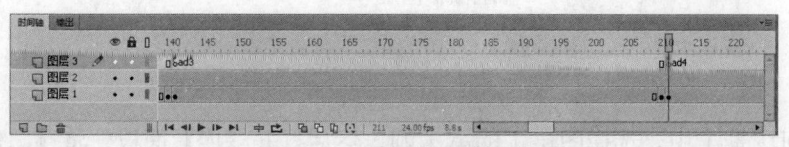

图 10-41 设置其他帧标签

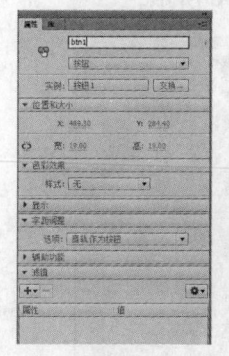

图 10-42 设置按钮元件的实例名称

13 选择数字为 1 的按钮元件，打开【代码片断】面板的【时间轴导航】列表框，然后双击【单击以转到帧并播放】项目，如图 10-43 所示。

14 打开【动作】面板，然后修改 gotoAndPlay 的参数为【"ad1"】，以便使按钮在单击后即跳转到标签为"ad1"的帧上播放，如图 10-44 所示。

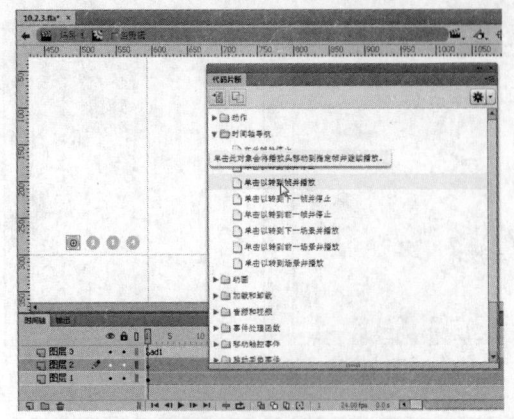

图 10-43　为第一个按钮添加代码片断　　　　　图 10-44　修改代码的参数

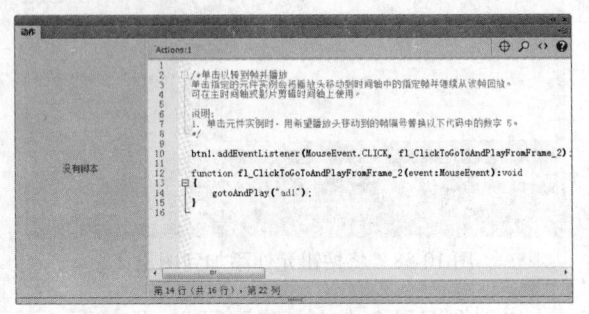

15 使用步骤 13 和步骤 14 的方法，分别为其他 3 个按钮元件添加相同的代码片断，再通过【动作】面板修改 gotoAndPlay 的参数，结果如图 10-45 所示。

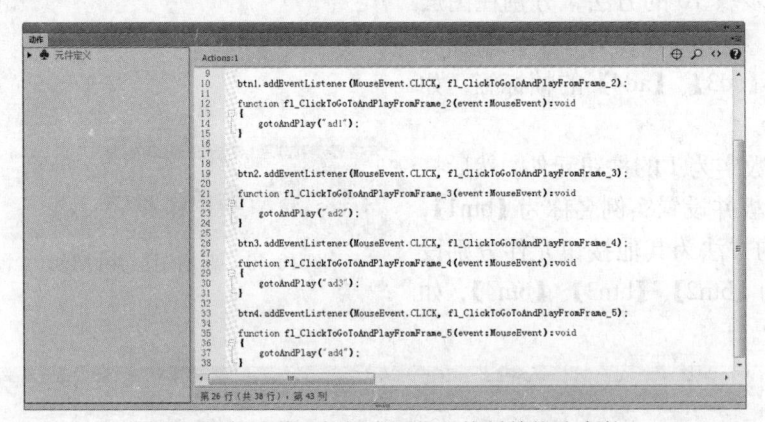

图 10-45　为其他按钮应用代码片断并修改参数

16 返回场景 1 中，选择图层 1 的第 1 帧，然后打开【库】面板，将【广告剪辑】影片剪辑元件加入到舞台，并设置元件的 X/Y 位置均为 0，如图 10-46 所示。

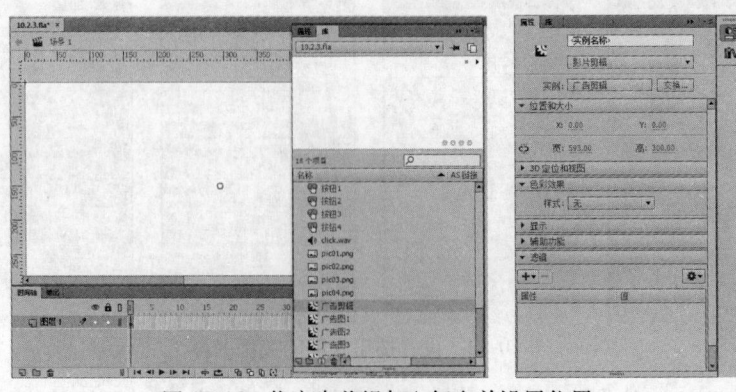

图 10-46　将广告剪辑加入舞台并设置位置

10.4.4 案例 4：制作广告动画遮罩效果

本小节将为广告动画制作一个从圆形扩展并显示全部舞台的遮罩效果。在本例中，首先新建图层并绘制一个小圆形对象，然后制作圆形对象从小到大的放大形状补间动画，接着将圆形对象所在的图层转换为遮罩层，最后新建图层，再次加入广告剪辑并添加停止动作，以便在补间形状动画完成后显示广告剪辑的内容。遮罩动画的效果如图 10-47 所示。

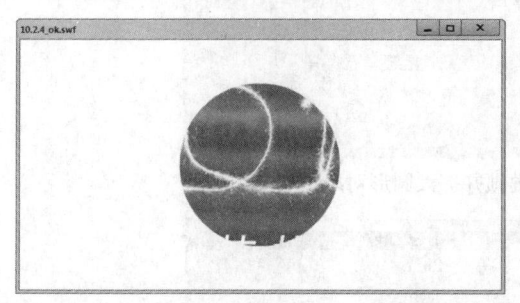

图 10-47 遮罩动画的效果

上机实战　广告动画遮罩效果

1 打开光盘中的"..\Example\Ch10\10.2.4.fla"练习文件，在图层 1 上新建图层 2，选择【椭圆工具】，设置笔触颜色为【无】、填充颜色为【红色】，然后在舞台上绘制一个小圆形对象，如图 10-48 所示。

2 选择圆形对象，打开【对齐】面板，再选择【与舞台对齐】复选框，然后分别单击【垂直中齐】按钮和【水平中齐】按钮，如图 10-49 所示。

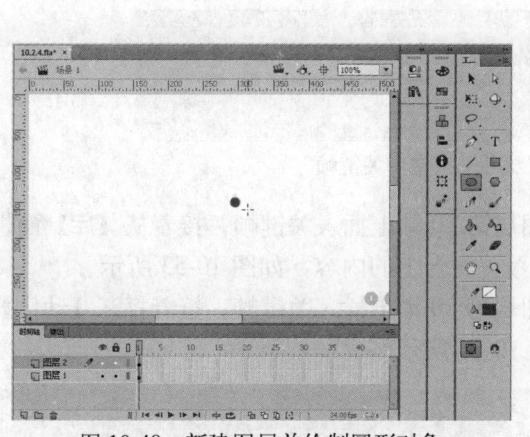

图 10-48 新建图层并绘制圆形对象　　　图 10-49 对齐圆形对象

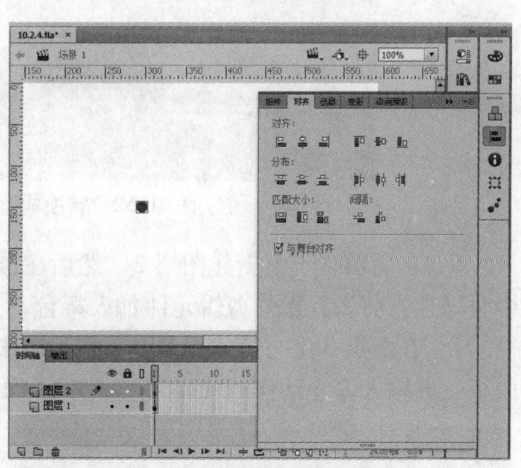

3 选择图层 2 的第 20 帧并插入关键帧，然后选择【任意变形工具】，并在选择圆形对象后按住 Shift 向外拖动变形框的对角控制点，以等比例扩大圆形对象，直至覆盖整个舞台，如图 10-50 所示。

4 选择图层 2 的第 1 帧，单击右键并从打开菜单中选择【创建补间形状】命令，创建补间形状动画，如图 10-51 所示。

5 选择图层 2 并单击右键，选择【遮罩层】命令，然后选择图层 1 第 20 帧并插入空白关键帧，如图 10-52 所示。

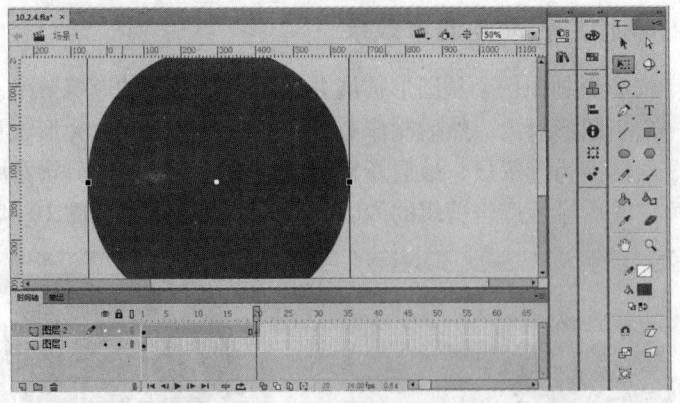

图 10-50　插入关键帧并扩大圆形对象

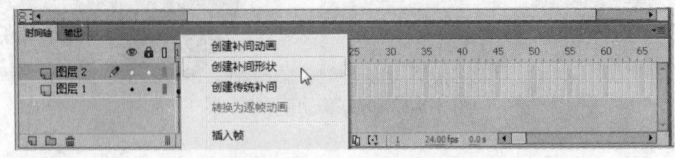

图 10-51　创建补间形状动画

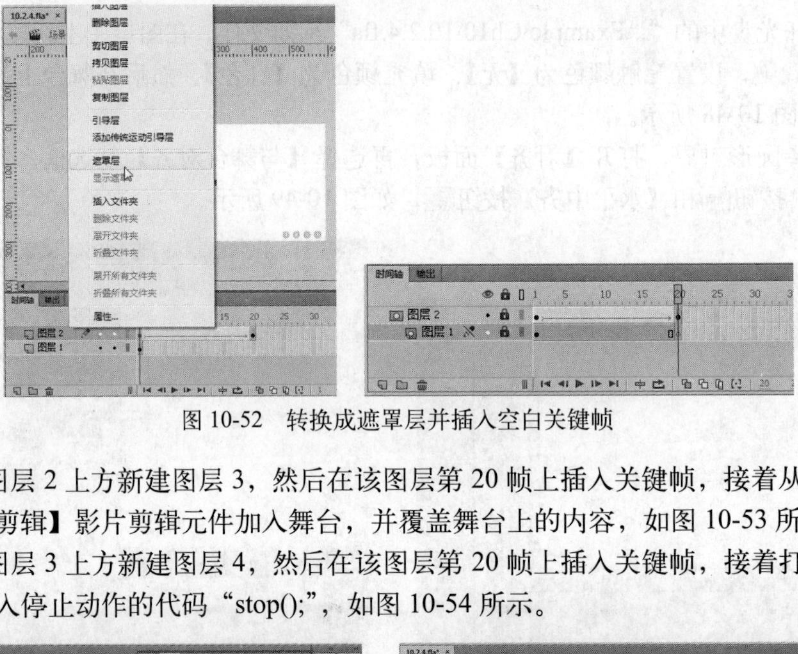

图 10-52　转换成遮罩层并插入空白关键帧

　　6　在图层 2 上方新建图层 3，然后在该图层第 20 帧上插入关键帧，接着从【库】面板中将【广告剪辑】影片剪辑元件加入舞台，并覆盖舞台上的内容，如图 10-53 所示。

　　7　在图层 3 上方新建图层 4，然后在该图层第 20 帧上插入关键帧，接着打开【动作】面板，并输入停止动作的代码 "stop();"，如图 10-54 所示。

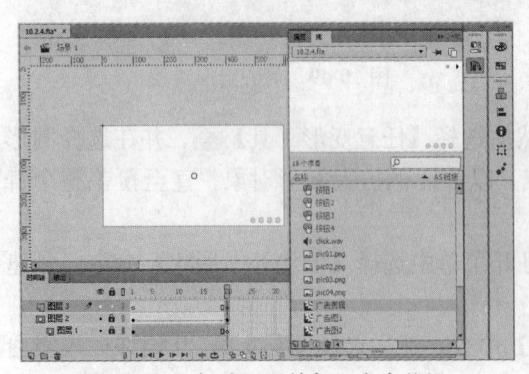

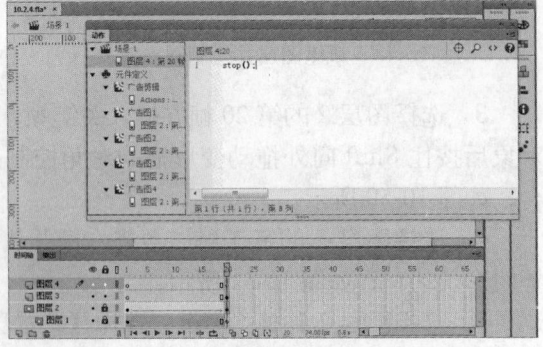

图 10-53　新建图层并加入广告剪辑　　　　　　　图 10-54　新建图层并加入停止动作

10.5 本章小结

本章以一个服装商品促销的广告动画为例,介绍在 Flash CC 中通过创建元件、应用元件、添加 ActionScript 3.0 脚本语言和制作遮罩效果的方法设计广告类动画作品的各种技巧。整个案例设计,难度并不高,只是需要设计者有清晰的思维,了解广告图在时间轴播放和通过按钮控制时间轴跳转播放的原理和操作。

10.6 课后训练

使用 10.4.4 小节的方法,为广告动画制作遮罩效果,但本题的遮罩效果变成从广告动画中央位置开始往上下两边扩展直至显示全部广告内容,结果如图 10-55 所示。

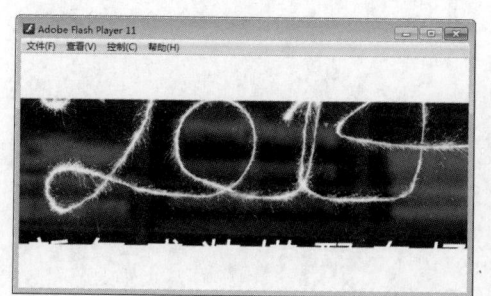

图 10-55 遮罩动画效果

提示

(1) 打开光盘中的 "..\Example\Ch10\10.4.fla" 练习文件,在图层 1 上新建图层 2,选择【矩形工具】,设置笔触颜色为【无】、填充颜色为【红色】,然后在舞台上绘制一个宽度超过舞台的矩形对象,如图 10-56 所示。

(2) 选择矩形对象,打开【对齐】面板,再选择【与舞台对齐】复选框,然后分别单击【垂直中齐】按钮和【水平中齐】按钮。

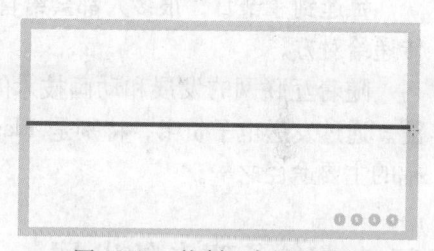

图 10-56 绘制一个矩形对象

(3) 选择图层 2 的第 20 帧并插入关键帧,然后选择【任意变形工具】,并在选择矩形对象后按下边框中央的控制点并向下拖动,以扩大矩形对象的高度,直至覆盖整个舞台,如图 10-57 所示。

(4) 选择图层 2 的第 1 帧,单击右键并从打开菜单中选择【创建补间形状】命令,以创建补间形状动画。

图 10-57 扩大矩形对象的高度

(5) 选择图层 2 并单击右键,选择【遮罩层】命令,然后选择图层 1 第 20 帧并插入空白关键帧。

(6) 在图层 2 上方新建图层 3,然后在该图层第 20 帧上插入关键帧,接着从【库】面板中将【广告剪辑】影片剪辑元件加入舞台,并覆盖舞台上的内容。

(7) 在图层 3 上方新建图层 4,然后在该图层第 20 帧上插入关键帧,接着打开【动作】面板,并输入停止动作的代码 "stop();"。

第 11 章 卡通风格圣诞贺卡动画

教学提要

贺卡用于联络感情和互致问候，之所以深受人们的喜爱，是因为它具有温馨的祝福语言，浓郁的民俗色彩，传统的东方韵味，古典与现代交融的魅力，既方便又实用，是促进和谐的重要手段。本章将以一个卡通风格圣诞的贺卡动画为例，介绍通过 Flash CC 制作具有丰富动态效果且包含背景音乐的贺卡动画的方法。

教学重点

- 掌握绘制各种类型矢量图形的方法
- 掌握创建与编辑元件的方法
- 掌握导入声音和应用声音的方法
- 掌握创建各种类型补间动画的方法
- 掌握应用预设动画效果的方法
- 掌握输入文本并应用滤镜的方法

每逢到了节日，很多人都会给自己的亲朋好友邮寄贺卡，通过贺卡把亲情、友情、爱情传递给对方。

随着互联网的发展和动画技术的广泛应用，电子贺卡取代传统贺卡成为了一种时尚潮流。通过发送电子贺卡，特别是 Flash 动画贺卡，是目前网民通过互联网给亲朋好友传送祝福的主要途径之一。

11.1 电子贺卡的发展

最早的电子贺卡只是一些图案漂亮、内容对应各种节日的普通图片，由发卡者通过网络将它送到收卡者的邮箱里，收卡者再通过电脑观看并保存。这样做的好处是节约了发卡者购卡及邮寄的费用，节省了大量的时间。

但是，这种电子贺卡外观不够吸引人，如果制作时再添加其他特效的话就会导致文件体积过大，发送、接收和保存这种电子贺卡比较不方便，因此在最初时期电子贺卡并没有立刻风行起来。

随着互联网的发展，很多网站开始提供免费服务的风气日盛，越来越多的网站将注意力放到了电子贺卡身上。以美国数家网站为首，推出了一种在当时颇为吸引人的电子贺卡发送方式：发卡人发出的只是一段网络链接地址。它不再占据收发双方的硬盘空间，因为五花八门的贺卡全都保存在网站的服务器上。

再到后来，电子贺卡 DIY 化是它发展过程中又一次极为重要的改进。当服务器寄存方式已经成为主流后，很多年轻用户并不满足于只能被迫接受网站人员的审美观，使用他们提供的各色成型卡片，他们想用众多素材制作出属于自己和身边朋友的独特贺卡。

于是各家网站纷纷改变服务方式，从提供成型贺卡改为尽可能多地提供各种素材（图片、MIDI、祝词等），由用户自己根据喜好组合。这些组合出来的贺卡让收件人更为喜欢，有着自己的心思与祝愿。

第三次重要的改进是 Flash 技术在电子贺卡上的广泛应用。在 Flash 技术崛起之前，如果想看见唱起来、动起来的贺卡是比较困难的。如今有了 Flash 技术支持，制作具有丰富视听效果且体积小的电子贺卡就简单多了。

因为，Flash 的特点之一就是在尽可能多的搭载视听内容的同时将文件体积控制到最小，这简直和电子贺卡是天作之合。随着电子贺卡与 Flash 技术结合得愈加紧密，更多的人开始接受并为它着迷。如图 11-1 所示为使用 Flash 制作的电子贺卡网站。

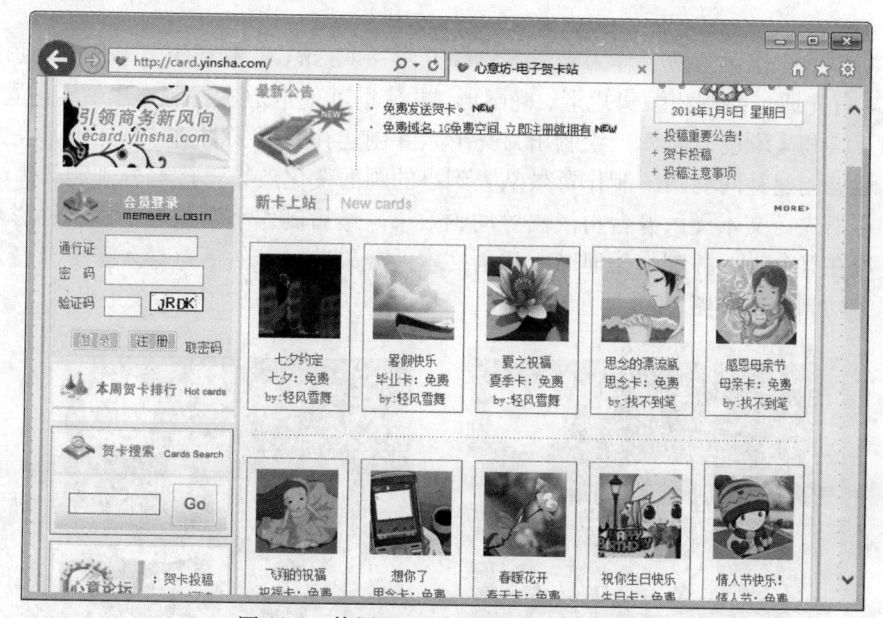

图 11-1 使用 Flash 制作的电子贺卡网站

11.2 Flash 动画贺卡的优势

如今制作电子贺卡的软件非常多，有的小巧实用，有的方便快捷。通过搜索引擎可以在互联网上找到很多贺卡制作软件。但是 Flash 依然是众多电子贺卡制作软件中的佼佼者。

Flash 发布时生成 SWF 文件，这种动画格式文件体积非常小，非常便于电子贺卡动画在互联网上发布和流传。

另外，利用 Flash 可以制作出具有丰富视觉和听觉效果的贺卡动画。因为 Flash 包含许多种功能，除了拥有强大的矢量绘图工具外，还拥有方便简捷的动画制作功能，可以让贺卡元素在设计中产生各种动态效果。此外，Flash 还拥有很好的加密功能，可以有效地保护作者的知识产权；还有 Flash 支持 ActionScript 脚本语言，可以有效地添加媒体对象和制作特殊效果。上述种种的功能，都让 Flash 成为制作电子贺卡的王者。如图 11-2 所示为使用 Flash 制作的精美贺卡动画。

图 11-2　使用 Flash 制作的贺卡动画效果

11.3　案例展示与设计

本章将以一个圣诞节贺卡作为教学案例，介绍在 Flash CC 中制作电子贺卡动画的方法。在本例中，首先通过绘制和编辑矩形、椭圆形，并借助其他卡通素材制作出贺卡的背景画面；使用绘图工具和【颜色】面板，绘制出月亮形状并创建补间形状动画，制作出月亮光芒动画效果，再通过创建补间动画，制作背景从大到小的画面变化效果；接着分别制作雪人摇动出现在舞台再消失、文本飞入舞台再淡出等动画效果，最后制作小女孩和小鹿跳舞影片剪辑，且同时出现在舞台上，并制作圣诞节祝福语文本的效果动画，然后再导入圣诞节音乐即可。最终的贺卡动画效果如图 11-3 所示。

图 11-3　圣诞节贺卡动画效果

11.3.1　案例 1：制作贺卡动画的背景

本小节将制作圣诞节贺卡动画的卡通背景画面。在本例中，首先在新建的 Flash 文件中绘制蓝色渐变矩形和两个椭圆形对象，再绘制多个颜色相间的矩形对象并排列起来，作为地面画面，然后绘制多个矩形制作出围栏图形，通过已提供的练习素材获得小树卡通形状，并将小树进行缩放处理，最后放置在画面适当的位置即可，结果如图 11-4 所示。

图 11-4　贺卡动画的背景画面

上机实战 　制作贺卡动画的背景

1　启动 Flash CC 应用程序，选择【文件】|【新建】命令，打开【新建文档】对话框后选择【ActionScript 3.0】类型项目，然后设置舞台的宽高等属性，并单击【确定】按钮，如图 11-5 所示。

2　在【工具】面板中选择【矩形工具】，设置笔触颜色为【无】、填充颜色为【蓝色】，按【对象绘制】按钮，然后在舞台上绘制一个矩形对象，如图 11-6 所示。

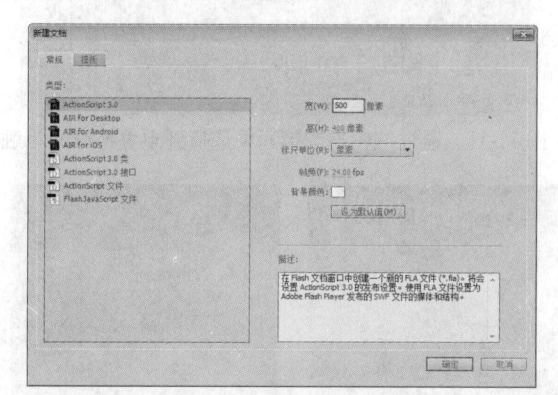

图 11-5　新建 Flash 文件 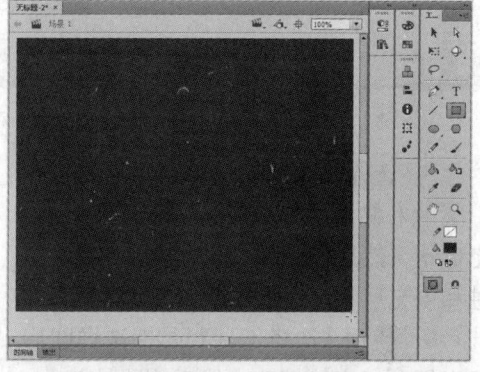　　　　　图 11-6　绘制矩形对象

3　选择矩形对象，打开【颜色】面板并修改填充类型为【线性渐变】，再设置右端色标颜色为【白色】、左端色标颜色为【#003399】，然后调整左端色标的位置，如图 11-7 所示。

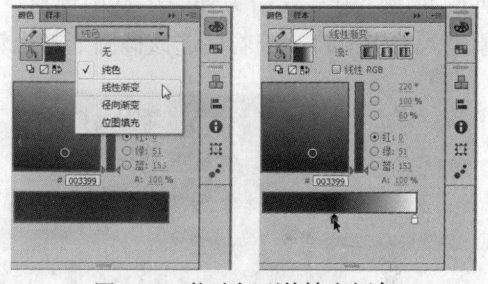

4　在【工具】面板中选择【渐变变形工具】，然后使用此工具旋转矩形对象的渐变方向，如图 11-8 所示。

图 11-7　修改矩形的填充颜色

5　选择【椭圆工具】，再设置笔触颜色为【#CFD06E】、填充颜色为【#CCC65D】、笔触高度为 4、端点为【无】、接合为【尖角】，如图 11-9 所示。

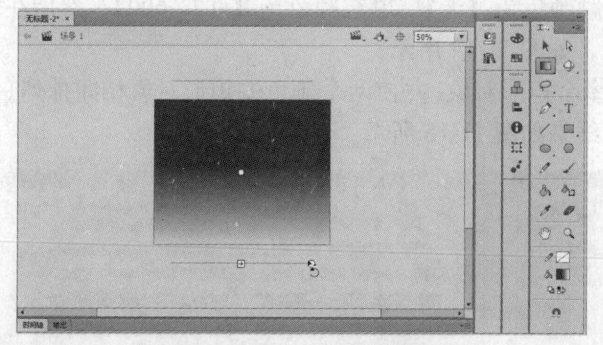

图 11-8　旋转矩形渐变颜色方向 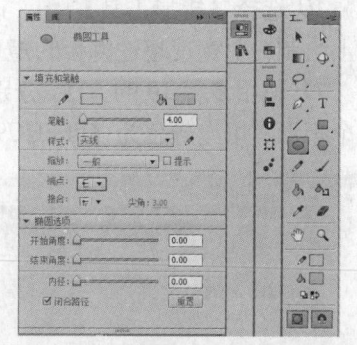　　　　　图 11-9　设置椭圆工具的属性

6　设置舞台的显示比例为 50%，然后在舞台下方分别绘制两个椭圆形对象，如图 11-10 所示。

7　绘制舞台的显示比例为 100%，使用【选择工具】双击位于上层的椭圆形对象，打开编辑窗口后双击笔触以选中笔触,然后选择【多边形工具】,使用此工具选择与另一个椭圆形重叠部分的笔触,如图 11-11 所示。

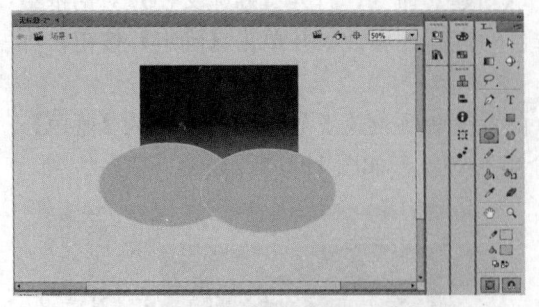

图 11-10 绘制两个椭圆形对象 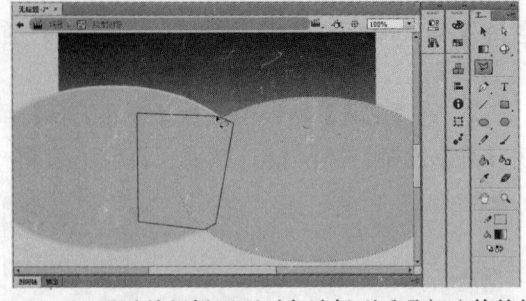　　　　图 11-11 通过编辑椭圆形对象选择到重叠部分的笔触

8 选择【选择工具】,再双击选中笔触右侧的填充形状,以选择部分填充形状,然后按 Delete 键删除选中的笔触和填充形状,如图 11-12 所示。

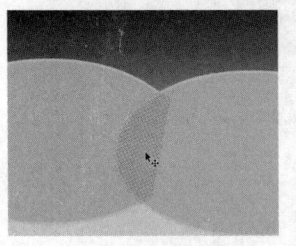

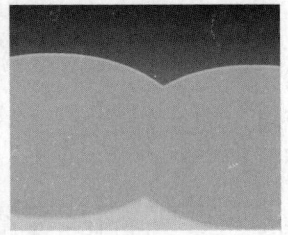

9 使用【选择工具】框选椭圆形超出舞台宽度的部分,然后删除该部分,再返回场景中并双击另外一个椭圆形对

图 11-12 删除选中的笔触和填充形状

象进入编辑窗口,接着框选该椭圆形超出舞台宽度的部分并删除,如图 11-13 所示。

图 11-13 删除椭圆形多余部分

10 选择【矩形工具】,设置笔触颜色为【无】、填充颜色为【#CC6600】,然后在舞台上绘制一个宽度超过舞台的矩形对象,如图 11-14 所示。

11 使用步骤 10 的方法,分别绘制多个矩形对象,并使两个颜色的矩形对象相间排列(另一个矩形的填充颜色为【#FFCC99】),结果如图 11-15 所示。

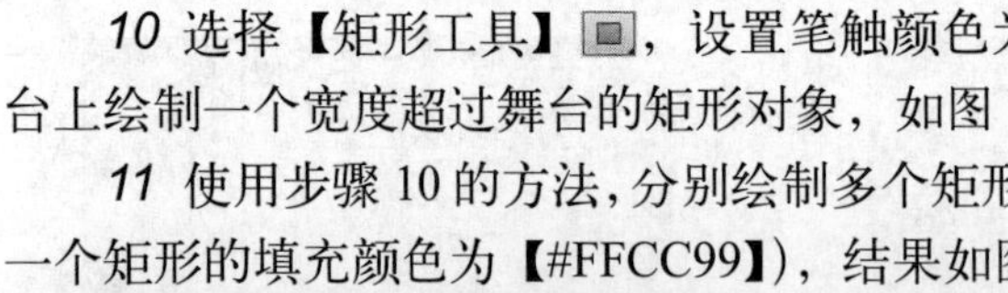

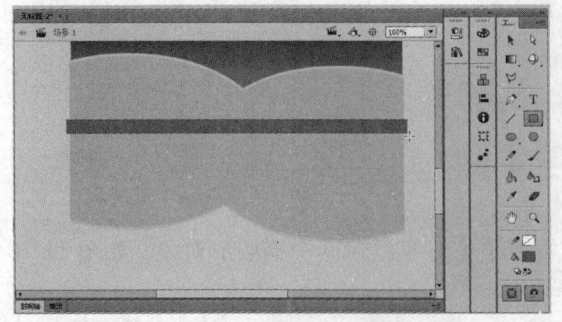

图 11-14 绘制宽度超过舞台的矩形对象 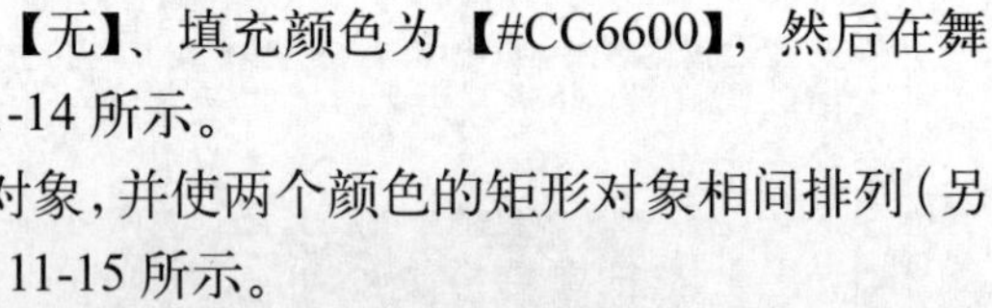　　　　图 11-15 绘制多个矩形对象并排列好

12 选择【矩形工具】■，设置笔触颜色为【无】、填充颜色为【#FFB5E7】，然后在舞台上绘制多个垂直的矩形对象，再绘制一个颜色为【#FF37BE】的矩形对象，以构成围栏图形，如图 11-16 所示。

13 选择全部垂直的小矩形对象，然后单击右键并选择【排列】|【移至顶层】命令，如图 11-17 所示。

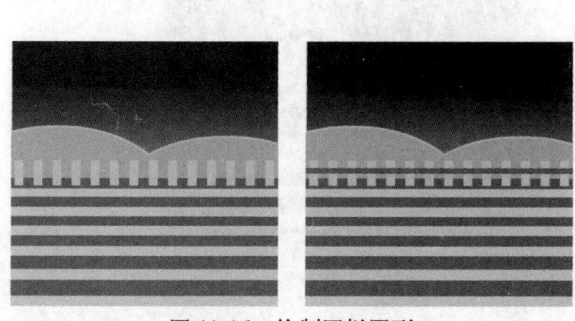

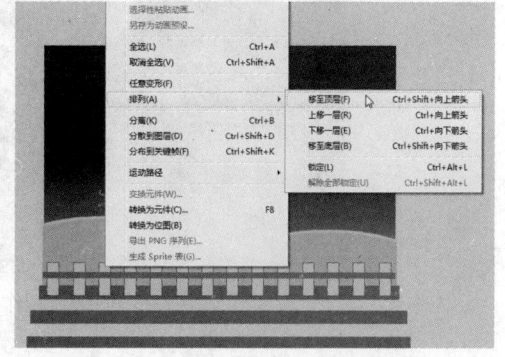

图 11-16 绘制围栏图形　　　　图 11-17 将垂直矩形对象移至顶层

14 打开光盘中的"..\Example\Ch11\树形状.fla"素材文件，然后选择并复制舞台上的树形状对象，接着返回贺卡文件中并粘贴树形状对象，最后将树形状放置在舞台的左下方，如图 11-18 所示。

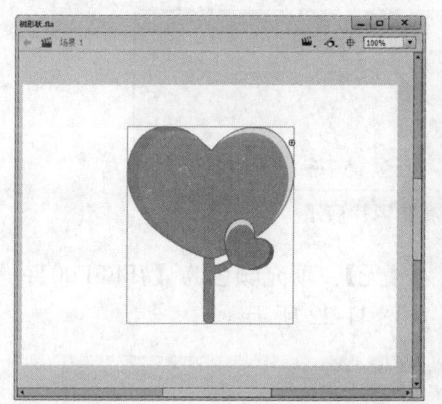

图 11-18 复制并粘贴树形状对象

15 通过复制和粘贴树形状对象的方式生成多个树形状对象，然后适当调整部分树形状对象的大小，再放置在不同的位置上，以构成贺卡的背景画面，结果如图 11-19 所示。

11.3.2 案例 2：制作月亮与背景动画效果

本小节将制作贺卡中月亮光芒动画和整个背景从大到小进入舞台的动画效果。在本例中，首先创建月亮影片剪辑，并绘制月亮和光芒形状，再制作月亮光芒形状的缩放补间形状动画，然后将影片剪辑加入舞台，并与舞台上的背景元素一起转换成影片剪辑元件，接着通过创作补间

图 11-19 生成多个树形状对象并放置好

形状制作背景从大到小显示于舞台的动画效果，最后修改舞台的大小即可，结果如图 11-20 所示。

图 11-20　制作月亮与背景的动画效果

上机实战　制作月亮与背景动画效果

1　打开光盘中的 "..\Example\Ch11\11.2.2.fla" 练习文件，选择【插入】|【新建元件】命令，打开【创建新元件】对话框后，设置名称为【月亮】、类型为【影片剪辑】，然后单击【确定】按钮，如图 11-21 所示。

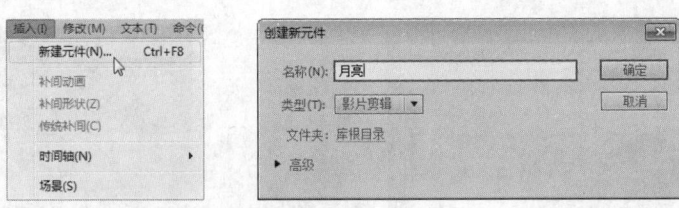

图 11-21　创建【月亮】影片剪辑

2　选择【椭圆工具】，再设置笔触颜色为【无】、填充颜色为【#FFFF00】，然后在元件编辑窗口上按住 Shift 键绘制一个圆形对象，如图 11-22 所示。

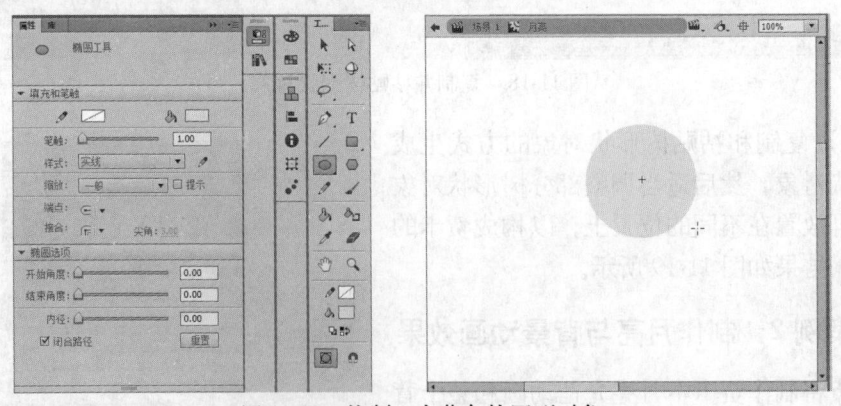

图 11-22　绘制一个黄色的圆形对象

3　选择【椭圆工具】，更改填充颜色为【白色】，然后在黄色圆形对象左上方绘制一个较小的白色圆形对象，接着通过【颜色】面板更改填充颜色为【径向渐变】，并设置白色到透明的渐变颜色，如图 11-23 所示。

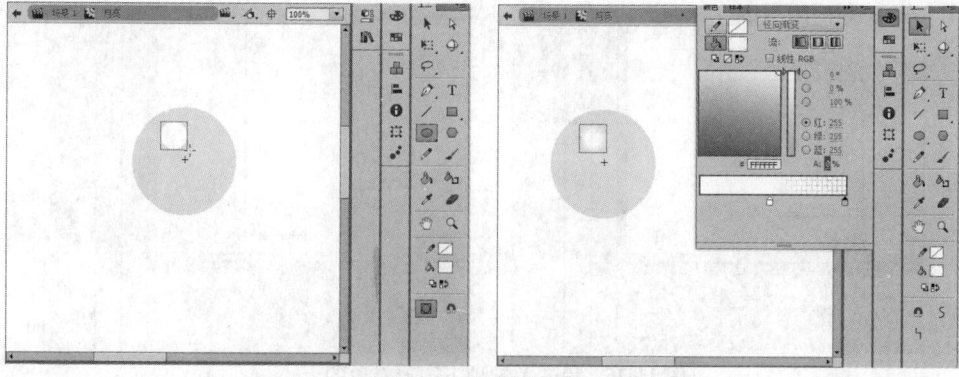

图 11-23　绘制白色圆形对象并设置渐变颜色

4 选择【椭圆工具】，打开【颜色】面板并设置白色到透明的径向渐变颜色，然后在图层 1 上新建图层 2，并绘制一个较大的圆形对象，如图 11-24 所示。

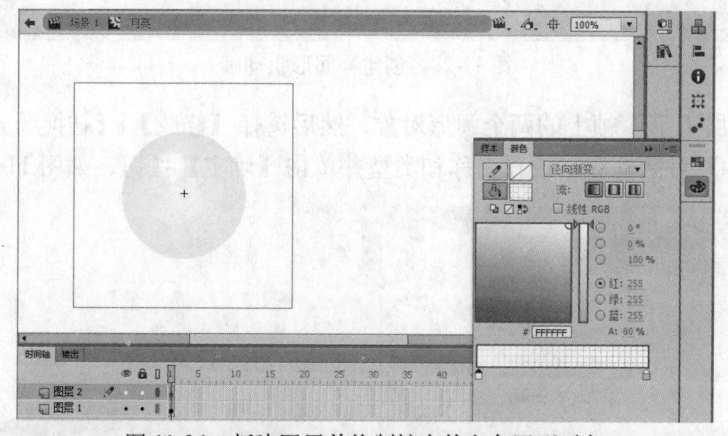

图 11-24　新建图层并绘制较大的白色圆形对象

5 将图层 2 拖到图层 1 的下层，分别选择到图层 1 和图层 2 的第 90 帧，再按 F5 键插入帧，然后在图层 2 的第 30 帧、第 60 帧和第 90 帧上插入关键帧，如图 11-25 所示。

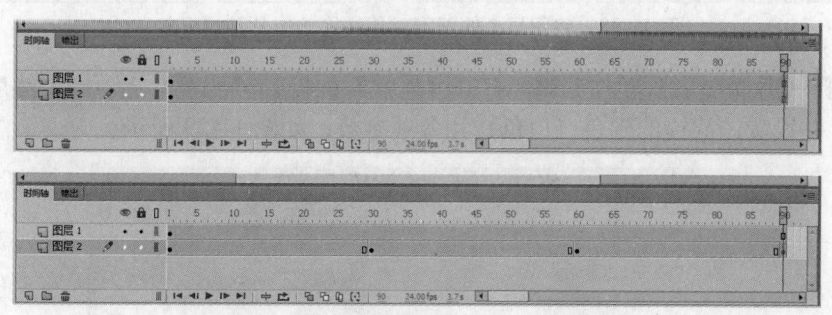

图 11-25　调整图层顺序并插入关键帧

6 选择图层 2 的第 30 帧上的圆形对象，再选择【任意变形工具】，然后按住 Shift 键拖动圆形对象变形框的角点等比例缩小圆形对象，再选择第 60 帧上的圆形对象，并等比例扩大圆形对象，如图 11-26 所示。

7 选择图层 2 的全部帧，然后单击右键并选择【创建补间形状】命令，创建补间形状动画，如图 11-27 所示。

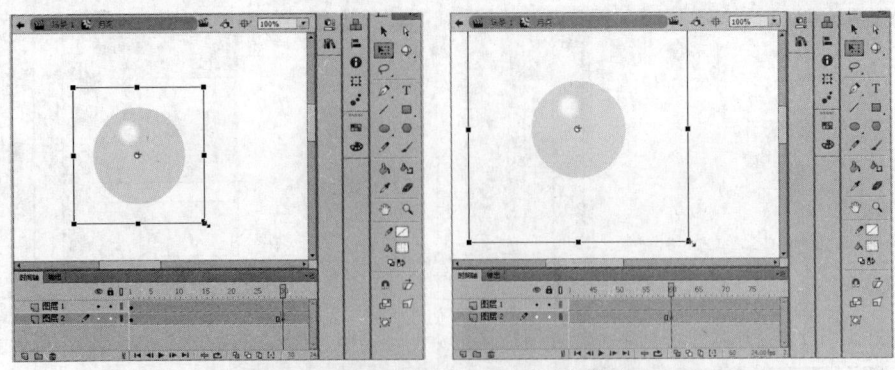

图 11-26 设置关键帧下圆形对象的大小

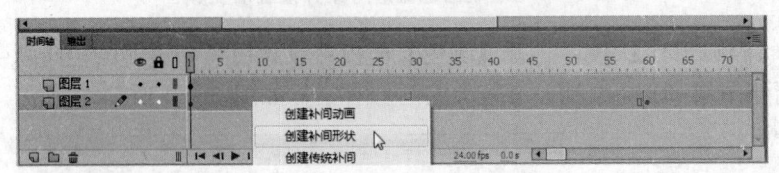

图 11-27 创建补间形状动画

8 选择图层 1 第 1 帧上的两个圆形对象,然后选择【修改】|【转换为元件】命令,打开【转换为元件】对话框后,设置名称和类型并单击【确定】按钮,如图 11-28 所示。

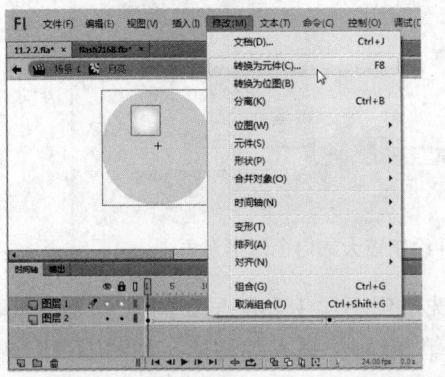

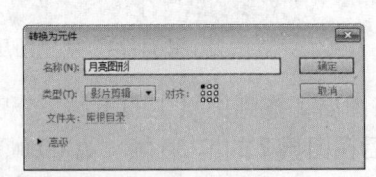

图 11-28 将图层 1 的圆形对象转换为影片剪辑元件

9 选择【月亮图形】影片剪辑,打开【属性】面板的【滤镜】选项卡,然后添加【发光】滤镜,并设置该滤镜的颜色(白色)和各项参数,如图 11-29 所示。

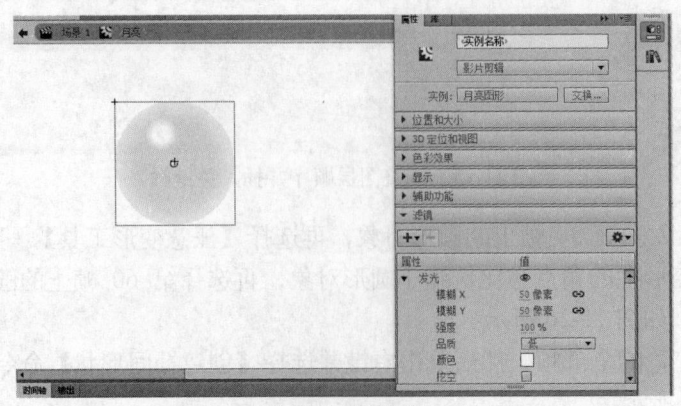

图 11-29 为影片剪辑添加发光滤镜

10 返回场景 1 中，从【库】面板中将【月亮】影片剪辑元件加入舞台右上方，然后使用【任意变形工具】适当缩小元件，如图 11-30 所示。

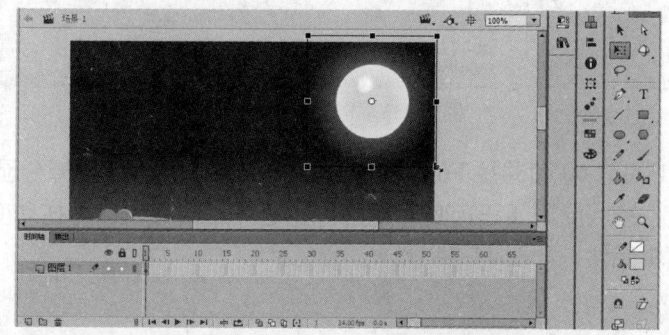

图 11-30 将【月亮】影片剪辑加入舞台并缩小

11 选择图层 1 的第 1 帧，选择舞台上所有的对象，然后选择【修改】|【转换为元件】命令，打开【转换为元件】对话框后，设置名称为【背景】、类型为【影片剪辑】，再单击【确定】按钮，如图 11-31 所示。

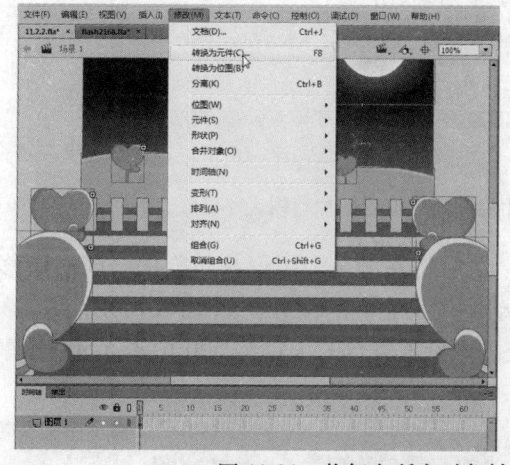

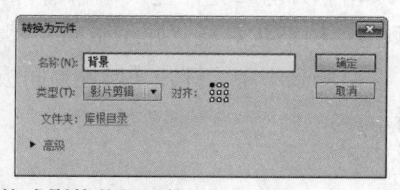

图 11-31 将舞台所有对象转换成影片剪辑元件

12 在图层 1 的第 60 帧上按 F5 键插入帧，然后选择【任意变形工具】后选择影片剪辑，接着将变形中心移到舞台的右上角，以便后续以此点为中心进行缩放处理，如图 11-32 所示。

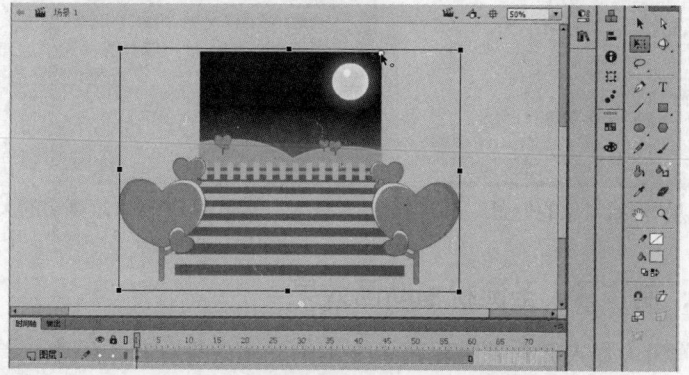

图 11-32 插入帧并调整变形中心的位置

13 选择图层 1 的第 1 帧，然后单击右键并选择【创建补间动画】命令，如图 11-33 所示。

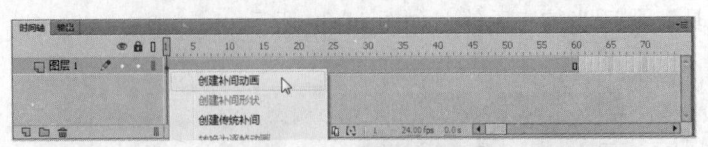

图 11-33　创建补间动画

14 选择图层 1 的第 60 帧并按 F6 键插入属性关键帧，然后设置舞台显示比例为 25，再选择图层的第 1 帧，然后使用【任意变形工具】选择影片剪辑，再拖动变形框的角点等比例大幅扩大影片剪辑元件，如图 11-34 所示。

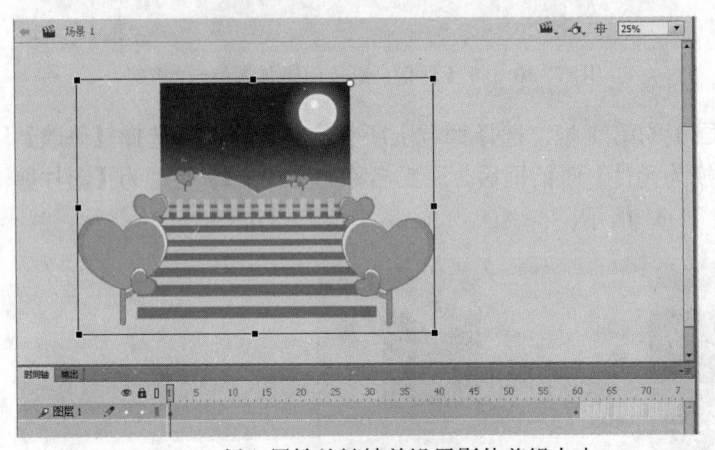

图 11-34　插入属性关键帧并设置影片剪辑大小

15 双击影片剪辑元件进入编辑窗口，然后将左侧两个树形状对象稍微向右边移动，再选择右侧两个树形状对象，并稍微向左移动，调整它们的位置，如图 11-35 所示。

16 返回场景 1 中，打开【属性】面板，再设置舞台的大小为 500 像素×500 像素，如图 11-36 所示。

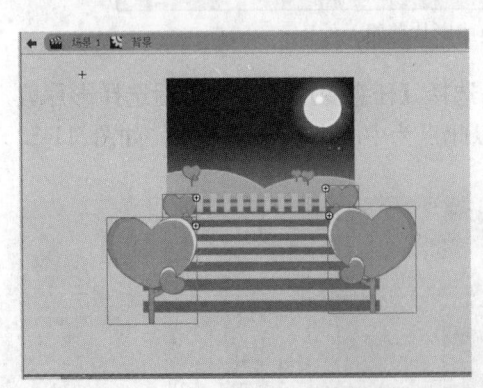

图 11-35　移动树形状对象的位置

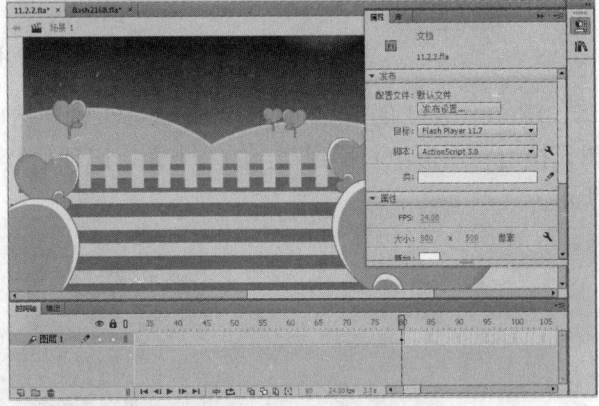

图 11-36　修改舞台的大小

11.3.3　案例 3：制作雪人圣诞祝福动画效果

本小节将制作雪人弹入舞台并出现祝福文本的动画效果。在本例中，首先创建【雪人摇动】影片剪辑元件并加入【雪人】影片剪辑元件，再通过创建传统补间的方式制作出雪人摇动的动画效果,然后将【雪人摇动】影片剪辑加入舞台,并应用【快速跳跃】预设动画,输入祝福文本内容并转换成影片剪辑元件,后为文本影片剪辑应用【从左边飞入】预设动画,最后分别制作文本淡出和【雪人摇动】影片剪辑淡出的效果即可,效果如图 11-37 所示。

图 11-37　制作雪人圣诞祝福动画效果

上机实战　制作雪人圣诞祝福动画效果

1　打开光盘中的"..\Example\Ch11\11.2.3.fla"练习文件,选择【插入】|【新建元件】命令,打开【创建新元件】对话框后,设置名称为【雪人摇动】、类型为【影片剪辑】,然后单击【确定】按钮,如图 11-38 所示。

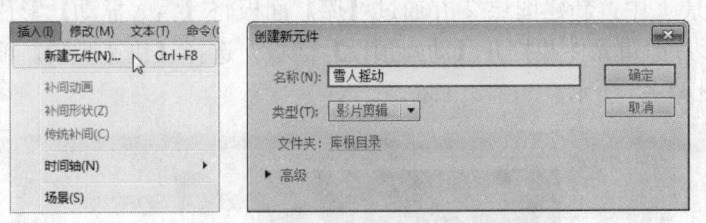

图 11-38　创建【雪人摇动】影片剪辑

2　打开【库】面板,将【雪人】影片剪辑元件拖入编辑窗口,然后选择【任意变形工具】并选择影片剪辑元件,再将变形中心拖到雪人图形的下端处,如图 11-39 所示。

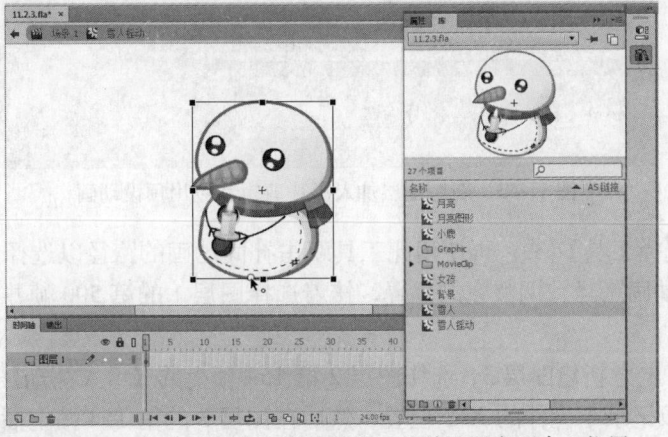

图 11-39　加入【雪人】影片剪辑元件并设置变形中心位置

3 在图层 1 的第 20 帧、第 40 帧和第 60 帧上插入关键帧，如图 11-40 所示。

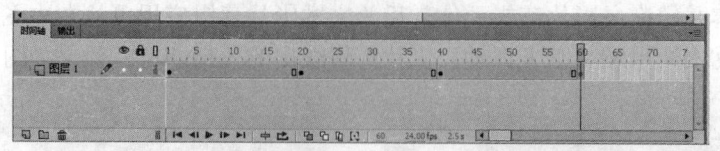

图 11-40 插入多个关键帧

4 选择图层 1 的第 20 帧，然后使用【任意变形工具】选择【雪人】影片剪辑元件，再向左旋转影片剪辑元件，接着选择第 60 帧，并使用【任意变形工具】向左旋转【雪人】影片剪辑元件，如图 11-41 所示。

5 选择图层 1 的全部帧，然后单击右键并从菜单中选择【创建传统补间】命令，如图 11-42 所示。

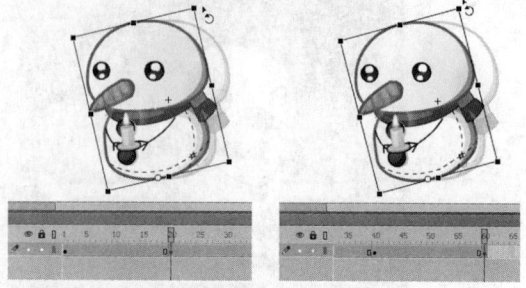

图 11-41 旋转第 20 帧和第 60 帧的影片剪辑元件

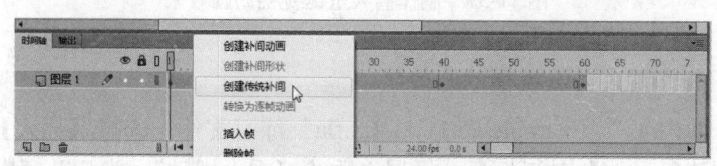

图 11-42 创建传统补间

6 返回场景 1 中，新建图层 2 并通过【库】面板将【雪人摇动】影片剪辑元件加入舞台，然后选择影片剪辑元件并打开【动画预设】面板，选择【快速跳跃】项目，再单击【应用】按钮，如图 11-43 所示。

图 11-43 新增图层加入影片剪辑并应用预设动画

7 选择【选择工具】，再使用此工具双击补间动画的路径以选择整个补间动画，然后向上移动补间动画路径，调整它的位置，接着选择图层 1 的第 500 帧并插入补间帧，如图 11-44 所示。

8 在图层 2 上方新建图层 3，选择图层 2 第 154 帧上的【雪人摇动】影片剪辑元件，并通过【属性】面板记录下元件的 X/Y 位置，然后在图层 3 的第 154 帧上插入空白关键帧，通过【库】面板将【雪人摇动】影片剪辑加入舞台，接着打开【属性】面板设置 X/Y 的位置为

前面记录的位置，如图 11-45 所示。此步骤的目的是在图层 3 上加入【雪人摇动】影片剪辑元件，并完全覆盖图层 2 第 154 帧的【雪人摇动】影片剪辑元件。

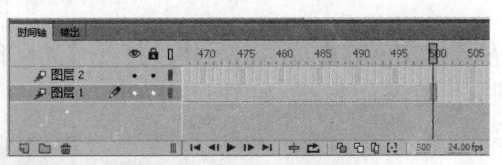

图 11-44 调整补间路径的位置和插入补间帧

图 11-45 新建图层并加入【雪人摇动】影片剪辑元件

9 在图层 3 上方新建图层 4，并在图层 4 第 180 帧上插入空白关键帧，然后选择【文本工具】，并通过【属性】面板设置文本属性，接着在舞台左上方输入祝福文本，如图 11-46 所示。

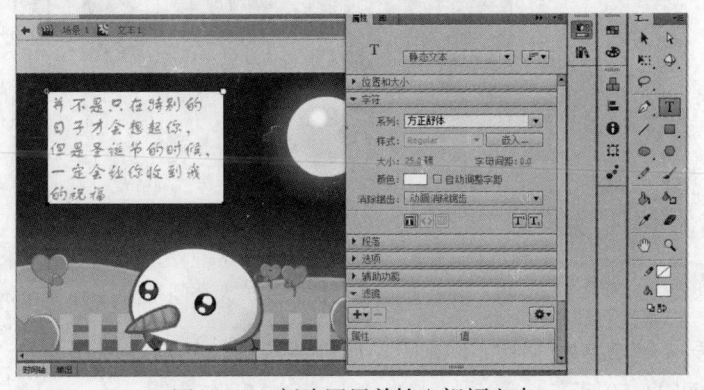

图 11-46 新建图层并输入祝福文本

10 选择文本对象，再选择【修改】|【转换为元件】命令，打开【转换为元件】对话框后，设置名称和元件类型，再单击【确定】按钮，如图11-47所示。

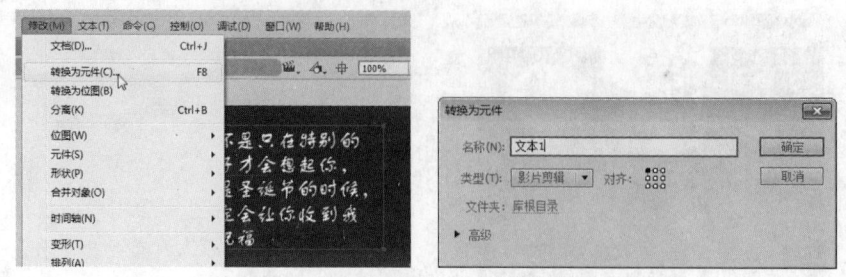

图11-47 将文本对象转换成影片剪辑元件

11 选择文本的影片剪辑元件，打开【动画预设】面板，再将【从左边飞入】预设动画应用到影片剪辑元件上，如图11-48所示。

图11-48 应用【从左边飞入】预设动画

12 选择【选择工具】，再使用此工具双击补间动画的路径以选择整个补间动画，然后向左移动补间动画路径，调整它的位置，接着扩大图层4的补间范围，如图11-49所示。

图11-49 调整补间路径位置并扩大补间范围

13 选择图层4第225帧并按F6键插入属性关键帧，然后在图层4第350帧上按F5键插入补间帧，如图11-50所示。

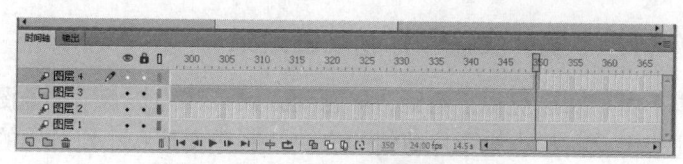

图 11-50　插入属性关键帧和补间帧

14 分别为图层 4 的第 350 帧和第 380 帧插入属性关键帧，然后选择第 380 帧上的文本影片剪辑元件，设置元件的 Alpha 为 0%，使之变成完全透明，如图 11-51 所示。

图 11-51　插入属性关键帧并设置元件为透明

15 选择图层 3 的第 380 帧，再插入关键帧，然后选择该帧上的【雪人摇动】影片剪辑元件，接着打开【动画预设】面板，并应用【从底部飞出】预设动画，如图 11-52 所示。

图 11-52　插入关键帧并为元件应用预设动画

16 通过拖动补间范围最后一帧的方法，扩大图层 3 中的补间范围，如图 11-53 所示。

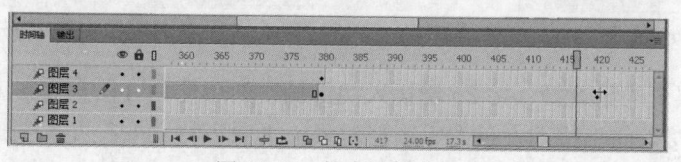

图 11-53　扩大补间范围

11.3.4 案例 4：制作小鹿、女孩和标题动画效果

本小节将制作小鹿和女孩祝福、圣诞节标题动画效果并为贺卡添加圣诞音乐。在本例的操作中，首先通过编辑女孩和小鹿影片剪辑的方法，制作女孩和小鹿跳舞的逐帧动画，然后将女孩和小鹿影片剪辑加入舞台，并制作从小到大移动的传统补间动画，接着输入圣诞节标题文本并添加【投影】和【发光】滤镜，再将文本转换为影片剪辑元件，应用【脉搏】预设动画，最后导入圣诞音乐到文件并添加到图层上，最终效果如图 11-54 所示。

图 11-54　制作小鹿、女孩和标题动画效果

上机实战　制作小鹿、女孩和标题动画效果

1　打开光盘中的"..\Example\Ch11\11.2.4.fla"练习文件，打开【库】面板并双击【女孩】影片剪辑元件，如图 11-55 所示。

2　打开编辑窗口后，选择【任意变形工具】并选择女孩头部对象，然后将变形框的中心移到头部底部中央位置处，接着适当向左旋转女孩头部对象，并向下移动女孩右手图形对象，再向上移动女孩左手图形对象，如图 11-56 所示。

图 11-55　编辑【女孩】影片剪辑元件　　　　图 11-56　旋转女孩头部并移动手部

3　选择图层 1 的第 5 帧，按 F6 键插入关键帧，然后使用【任意变形工具】向右旋转女孩头部对象，接着向上移动女孩右手图形对象，再向下移动女孩左手图形对象，最后在图层 1 第 8 帧上插入帧，如图 11-57 所示。

图 11-57 插入关键帧后编辑元件再插入帧

4 单击【编辑元件】按钮，打开列表框后选择【小鹿】元件，以打开【小鹿】影片剪辑元件的编辑窗口，如图 11-58 所示。

5 打开【小鹿】影片剪辑元件编辑窗口后，双击窗口上的小鹿（即名称为 shape 43 的图形元件），打开图形元件编辑窗口，使用【选择工具】修改小鹿身体和右脚的形状，使形状向右突出，接着返回【小鹿】影片剪辑元件编辑窗口并通过【属性】面板查看小鹿图形元件的名称，如图 11-59 所示。查看小鹿图形元件的名称是用于后续通过【库】面板直接复制该图形元件。

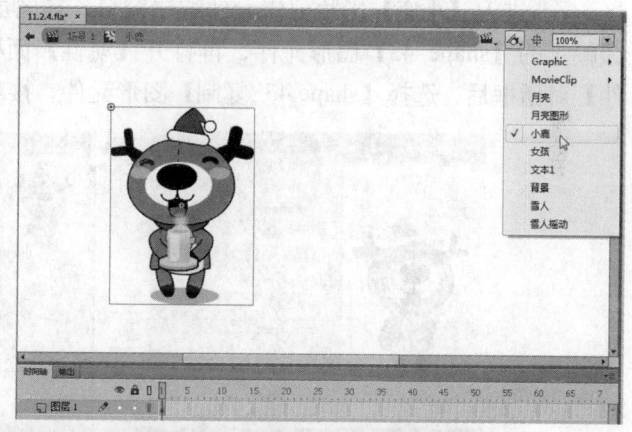

图 11-58 编辑【小鹿】影片剪辑元件

图 11-59 编辑小鹿身体形状并查看图形元件名称

6 打开【库】面板，找到【shape 43】图形元件并单击右键，从弹出菜单中选择【直接复制】命令，通过【直接复制元件】对话框复制出另外一个小鹿图形元件，如图 11-60 所示。

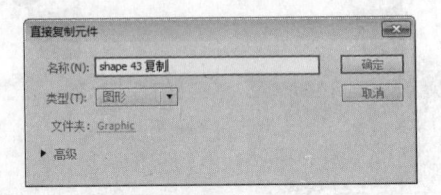

图 11-60　直接复制出小鹿图形元件

7　进入【小鹿】影片剪辑元件编辑窗口，在图层 1 的第 5 帧上插入关键帧，然后选择该帧上的【shape 43】图形元件，再打开【属性】面板并单击【交换】按钮，打开【交换元件】对话框后，选择【shape 43 复制】图形元件，接着单击【确定】按钮，如图 11-61 所示。

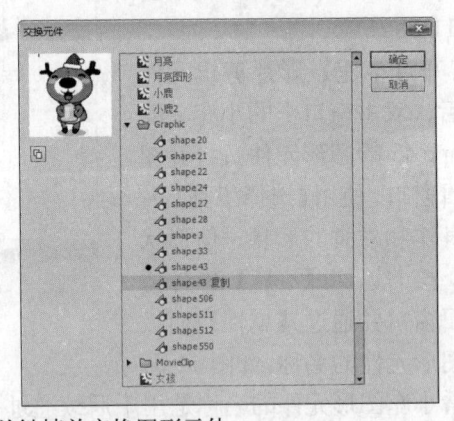

图 11-61　插入关键帧并交换图形元件

8　返回【小鹿】影片剪辑元件编辑窗口，双击窗口上的小鹿（即名称为【shape 43 复制】图形元件），打开图形元件编辑窗口，使用【选择工具】修改小鹿身体和左脚的形状，使身体形状向左突出，再次返回【小鹿】影片剪辑元件编辑窗口，接着在第 8 帧上插入帧，如图 11-62 所示。

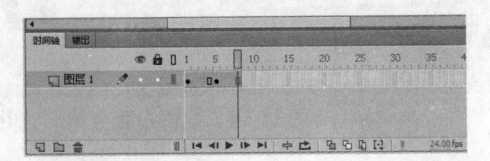

图 11-62　修改小鹿形状并插入帧

9 返回场景 1 中，在图层 4 上方新建图层 5，并在图层 5 第 421 帧上插入空白关键帧，然后打开【库】面板，再将【小鹿】影片剪辑元件加入舞台左侧，如图 11-63 所示。

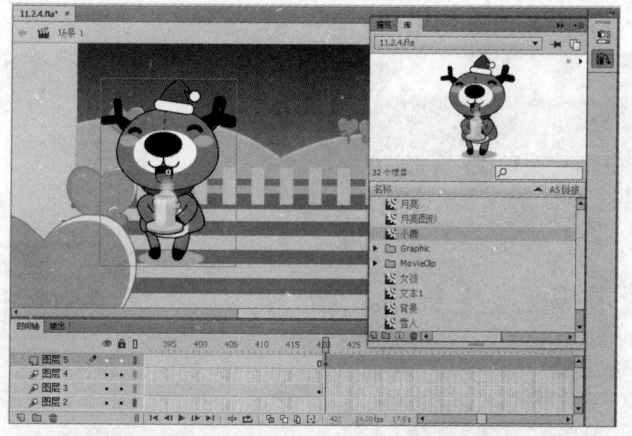

图 11-63 新建图层并加入【小鹿】影片剪辑元件

10 选择图层 5 的第 460 帧并插入关键帧，选择该关键帧上的【小鹿】影片剪辑元件，然后将元件向右下方稍作移动，如图 11-64 所示。

图 11-64 插入关键帧并移动【小鹿】影片剪辑元件

11 选择图层 5 的第 421 帧，再使用【任意变形工具】等比例缩小【小鹿】影片剪辑元件，然后在图层 5 的第 421 帧上单击右键并选择【创建传统补间】命令，如图 11-65 所示。

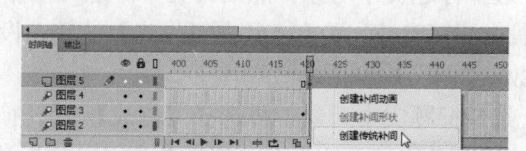

图 11-65 缩小元件并创建传统补间

12 在图层 5 上方新建图层 6，并在图层 6 第 421 帧上插入空白关键帧，然后打开【库】面板，再将【女孩】影片剪辑元件加入舞台右侧，接着使用【任意变形工具】等比例缩小【女孩】影片剪辑元件，如图 11-66 所示。

图 11-66 新建图层后加入元件并缩小元件

13 选择图层 6 的第 460 帧并插入关键帧，选择该关键帧上的【女孩】影片剪辑元件，然后将元件向左下方稍作移动并等比例扩大，接着在图层 6 的第 421 帧上单击右键并选择【创建传统补间】命令，如图 11-67 所示。

图 11-67 插入关键帧并调整元件位置和大小

14 图层 6 上方新建图层 7，选择图层 7 的第 520 帧并插入空白关键帧，然后选择【文本工具】，并通过【属性】面板设置文本属性，接着在舞台左上方输入圣诞节标题文本，如图 11-68 所示。

15 选择标题文本对象，然后为文本添加【投影】滤镜，设置颜色为【#FF00FF】，再设置其他投影滤镜参数，为文本添加【发光】滤镜，设置颜色为【#00FFFF】，再设置其他发光滤镜参数，如图 11-69 所示。

16 选择标题文本对象，再选择【修改】|【转换为元件】命令，打开【转换为元件】对话框后，设置名称和元件类型，然后单击【确定】按钮，如图 11-70 所示。

第 11 章　卡通风格圣诞贺卡动画　**239**

图 11-68　新建图层并输入标题文本

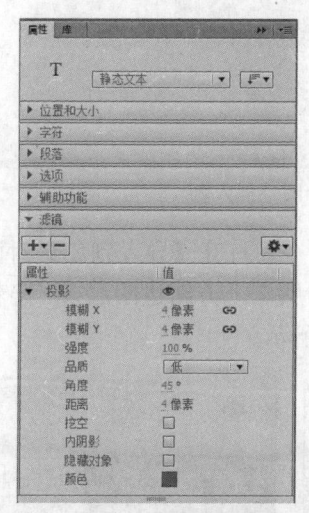

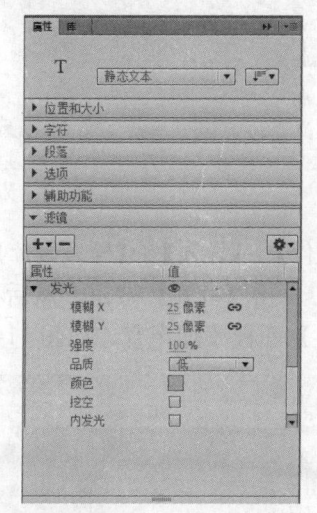

图 11-69　为标题文本添加滤镜

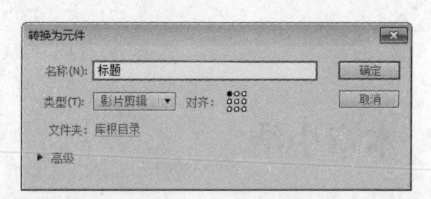

图 11-70　将文本转换为影片剪辑元件

17 选择【标题】影片剪辑元件，并将该元件移到舞台中央位置，然后等比例缩小元件，接着打开【动画预设】面板并应用【脉搏】预设动画，如图 11-71 所示。

18 打开【时间轴】面板，分别在图层 7、图层 6、图层 5 和图层 1 的第 1000 帧上按 F5 键插入帧，如图 11-72 所示。

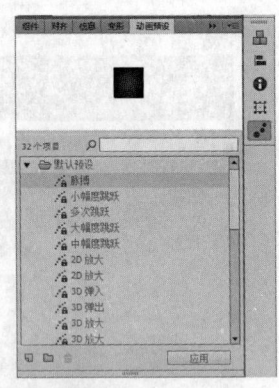

图 11-71　调整元件位置和大小后应用预设动画

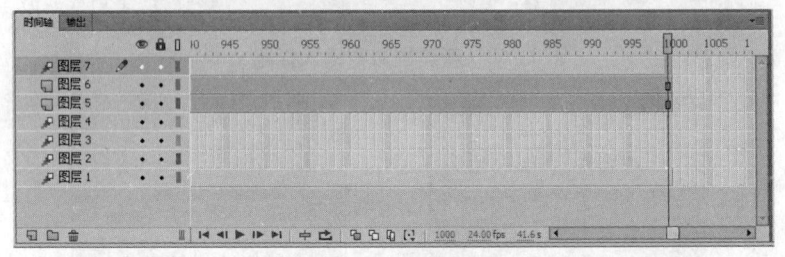

图 11-72　为多个图层插入帧

19 选择【文件】|【导入】|【导入到库】命令，打开【导入到库】对话框后选择要导入的圣诞音乐素材，单击【打开】按钮，然后在图层 7 上方新建图层 8，接着选择图层 8 的第 1 帧，通过【属性】面板添加声音，如图 11-73 所示。

图 11-73　导入声音并添加到图层中

11.4　本章小结

　　本章以一个具有卡通风格并且带有音乐的圣诞节贺卡动画为例，介绍在 Flash CC 中通过绘制形状、编辑元件、创建补间动画、应用动画预设和应用声音的方法设计电子贺卡动画作品的各种技巧。在整个案例中，应用了 Flash CC 的大部分设计功能，包括绘图、创建与编辑元件、创建各类动画、导入和应用声音等，通过这些功能的灵活应用，可以举一反三地设计出不同类型的动画作品。

11.5 课后训练

通过编辑声音封套的方法，为圣诞节贺卡动画制作淡入和淡出的背景音乐效果。编辑声音封套的结果如图 11-74 所示。

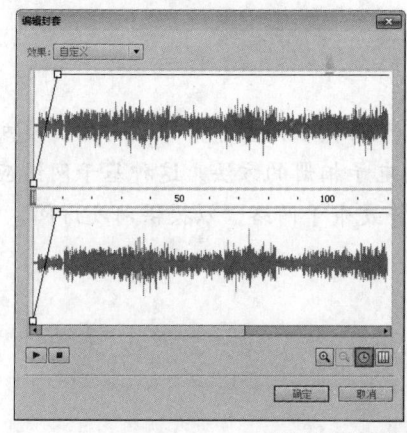

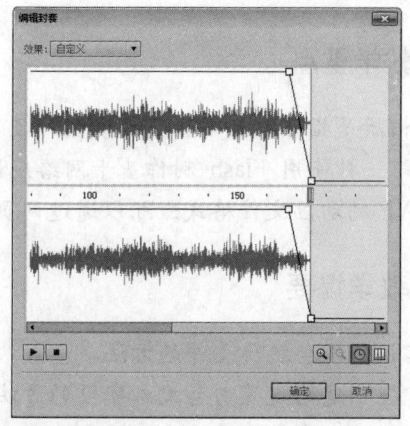

图 11-74　编辑声音封套的结果

提示

（1）打开光盘中的"..\Example\Ch11\11.4.fla"练习文件，选择图层 8 的第 1 帧，打开【属性】面板，然后单击【编辑声音封套】按钮。

（2）打开【编辑封套】对话框后，单击多次【缩小】按钮，缩小窗口的显示，直至显示全部的声音。

（3）使用鼠标在封套线上单击，添加封套手柄。使用相同的方法，为封套线添加 4 个封套手柄。

（4）选择左声道封套线上【开始时间】的封套手柄，然后拖到下方，设置左声音的音量为 0，使用相同的方法设置右声道开始时间的音量为 0。

（5）选择左声道封套线上【结束时间】的封套手柄，然后拖到下方，设置左声音的音量为 0，使用相同的方法设置右声道结束时间的音量为 0。

第 12 章　基于网络的电子相册

教学重点

电子相册是指可以在电脑上观赏图片且区别于存储在光盘中静止图片的一类文件统称，本章将介绍一种使用 Flash 制作基于网络应用的电子相册的方法。这种基于网络应用的电子相册是 SWF 的动画文件格式，可以通过网页文件发布于网络，以提供网友访问。

教学提要

- 掌握创建与编辑元件的方法
- 掌握创建与设置动态文本字段的方法
- 掌握导入声音和应用声音的方法
- 掌握使用与设置组件元件的方法
- 掌握应用 ActionScript 3.0 脚本语言的方法
- 掌握发布文件并编辑网页的方法

电子相册具有传统相册无法比拟的优越性，包括图、文、声、像并茂的表现手法，随意修改编辑的功能，快速的检索方式，永不褪色的恒久保存特性，以及廉价复制分发的优越手段。

12.1　关于电子相册

电子相册分为两种，一种是软件类型的电子相册，一种是硬件类型的电子相册。使用应用软件制作的电子相册，都属于软件类型。

硬件类型的电子相册指能够不借助电脑可以在 LCD 面板上显示数码图片的电子产品的展示效果，甚至能够将图片显示到电视机上（还可接 U 盘、SD 卡、MMC 卡等），这种电子相册产品称为电子相框。

电子相册除了以视频形式表现以外，还包括其他多种形式和格式来展现，例如，用电脑边浏览边交互、用网络交互方式查看、用视频方式观看等。在互联网高速发展的环境下，用网络交互查看电子相册是非常受网民喜爱的方式，这种基于网络查看的电子相册，一般称为网络相册。目前，在互联网上有很多为用户提供的个人相片展示、存放的网络相册平台。在网络相册网站，用户可以上传图片，建立分类相册，设定相册隐私权限，也可以观看、评论其他人的相册与照片，有些相册也支持照片外链，方便用户在其他网站、社区、讨论区分享他们的照片。如图 12-1 所示为热门的网络相册平台网站。

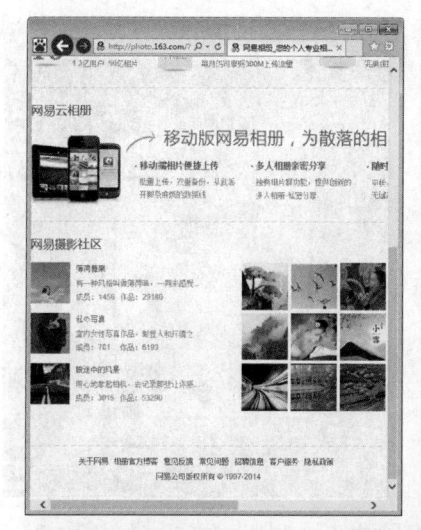

图 12-1　网易相册、Poco 相册和百度相册

12.2　Flash 电子相册的优势

　　Flash 电子相册制成的是 SWF 格式的动画文件，由于 Flash 在动画设计上的优势，给 Flash 电子相册带来了与众不同的特点。

　　Flash 应用程序的优势是基于矢量动画的制作，无论将矢量图形放大多少倍，它依然是那么清晰。因为矢量是电脑根据算式计算生成的图像，不会因为缩放而影响品质。矢量图不像一般的 GIF 图像和 JPG 图像，在放大或缩小时出现模糊和锯齿，影响图像品质。因此，通过 Flash 制作的文件通常都很小，方便用于 HTML 网页中，页面的扩大或缩小不会影响其品质。所以，相对于一般图像相册或视频相册，Flash 动画相册更适合于网上传播。

　　另外，Flash 播放器使用的是"流"（Streaming）技术，可以让动画边下载边播放，即在观看动画时，不需要等待动画相册文件全部下载完成后才能观看，而是在未下载完成时即可播放前面的内容，实现了动画的快速播放，减少了浏览者的等待时间。

　　再者，一般的动画制作软件，只能制作标准的逐帧动画，即让相片逐一播放的动画。而 Flash 则可以借助 ActionScript 脚本语言的强大功能，制作出复杂的交互相册动画，用户可以对相册进行控制。如图 12-2 所示为用于网络上的 Flash 电子相册。

图 12-2 网络上的 Flash 电子相册

12.3 案例展示与设计

下面以一个可发布于 HTML 网页的 Flash 交互动画相册为例，介绍在 Flash CC 中应用按钮、影片剪辑、组件、ActionScript 3.0 脚本语言制作动画相册，再发布成 HTML 网页文件，并通过 Dreamweaver 应用程序编辑相册网页的方法。

在本例中，首先在新建 Flash 文件中制作【播放/暂停】按钮、【前一个】按钮和【下一个】按钮，然后添加【TileList】组件和【UILoader】组件，并添加用于显示图像标题的动态文本字段，接着为主要的影片剪辑设置实例名称，并输入制作相册交互效果的 ActionScript 3.0 代码，再导入并应用背景音乐，最后将动画发布成 HTML 网页，并通过 Dreamweaver 编辑网页，制成 Flash 动画相册网页，结果如图 12-3 所示。

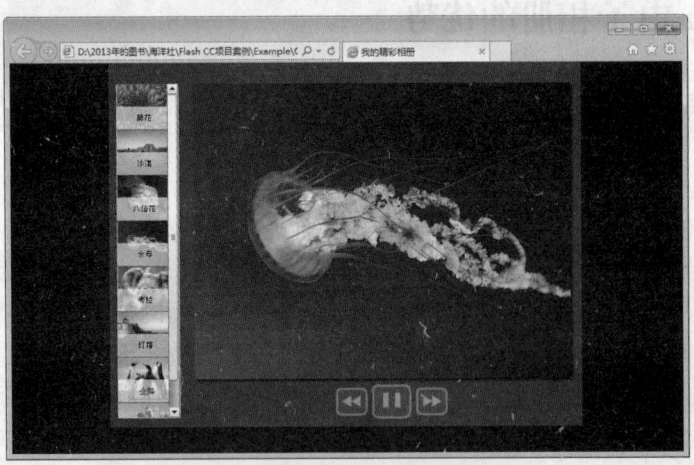

图 12-3 Flash 动画相册网页

12.3.1 案例 1：制作相册的交互按钮

本小节将制作用于控制相册播放、暂停、前一个、下一个的交互按钮对象（包括按钮元件和影片剪辑元件）。在本例中，首先新建一个 Flash 文件，创建一个【点击按钮】按钮元件，再创建与制作【播放/暂停】影片剪辑元件、【前一个】按钮元件和【下一个】按钮元件，然后将它们加入到舞台并设置成半透明的效果，结果如图 12-4 所示。

图 12-4 制作相册交互按钮的结果

上机实战 制作相册交互按钮

1 启动 Flash CC 应用程序，选择【文件】|【新建】命令，打开【新建文档】对话框后选择【ActionScript 3.0】类型，并设置文档属性，然后单击【确定】按钮，如图 12-5 所示。

2 在【工具】面板中选择【矩形工具】，再设置笔触颜色为【无】、填充颜色为【#333333】，然后绘制一个与舞台一样大小的矩形对象，如图 12-6 所示。

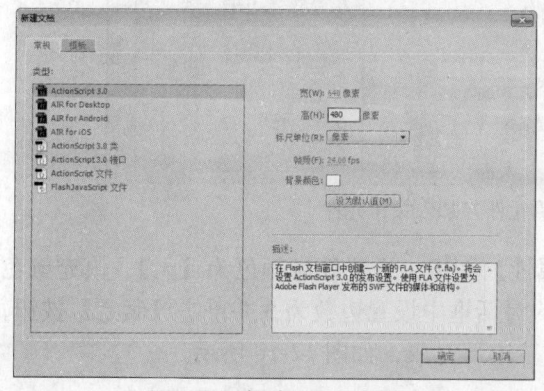

图 12-5 新建 Flash 文件　　　　　图 12-6 绘制一个矩形对象

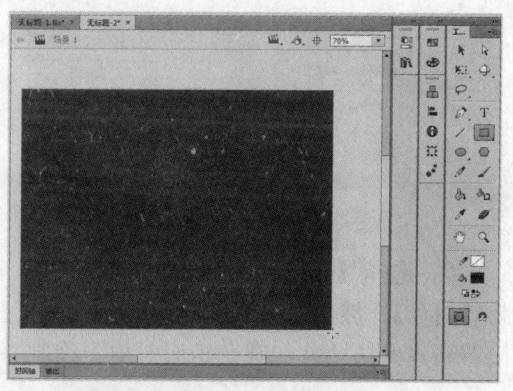

3 选择【插入】|【新建文件】命令，打开【创建新元件】对话框后，设置名称为【点击按钮】、类型为【按钮】，然后单击【确定】按钮，如图 12-7 所示。

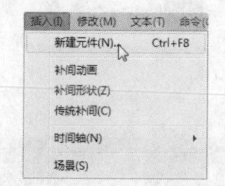

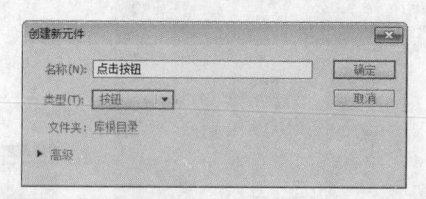

图 12-7 创建按钮元件

4 选择【矩形工具】，打开【属性】面板，设置笔触颜色为【#CCCCCC】、填充颜色为【#5A5A5A】、笔触高度为 3、矩形边角半径为 10，然后在窗口上绘制一个圆角矩形对象，如图 12-8 所示。

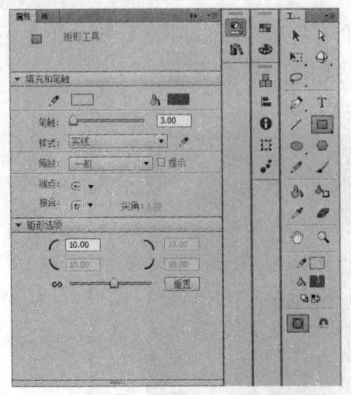

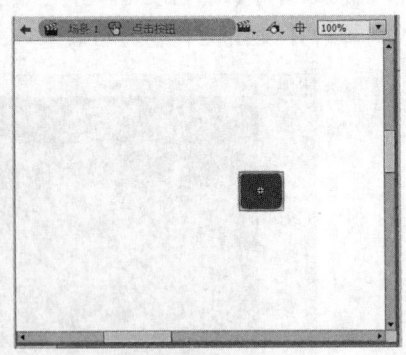

图 12-8 绘制一个圆角矩形对象

5 选择【插入】|【新建文件】命令，打开【创建新元件】对话框后，设置名称为【播放/暂停】、类型为【影片剪辑】，然后单击【确定】按钮，打开【库】面板，将【点击按钮】按钮元件拖入影片剪辑编辑窗口内，如图 12-9 所示。

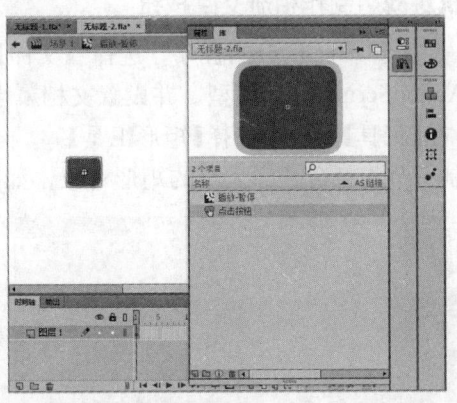

图 12-9 创建影片剪辑元件并加入按钮元件

6 选择【多边星形工具】，打开【属性】面板，设置笔触颜色为【无】、填充颜色为【白色】，然后单击【选项】按钮，在打开的对话框中设置边数为 3 并单击【确定】按钮，接着新建图层 2 并在圆角矩形对象上绘制一个三边形对象，如图 12-10 所示。

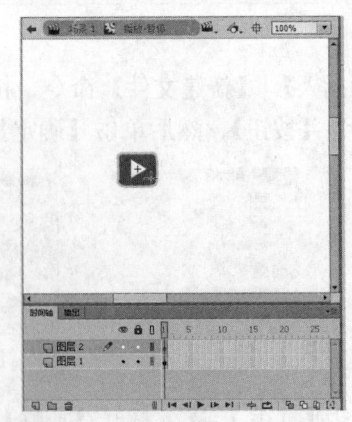

图 12-10 新建图层并绘制一个三边形对象

7 在图层 1 的第 2 帧上按 F5 键插入帧，然后在图层 2 的第 2 帧上按 F7 键插入空白关键帧,接着使用【矩形工具】■,在圆角矩形对象上绘制两个白色无笔触的矩形,制作出暂停按钮图形,如图 12-11 所示。

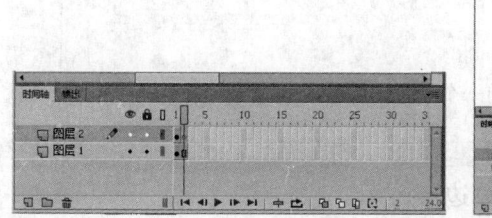

图 12-11　制作暂停按钮图形效果

8 在图层 2 上方新建图层 3,选择图层 3 的第 1 帧并打开【动作】面板,然后输入停止动作的代码"stop();",接着在图层 3 的第 2 帧上按 F7 键插入空白关键帧,再通过【动作】面板输入停止动作的代码"stop();",如图 12-12 所示。

9 在图层 3 上方新建图层 4,选择图层 4 的第 1 帧,打开【属性】面板并设置帧标签名称为【play】,然后选择图层 4 的第 2 帧并插入空白关键帧,接着设置空白关键帧的标签名称为【pause】,如图 12-13 所示。

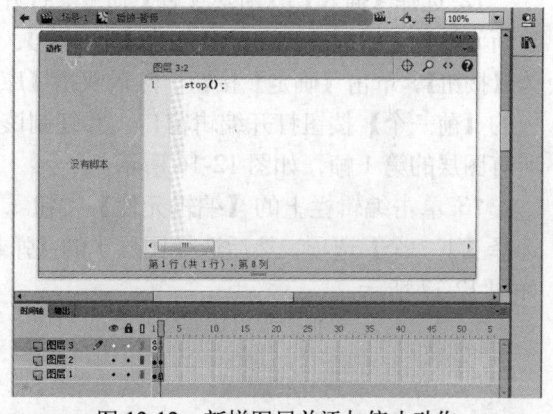

图 12-12　新增图层并添加停止动作

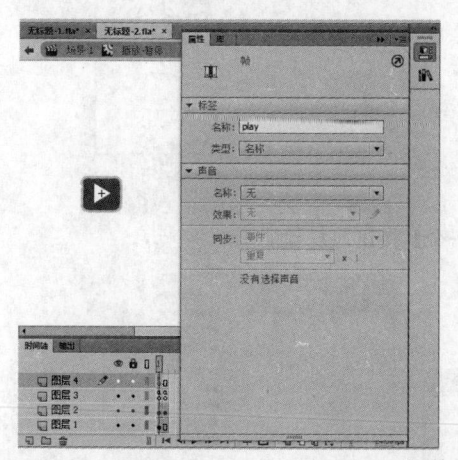

图 12-13　新建图层并设置帧标签

10 选择【插入】|【新建文件】命令,打开【创建新元件】对话框后,设置名称为【前一个】、类型为【按钮】,单击【确定】按钮,然后选择【矩形工具】■,并设置笔触颜色为【#CCCCCC】、填充颜色为【#5A5A5A】、笔触高度为 3、矩形边角半径为 10,接着在窗口上绘制一个较步骤 4 的圆角矩形要小的圆角矩形对象,如图 12-14 所示。

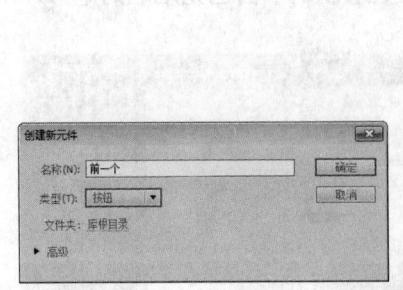

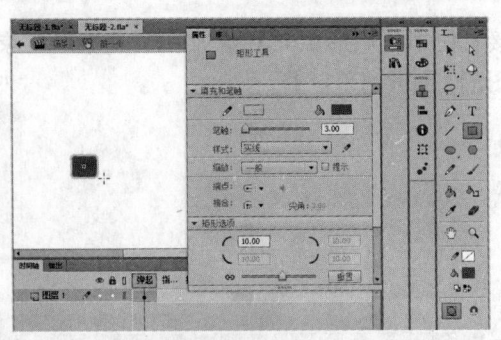

图 12-14 创建【前一个】按钮并绘制圆角矩形

11 新建图层 2，使用【多边星形工具】在圆角矩形对象上绘制两个连续的白色无笔触三边形，制作出【前一个】按钮图形效果，如图 12-15 所示。

12 选择【插入】|【新建文件】命令，打开【创建新元件】对话框后，设置名称为【下一个】、类型为【按钮】，单击【确定】按钮，然后双击【库】面板的【前一个】按钮打开编辑窗口，并复制该元件所有图层的第 1 帧，如图 12-16 所示。

13 单击编辑栏上的【编辑元件】按钮，并选择【下一个】选项，然后选择图层 1 的【弹起】状态帧，单击右键并选择【粘贴帧】命令，如图 12-17 所示。

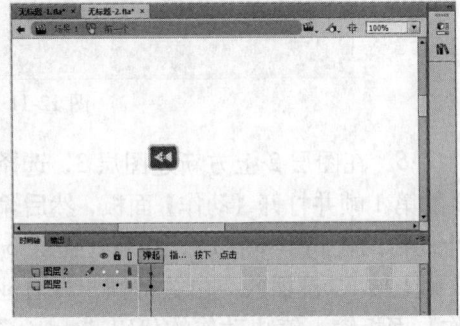

图 12-15 新建图层并绘制三边形

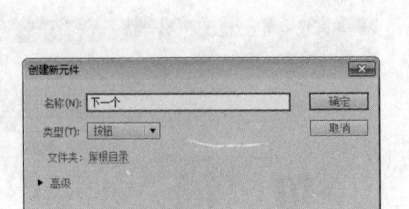

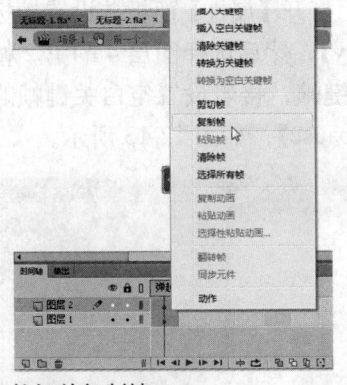

图 12-16 创建【下一个】按钮并复制帧

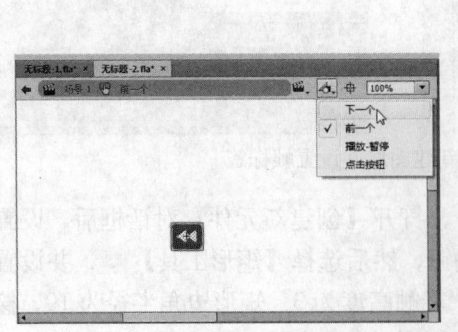

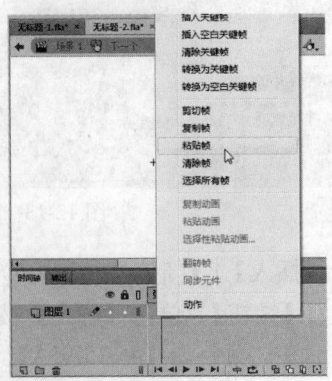

图 12-17 返回【下一个】按钮元件并粘贴帧

14 选择窗口上的所有形状对象，再选择【修改】|【变形】|【水平翻转】命令，如图 12-18 所示。

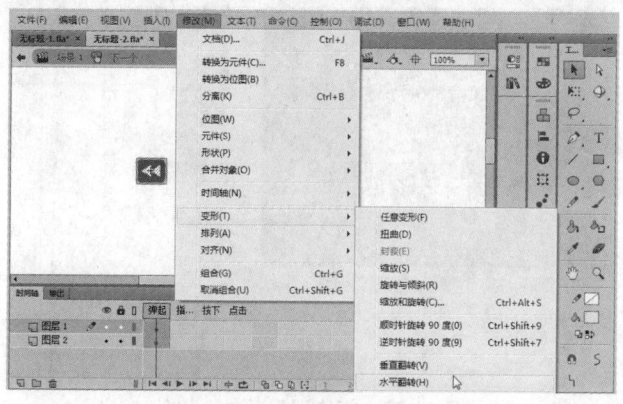

图 12-18 水平翻转形状对象

15 返回场景 1 中，新建图层 2 并打开【库】面板，然后分别将【前一个】按钮元件、【播放-暂停】影片剪辑元件和【下一个】按钮元件加入舞台，如图 12-19 所示。

16 分别选择这些元件，再打开【属性】面板，设置元件的 Alpha 为 50%，使这些元件变成半透明效果，如图 12-20 所示。

图 12-19 新建图层并加入元件 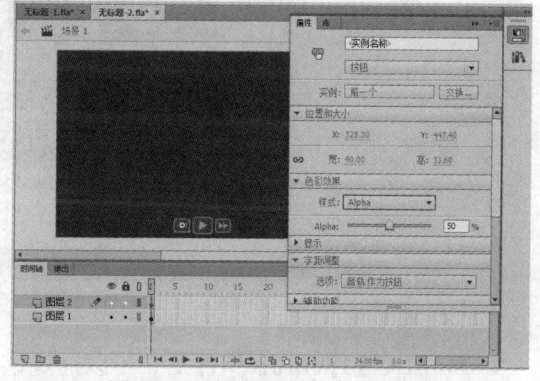　　　　图 12-20 设置元件的半透明效果

12.3.2 案例 2：制作相册缩图和载入组件

本小节将制作用于显示相册图片缩图和载入并播放图片的组件，这些组件在 Flash 中已经提供。本例先将【TileList】组件加入到舞台，然后根据需要修改组件的属性（如颜色等），再创建影片剪辑元件并加入【UILoader】组件，接着添加用于显示图像标题的动态文本字段并设置属性即可，结果如图 12-21 所示。

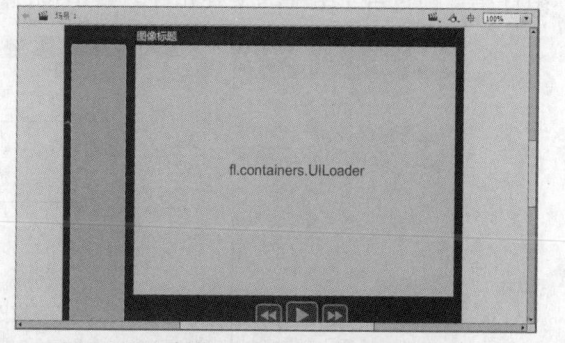

图 12-21 制作相册缩图和载入组件的结果

上机实战 制作相册缩图和载入组件

1 打开光盘中的"..\Example\Ch12\12.2.2.fla"练习文件，在【时间轴】面板上新建图层 3，然后打开【组件】面板，再将【TileList】组件加入舞台左侧，如图 12-22 所示。

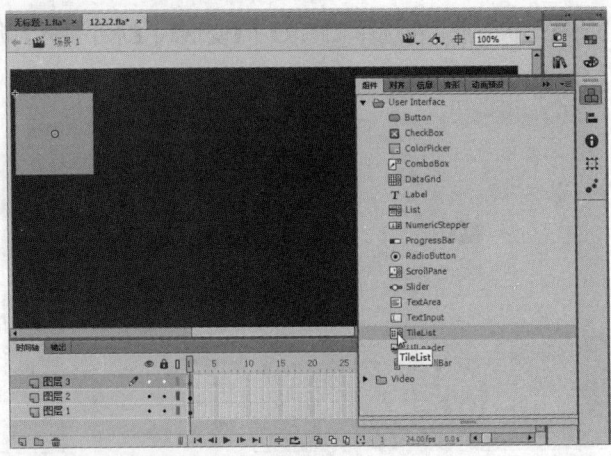

图 12-22　新建图层并加入组件

2　选择【TileList】组件,打开【属性】面板,再设置位置和大小的属性,如图 12-23 所示。

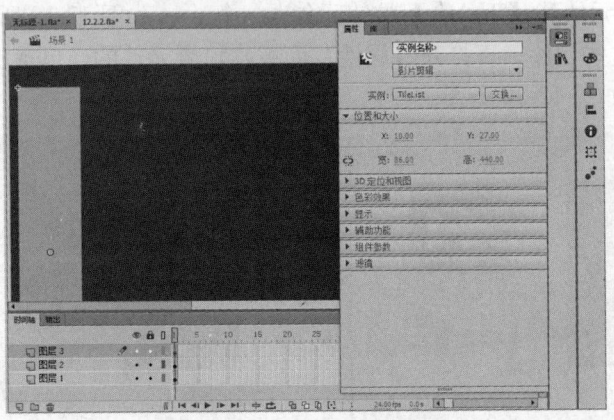

图 12-23　设置组件的属性

3　加入【TileList】组件后,可以通过该组件的编辑窗口查看组件的内容。首先在【库】面板中双击【TileList】组件,然后将播放指针移到第 1 帧,查看组件第 1 帧的内容,接着将播放指针移到第 2 帧上,查看【TileList】组件第 2 帧的内容,如图 12-24 所示。【TileList】组件第 2 帧包含了组件的主要元件,其中包括单元格渲染器和滚动条等。

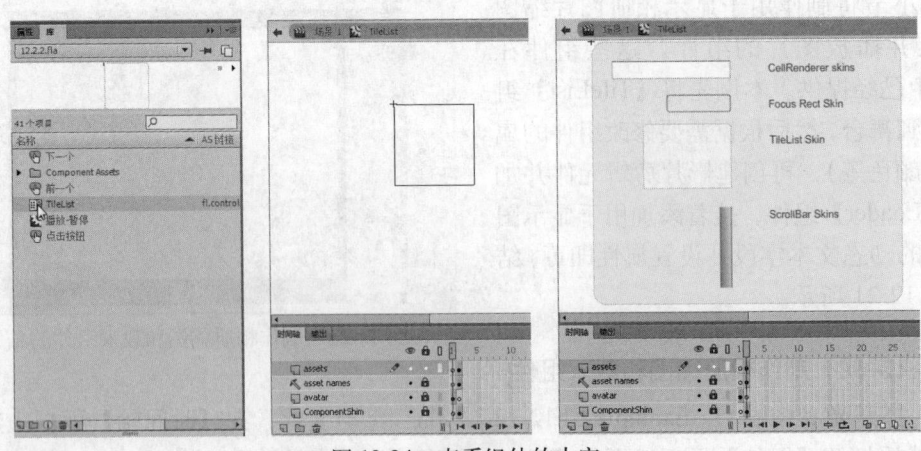

图 12-24　查看组件的内容

4 打开【库】面板,再打开因加入了【TileList】组件而自动生成的【Component Assets】文件夹,双击【CellRenderer】元件,通过打开的编辑窗口查看单元格渲染器的外观元件,如图 12-25 所示。

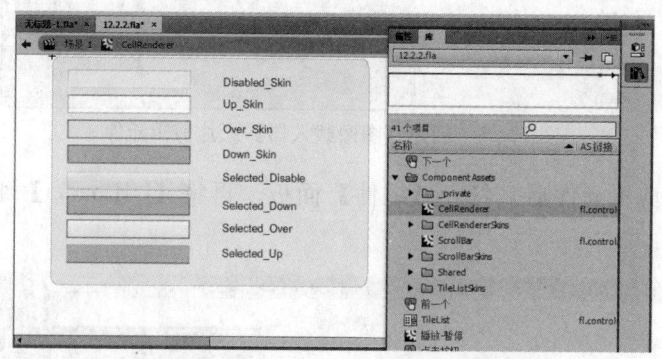

图 12-25 查看单元格渲染器元件的内容

5 打开【库】面板,双击【Component Assets】文件夹内的【ScrollBar】元件,以查看滚动条元件的内容,如图 12-26 所示。

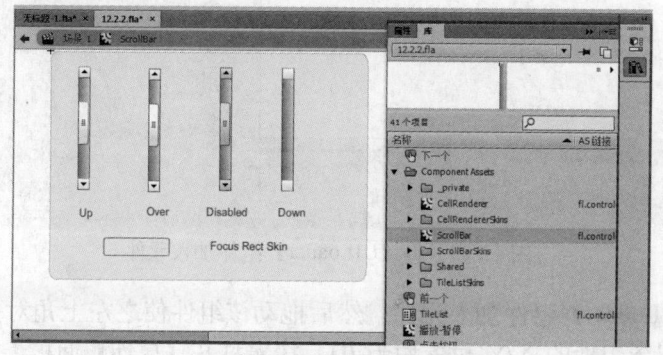

图 12-26 查看滚动条元件的内容

6 如果要修改滚动的外观,可以选择需要修改的元件并双击,进入可编辑对象的窗口中,再通过对应的面板修改对象属性即可。例如,可以进入滚动条滑块的可编辑对象窗门,修改滑块形状的填充颜色,如图 12-27 所示。

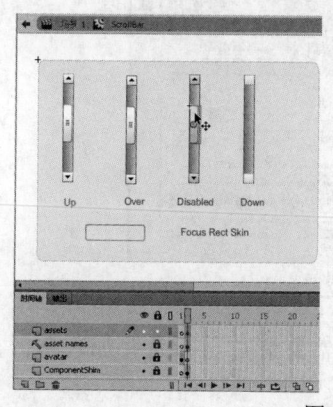

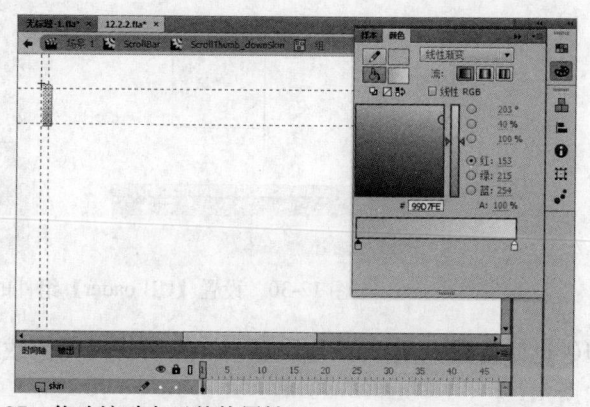

图 12-27 修改滚动条元件的属性

7 选择【插入】|【新建文件】命令,打开【创建新元件】对话框后,设置名称为【图

像载入器】、类型为【影片剪辑】,然后单击【确定】按钮,如图 12-28 所示。

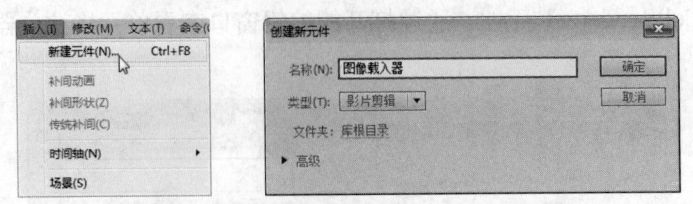

图 12-28 创建【图像载入器】影片剪辑元件

8 创建影片剪辑元件后,打开【组件】面板,再将【UILoader】组件加入元件,如图 12-29 所示。

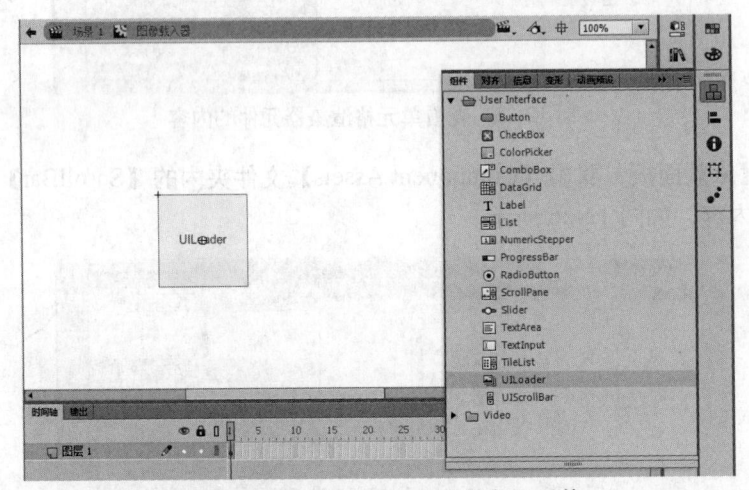

图 12-29 将【UILoader】组件加入元件

9 选择【UILoader】组件加入元件,然后拖动该组件使之左上角对齐窗口工作区的十字标识(此操作设置组件的 X/Y 位置均为 0),接着打开【属性】面板,设置组件的大小,如图 12-30 所示。

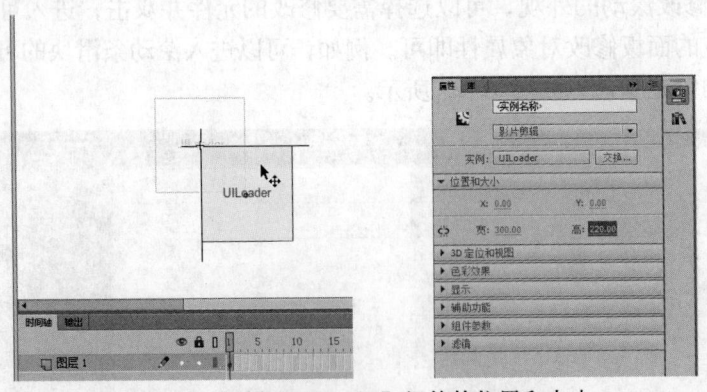

图 12-30 设置【UILoader】组组件的位置和大小

10 返回场景 1 中,新建图层 4,然后将【图像载入器】影片剪辑元件加入舞台,如图 12-31 所示。

11 选择【图像载入器】影片剪辑元件,再打开【属性】面板,然后设置元件的大小和位置,如图 12-32 所示。

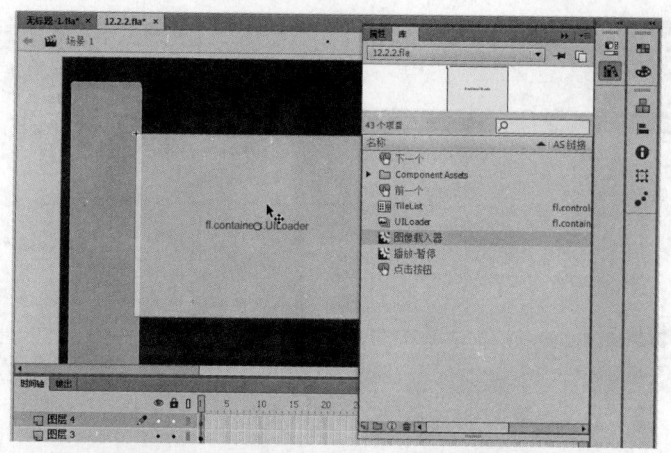

图 12-31 新建图层并加入影片剪辑元件

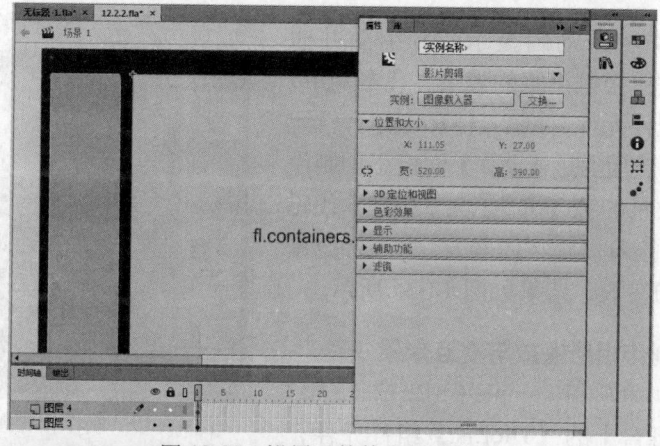

图 12-32 设置元件的大小和位置

12 在【工具】面板中选择【文本工具】，打开【属性】面板并选择文本类型为【动态文本】，然后新建图层 5，并在【图像载入器】影片剪辑元件上方拖出一个动态文本字段，如图 12-33 所示。

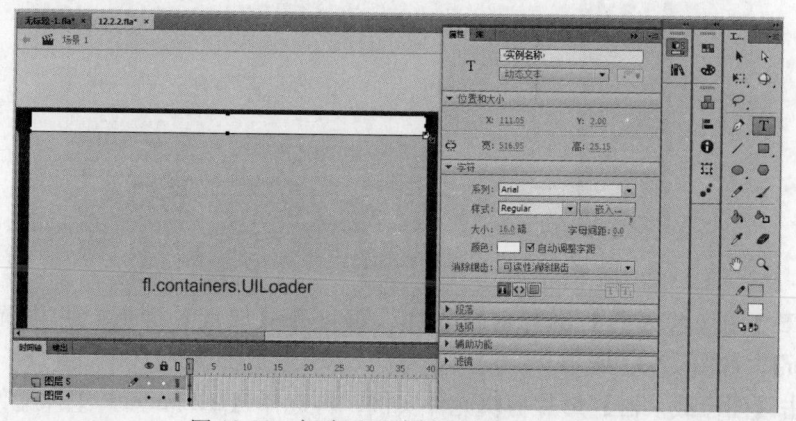

图 12-33 新建图层并创建动态文本字段

13 选择动态文本字段，再打开【属性】面板并设置文本属性，然后在文本字段上输入文本内容，如图 12-34 所示。

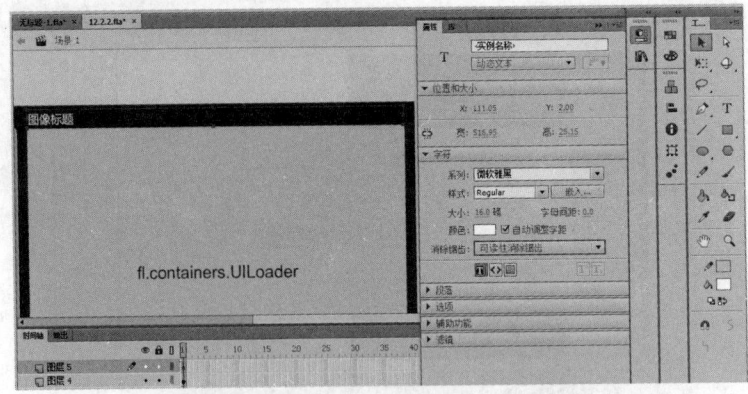

图 12-34 设置文本字段属性并输入文本

12.3.3 案例 3：制作相册播放与交互效果

本小节将制作相册动画显示图片缩图并播放，且可以通过按钮控制浏览的效果。在本例中，首先为各个关键组件元件、按钮元件和影片剪辑元件设置实例名称，然后通过【动作】面板添加制作相册播放与交互效果的 ActionScript 3.0 脚本代码并修改相关参数，接着设置字体嵌入，再添加滤镜效果和设置组件的参数，结果如图 12-35 所示。

上机实战 制作相册播放与交互效果

1 打开光盘中的"..\Example\Ch12\12.2.3.fla"练习文件，选择舞台上的【TileList】组件元件，然后打开【属性】面板，并设置实例名称为【imageTiles】，如图 12-36 所示。

图 12-35 制作相册播放与交互的效果

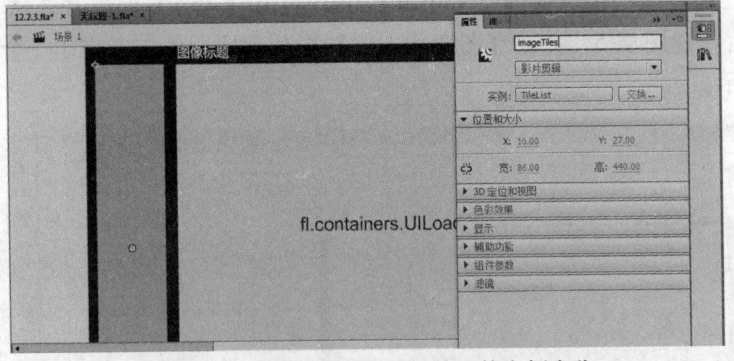

图 12-36 设置【TileList】组件元件实例名称

2 选择【图像载入器】影片剪辑元件，再打开【属性】面板，并设置实例名称为【imageHoder】，如图 12-37 所示。

3 双击【图像载入器】影片剪辑元件实例，再选择【UILoader】组件元件，然后通过【属性】面板设置实例名称为【imageLoader】，如图 12-38 所示。

4 返回场景 1 中，选择动态文本字段，再打开【属性】面板，并设置实例名称为【title_txt】，如图 12-39 所示。

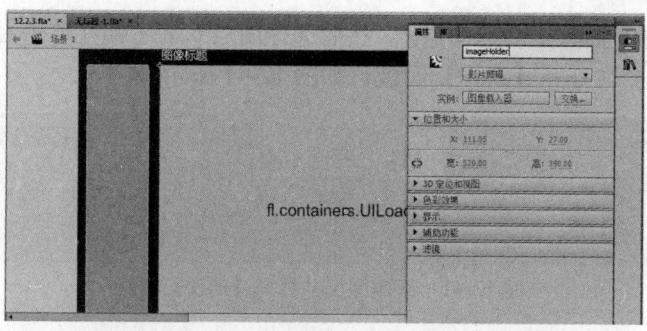

图 12-37 设置【图像载入器】元件实例名称

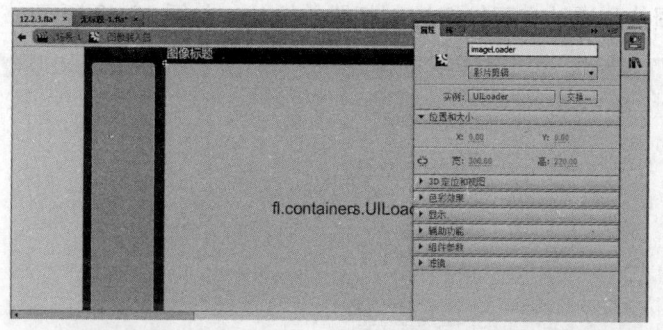

图 12-38 设置【UILoader】组件元件实例名称

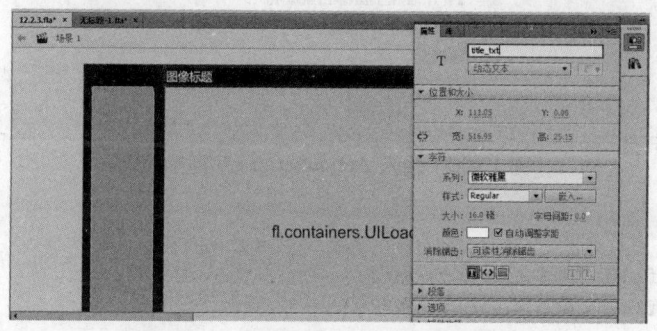

图 12-39 设置动态文本字段实例名称

5 选择【前一个】按钮元件，通过【属性】面板设置实例名称为【prev_btn】，使用相同的方法设置【播放-暂停】影片剪辑元件实例名称为【playPauseToggle_mc】，再设置【下一个】按钮元件实例名称为【next_btn】，如图 12-40 所示。

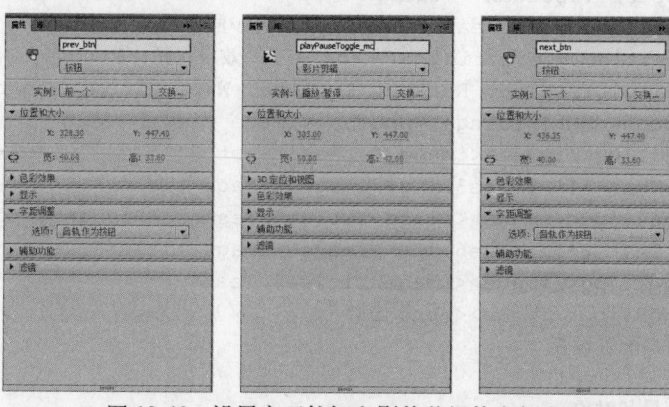

图 12-40 设置交互按钮和影片剪辑的实例名称

6 在【时间轴】面板上新建图层 6,然后选择图层 6 第 1 帧并单击右键,从打开的菜单中选择【动作】命令,打开【动作】面板,如图 12-41 所示。

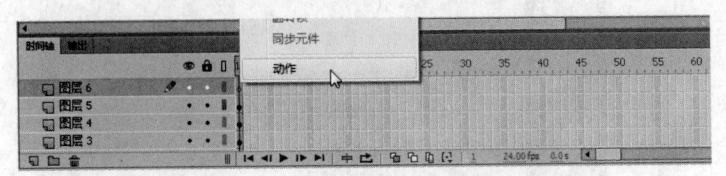

图 12-41 新建图层并打开【动作】面板

7 打开【动作】面板后,输入下列 ActionScript 3.0 脚本代码,用于制作相册显示缩图和图片,并播放图片和通过交互按钮控制相册的播放,如图 12-42 所示。

图 12-42 输入 ActionScript 3.0 脚本代码

代码如下:

```
import fl.data.DataProvider;
import fl.events.ListEvent;
import fl.transitions.*;
import fl.controls.*;

// 用户配置设置 =====
var secondsDelay:Number = 2;
var autoStart:Boolean = true;
var transitionOn:Boolean = true; // 真,假
var transitionType:String = "Fade"; // 效果包括: Blinds, Fade, Fly, Iris, Photo, PixelDissolve, Rotate, Squeeze, Wipe, Zoom, Random
var hardcodedXML:String="<photos><image title='Test 1'>image1.jpg</image><image title=' Test 2''>image2.jpg</image><image title=' Test 3''>image3.jpg</image><image title=' Test 4''>image4.jpg</image><image title=' Test 5''>image5.jpg</image><image title=' Test 6''>image6.jpg</image><image title=' Test 7''>image7.jpg</image><image title=' Test 8''>image8.jpg</image></photos>";
// 最终用户配置设置

// 声明变量和对象 =====
```

```
var imageList:XML = new XML();
var currentImageID:Number = 0;
var imageDP:DataProvider = new DataProvider();
var slideshowTimer:Timer = new Timer((secondsDelay*1000), 0);
// 完成声明

// 指定代码的硬编码的 XML =====
imageList = XML(hardcodedXML);
fl_parseImageXML(imageList);
// 完成指定代码的硬编码的 XML

// 事件 =====
imageTiles.addEventListener(ListEvent.ITEM_CLICK,
fl_tileClickHandler);
function fl_tileClickHandler(evt:ListEvent):void
{
    imageHolder.imageLoader.source = evt.item.source;
    currentImageID = evt.item.imgID;
}
playPauseToggle_mc.addEventListener(MouseEvent.CLICK,
fl_togglePlayPause);
function fl_togglePlayPause(evt:MouseEvent):void
{
    if(playPauseToggle_mc.currentLabel == "play")
    {
        fl_startSlideShow();
        playPauseToggle_mc.gotoAndStop("pause");
    }
    else if(playPauseToggle_mc.currentLabel == "pause")
    {
        fl_pauseSlideShow();
        playPauseToggle_mc.gotoAndStop("play");
    }
}
next_btn.addEventListener(MouseEvent.CLICK, fl_nextButtonClick);
prev_btn.addEventListener(MouseEvent.CLICK, fl_prevButtonClick);
function fl_nextButtonClick(evt:MouseEvent):void
{
    fl_nextSlide();
}
function fl_prevButtonClick(evt:MouseEvent):void
{
    fl_prevSlide();
}
slideshowTimer.addEventListener(TimerEvent.TIMER, fl_slideShowNext);
function fl_slideShowNext(evt:TimerEvent):void
{
    fl_nextSlide();
}
// 事件完成

// 功能和逻辑 =====
```

```
function fl_parseImageXML(imageXML:XML):void
{
    var imagesNodes:XMLList = imageXML.children();
    for(var i in imagesNodes)
    {
        var imgURL:String = imagesNodes[i];
        var imgTitle:String = imagesNodes[i].attribute("title");
        imageDP.addItem({label:imgTitle, source:imgURL, imgID:i});
    }
    imageTiles.dataProvider = imageDP;
    imageHolder.imageLoader.source = imageDP.getItemAt(currentImageID).source;
    title_txt.text = imageDP.getItemAt(currentImageID).label;
}
function fl_startSlideShow():void
{
    slideshowTimer.start();
}
function fl_pauseSlideShow():void
{
    slideshowTimer.stop();
}
function fl_nextSlide():void
{
    currentImageID++;
    if(currentImageID >= imageDP.length)
    {
        currentImageID = 0;
    }
    if(transitionOn == true)
    {
        fl_doTransition();
    }
    imageHolder.imageLoader.source = imageDP.getItemAt(currentImageID).source;
    title_txt.text = imageDP.getItemAt(currentImageID).label;
}
function fl_prevSlide():void
{
    currentImageID--;
    if(currentImageID < 0)
    {
        currentImageID = imageDP.length-1;
    }
    if(transitionOn == true)
    {
        fl_doTransition();
    }
    imageHolder.imageLoader.source = imageDP.getItemAt(currentImageID).source;
    title_txt.text = imageDP.getItemAt(currentImageID).label;
}
```

```
function fl_doTransition():void
{
    if(transitionType == "Blinds")
    {
        TransitionManager.start(imageHolder, {type:Blinds, direction:Transition.IN, duration:0.25});
    } else if (transitionType == "Fade")
    {
        TransitionManager.start(imageHolder, {type:Fade, direction:Transition.IN, duration:0.25});
    } else if (transitionType == "Fly")
    {
        TransitionManager.start(imageHolder, {type:Fly, direction:Transition.IN, duration:0.25});
    } else if (transitionType == "Iris")
    {
        TransitionManager.start(imageHolder, {type:Iris, direction:Transition.IN, duration:0.25});
    } else if (transitionType == "Photo")
    {
        TransitionManager.start(imageHolder, {type:Photo, direction:Transition.IN, duration:0.25});
    } else if (transitionType == "PixelDissolve")
    {
        TransitionManager.start(imageHolder, {type:PixelDissolve, direction:Transition.IN, duration:0.25});
    } else if (transitionType == "Rotate")
    {
        TransitionManager.start(imageHolder, {type:Rotate, direction:Transition.IN, duration:0.25});
    } else if (transitionType == "Squeeze")
    {
        TransitionManager.start(imageHolder, {type:Squeeze, direction:Transition.IN, duration:0.25});
    } else if (transitionType == "Wipe")
    {
        TransitionManager.start(imageHolder, {type:Wipe, direction:Transition.IN, duration:0.25});
    } else if (transitionType == "Zoom")
    {
        TransitionManager.start(imageHolder, {type:Zoom, direction:Transition.IN, duration:0.25});
    } else if (transitionType == "Random")
    {
        var randomNumber:Number = Math.round(Math.random()*9) + 1;
        switch (randomNumber) {
            case 1:
                TransitionManager.start(imageHolder, {type:Blinds, direction:Transition.IN, duration:0.25});
                break;
            case 2:
                TransitionManager.start(imageHolder, {type:Fade,
```

```
            direction:Transition.IN, duration:0.25});
                break;
            case 3:
                TransitionManager.start(imageHolder, {type:Fly,
direction:Transition.IN, duration:0.25});
                break;
            case 4:
                TransitionManager.start(imageHolder, {type:Iris,
direction:Transition.IN, duration:0.25});
                break;
            case 5:
                TransitionManager.start(imageHolder, {type:Photo,
direction:Transition.IN, duration:0.25});
                break;
            case 6:
                TransitionManager.start(imageHolder,
{type:PixelDissolve, direction:Transition.IN, duration:0.25});
                break;
            case 7:
                TransitionManager.start(imageHolder, {type:Rotate,
direction:Transition.IN, duration:0.25});
                break;
            case 8:
                TransitionManager.start(imageHolder, {type:Squeeze,
direction:Transition.IN, duration:0.25});
                break;
            case 9:
                TransitionManager.start(imageHolder, {type:Wipe,
direction:Transition.IN, duration:0.25});
                break;
            case 10:
                TransitionManager.start(imageHolder, {type:Zoom,
direction:Transition.IN, duration:0.25});
                break;
        }
    } else
    {
        trace("error - transitionType not recognized");
    }
}
if(autoStart == true)
{
   fl_startSlideShow();
   playPauseToggle_mc.gotoAndStop("pause");
}
// 完成功能和逻辑
```

8 由于相册使用了【微软雅黑】字体，因此需要将此字体嵌入到文件，以避免其他浏览者的系统无法识别此字体。首先选择【文本】|【字体嵌入】命令，打开【字体嵌入】对话框后，在【选项】选项卡中选择【微软雅黑】字体系统，再设置名称，然后单击【添加新字体】按钮，添加新字体后单击【确定】按钮即可，如图12-43所示。

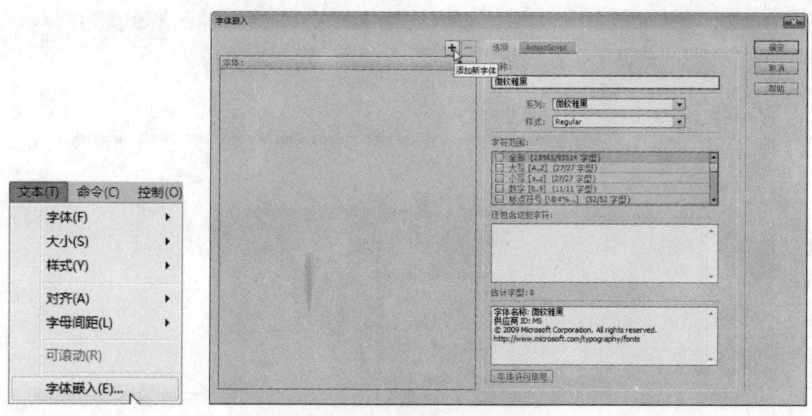

图 12-43 添加嵌入的字体

9 选择【图像载入器】影片剪辑元件，打开【属性】面板，再打开【滤镜】选项卡并添加【投影】滤镜，然后设置滤镜的颜色和各项参数，如图 12-44 所示。

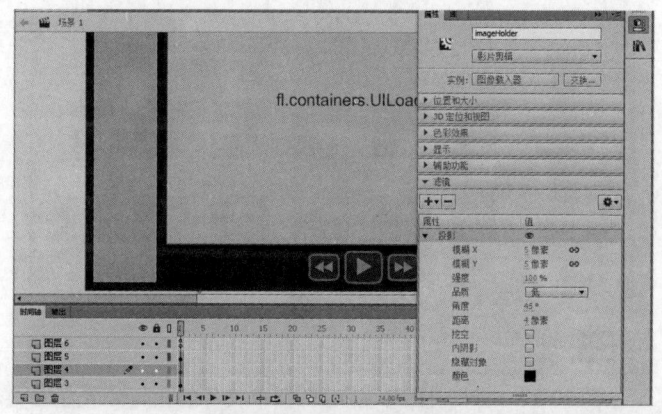

图 12-44 为【图像载入器】影片剪辑添加【投影】滤镜

10 选择【TileList】组件元件，打开【属性】面板，再打开【组件参数】选项卡，然后设置如图 12-45 所示的组件参数。

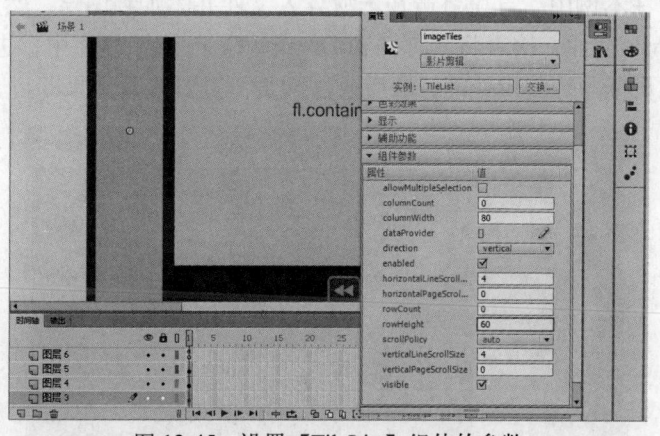

图 12-45 设置【TileList】组件的参数

11 打开【动作】面板，修改"var hardcodedXML:String="中"title="项目的文本内容，使缩图上的文本显示为指定的中文名称，如图 12-46 所示。

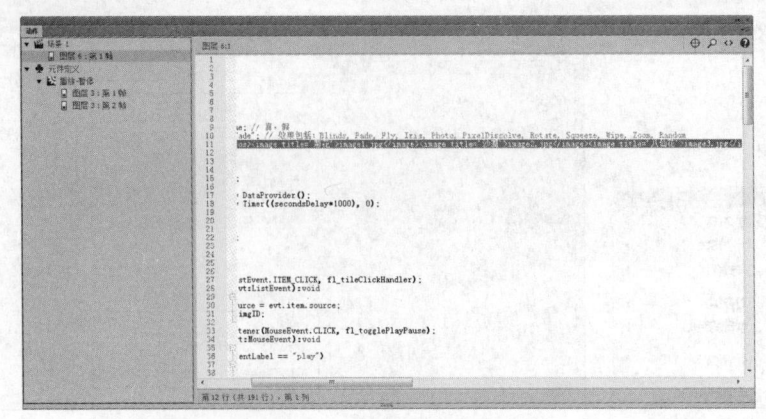

图 12-46 修改代码的参数内容

12 保存 Flash 文件，然后将需要显示在相册中的图片文件复制到本例的 Flash 文件相同目录上，以便可以将图片载入到相册内，如图 12-47 所示。

图 12-47 将相册图片复制到 Flash 文件的相同目录内

12.3.4 案例 4：添加背景音乐并制成相册网页

本小节将为相册动画添加背景音乐，然后导出为 HTML 文件，并通过 Dreamweaver 程序进行适当编辑。在本例中，首先将声音素材导入文件并添加到图层，然后通过发布的方式将文件发布为 HTML 文件，接着将其打开到 Dreamweaver 应用程序中，进行设置对齐方式、页面背景颜色、网页标题等编辑处理，最后通过网页浏览器查看效果即可，如图 12-48 所示。

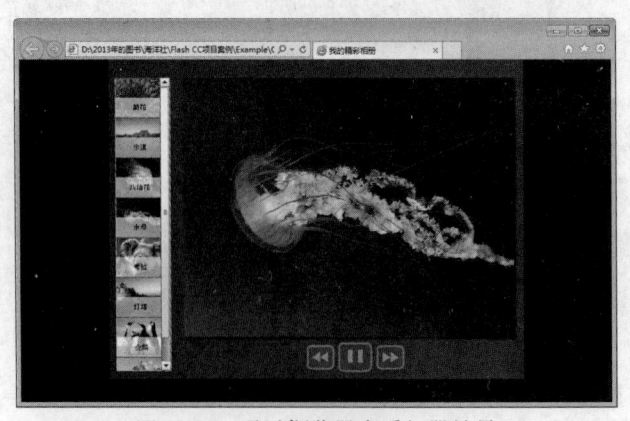

图 12-48 通过浏览器查看相册效果

上机实战　添加背景音乐并制成相册网页

1 打开光盘中的"..\Example\Ch12\12.2.4\12.2.4.fla"练习文件，选择【文件】|【导入】|【导入到库】命令，选择声音素材文件再单击【打开】按钮，如图 12-49 所示。

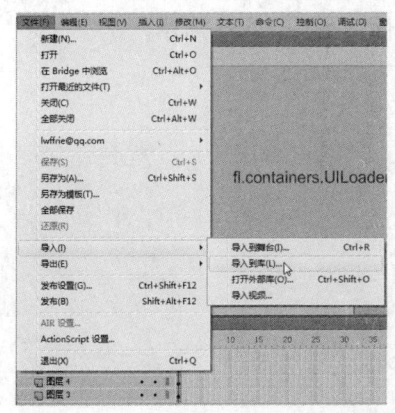

图 12-49　导入背景音乐

2 在【时间轴】面板上新建图层 7，选择图层 7 的第 1 帧，再打开【属性】面板，然后打开【声音】选项卡，选择导入的声音选项，如图 12-50 所示。

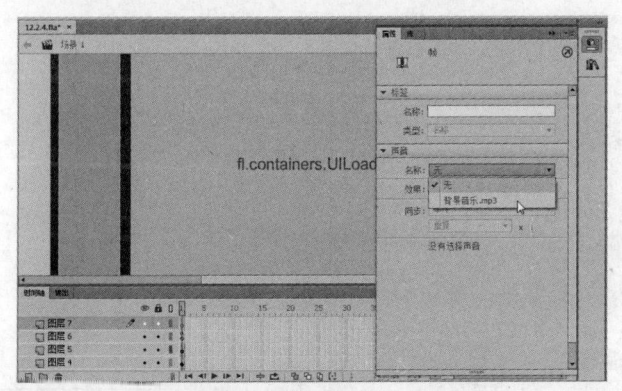

图 12-50　新增图层并加入声音

3 选择图层 7 的第 1 帧，打开【属性】面板，然后设置效果为【淡入】、同步为【事件】，并设置循环播放，如图 12-51 所示。

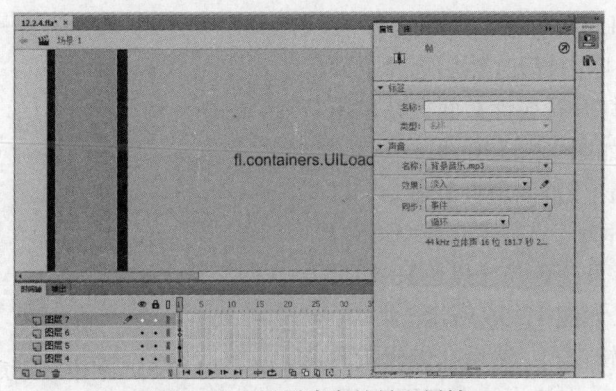

图 12-51　设置声音效果和属性

4 添加声音到图层后，选择【文件】|【另存为】命令，打开【另存为】对话框后，设置文件名称，然后单击【保存】按钮，如图 12-52 所示。

5 选择【文件】|【发布设置】命令，打开【发布设置】对话框后，选择【Flash(.swf)】项，再单击【音频流】选项右侧的链接文本，然后通过【声音设置】对话框设置声音属性，单击【音频事件】选项右侧的链接文本并设置声音属性，如图 12-53 所示。

图 12-52 另存 Flash 文件 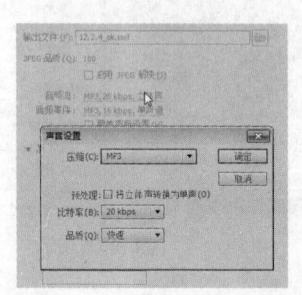　　　　图 12-53 设置声音发布的属性

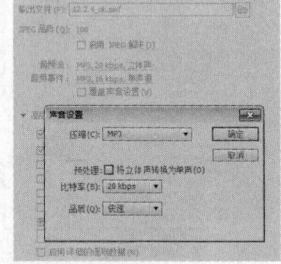

6 选择【HTML 包装器】选项，然后在右侧的选项卡中设置相关选项，接着单击【发布】按钮，发布文件，如图 12-54 所示。

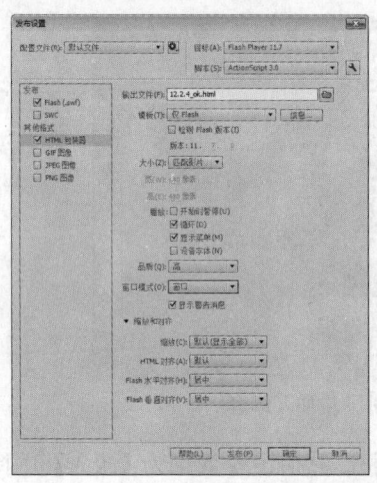

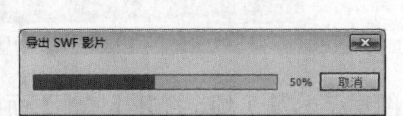

图 12-54 设置 HTML 发布选项并执行发布

7 发布 HTML 文件后，将文件在 Dreamweaver 应用程序中打开，然后选择页面上的 SWF 对象，再打开【属性】面板并单击【居中对齐】按钮，如图 12-55 所示。

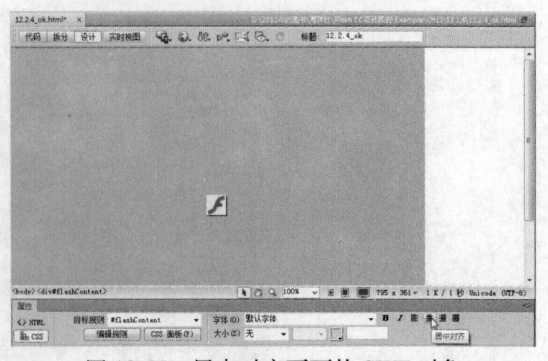

8 选择【修改】|【页面属性】命令，打开【页面属性】对话框后，选择【外观(CSS)】分类项，再设置背景颜色为【黑色】，然后单击【确定】按钮，如图 12-56 所示。

9 返回网页编辑窗口，然后在编辑工具栏的【标题】选项的文本框中输入网页标题，

图 12-55 居中对齐页面的 SWF 对象

再按 Enter 键，如图 12-57 所示。

图 12-56　设置页面背景颜色

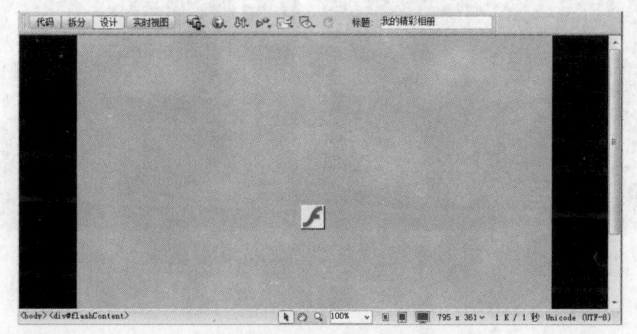

图 12-57　设置网页标题

10 完成上述操作后保存文件，再按 F12 键通过浏览器查看网页。当打开浏览器后，在弹出的对话框中单击【允许阻止的内容】按钮，允许通过 Flash 播放器打开相册动画，再通过页面浏览相册，如图 12-58 所示。

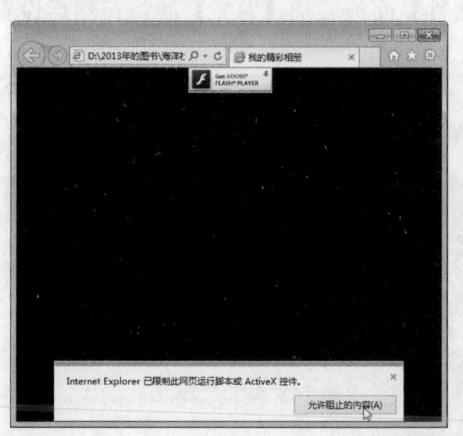

图 12-58　通过浏览器查看相册的效果

12.4　本章小结

本章以一个具有自动播放图片和交互控制浏览图片的相册动画为例，介绍使用 Flash CC 设计应用 ActionScript 3.0 脚本语言且基于网络使用的电子相册的方法。在本章的相册案例中，主要使用了组件来加载与播放图片，再使用按钮和影片剪辑来制作交互功能，然后通过 ActionScript 3.0 脚本代码制作相册的播放与交互效果，最后将相册动画应用在网页上，以便可以通过网站平台提供给网友进行浏览。

12.5　课后训练

将相册动画中的【图像载入器】的投影效果更改为发光效果，再为相册的缩图列表添加发光效果，然后修改相册图片切换特效为【像素溶解（PixelDissolve）】，结果如图 12-59 所示。

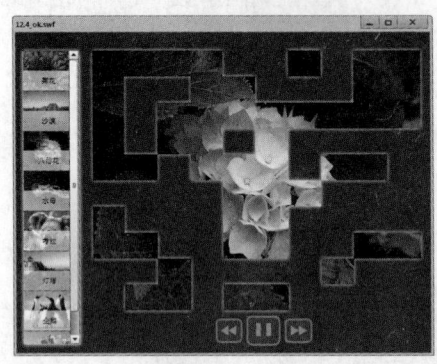

图 12-59　上机训练题的相册效果

提示

（1）打开光盘中的"..\Example\Ch12\12.4.fla"练习文件，选择【图像载入器】影片剪辑元件，然后通过【属性】面板删除该元件已有的【投影】滤镜。

（2）通过【属性】面板为【图像载入器】影片剪辑元件添加【发光】滤镜，然后设置发光滤镜的参数，如图 12-60 所示。

（3）选择【TileList】组件元件，再通过【属性】面板添加【发光】滤镜，然后设置跟步骤 2 一样的发光滤镜参数。

（4）选择图层 6 的第 1 帧并打开【动作】面板，然后修改【var transitionType:String = "Fade";】代码中的【"Fade"】为【"PixelDissolve "】，如图 12-61 所示。

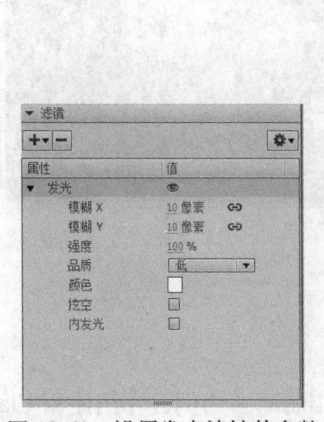

图 12-60　设置发光滤镜的参数　　　　图 12-61　修改代码的参数

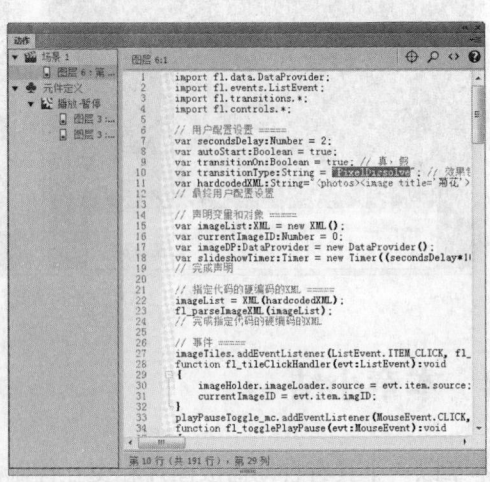